Wirtschaftliche Leistungssteigerung von Produktionslinien

Economic Performance Increase Of Production Lines

Von der Fakultät für Maschinenwesen
der Rheinisch-Westfälischen Technischen Hochschule Aachen
zur Erlangung des akademischen Grades eines
Doktors der Ingenieurwissenschaften
genehmigte Dissertation

vorgelegt von

Jan Niklas Maetschke

Berichter/in:

Univ.-Prof. Dr.-Ing. Dipl.-Wirt. Ing. Günther Schuh
apl. Prof. Dr.-Ing. Wolfgang Boos

Tag der mündlichen Prüfung: 28. Mai 2025

ERGEBNISSE AUS DER PRODUKTIONSTECHNIK

Jan Maetschke

Wirtschaftliche Leistungssteigerung von Produktionslinien

Herausgeber:
Prof. Dr.-Ing. Dipl.-Wirt. Ing. G. Schuh
Prof. Dr.-Ing. C. Brecher
Prof. Dr.-Ing. R. H. Schmitt

Band 24/2025

WZL | RWTH AACHEN UNIVERSITY

Fraunhofer IPT

Bibliografische Information der Deutschen Nationalbibliothek
Die Deutsche Nationalbibliothek verzeichnet diese Publikation in der Deutschen Nationalbibliografie; detaillierte bibliografische Daten sind im Internet über https://portal.dnb.de abrufbar.

Jan Maetschke:

Wirtschaftliche Leistungssteigerung von Produktionslinien

1. Auflage, 2025

Gedruckt auf holz- und säurefreiem Papier, 100% chlorfrei gebleicht.

Wissenschaftsverlag des Instituts für Industriekommunikation und Fachmedien an der RWTH Aachen
Steinbachstr. 25, 52074 Aachen, Deutschland
Internet: www.apprimus-verlag.de, E-Mail: info@apprimus-verlag.de

Druck: CPI Druckdienstleistungen GmbH
Ferdinand-Jühlke-Straße 7 | 99095 Erfurt | Deutschland

ISBN 978-3-98555-316-7

Vorwort

Das Tippen dieser Zeilen markiert das Ende meiner Zeit als wissenschaftlicher Mitarbeiter der Abteilung Produktionsmanagement und Gruppenleiter der Gruppe Produktionslogistik am Werkzeugmaschinenlabor WZL der RWTH Aachen University.

Für das Orchestrieren eines einzigartigen Systems der Verbindung von Forschung, Lehre und Industrieberatung möchte ich meinem Doktorvater Prof. Günther Schuh sehr herzlich danken. Die Möglichkeit der persönlichen Weiterentwicklung in Kombination mit dem Aufbau eines branchenübergreifenden Netzwerks sowie dem Knüpfen von zahlreichen Freundschaften ist außergewöhnlich. Ich habe das in diesem System entgegengebrachte Vertrauen sowie die damit einhergehenden Freiräume zum Sammeln eigener Erfahrungen immer sehr geschätzt und davon profitiert.

Prof. Wolfgang Boos danke ich für das Koreferat, Prof. Wolfang Schröder für den Vorsitz und Prof. Verena Nitsch für den Beisitz im Rahmen meiner Promotionsprüfung.

Bei meinen beiden Oberingenieuren Andreas und Seth möchte ich mich für die guten Diskussionen während der Themenfindung und der Endphase dieser Dissertation bedanken.

Für viele mehr oder weniger fachliche Diskussionen während freitäglicher Dis(s)kussions-Terminen und Diss-Wochenenden im Aachener Umland möchte ich den Mitgliedern der Gruppe Produktionslogistik danken: Frederick, Matthias, Judith, Marius, Tim J., Calvin und Hendrik, ich hoffe, ich konnte euch auf der Dissertationsreise ebenso motivieren und inspirieren, wie ihr mich!

Ein großer Dank gilt auch meinen Abschlussarbeitenden und HiWis: Tim H., vielen Dank für die Diskussionen und einen richtig guten ersten Wurf. Hanna und Benedict, danke für die wertvolle Unterstützung bei der Detail- und Programmierarbeit. Thomas, danke für eine wirklich schöne Benutzeroberfläche! Anne, vielen Dank für die Konstanz deiner Unterstützung über die vollen vier Jahre meiner Zeit am Institut hinweg!

Narendiran und Max, vielen Dank für eure Expertise und eure Zeit für fachliche Diskussionen – auch unter widrigen Bedingungen wie mit Corona-Infektion, zwischen den Jahren oder auf dem steinigen Weg zur gemeinsamen Veröffentlichung.

Tim H., Henning, Alexander, Benedict und Hanna, ich hoffe, ihr habt euch genauso gefreut wie ich, dass ihr von Masteranden zu Kollegen wurdet und wir einen Teil dieses Weges gemeinsam gegangen sind – Alex, Chapeau für's Überholen!

Annkristin, Judith, Henning und Marius, hättet ihr euch am Anfang unserer Zeit als HiWis auf dem Weihnachtsmarkt am Glühwürmchen oder auf den Segelfahrten damals vorstellen können, dass wir alle gemeinsam Assistenten werden?

Marco, Tino, Martin, Henning, Alex und Seth, vielen Dank für immer gute Stimmung und gute Diskussionen, vor allem aber für einen super Zusammenhalt und gegenseitige Motivation in der gemeinsamen Zeit im Gruppenleiterbüro!

Ich möchte mich bei meinen Freunden inner- und außerhalb des Instituts für alle Lern- und Dissurlaube aber auch für normale Urlaube und Wochenenden sowie Abende und Nächte in Kneipen bedanken – ohne euch wäre schon der Weg durch das Studium sehr viel schwieriger, sicher auch länger gewesen.

Ein ganz großer Dank gilt auch meiner Familie: Ihr habt mich nicht nur auf und neben dem Weg zur Promotion immer unterstützt, sondern habt auch immer an mich geglaubt. Dass ich diese Unterstützung zudem doppelt durch doppelte Eltern erfahren durfte, ist ein Privileg, für das ich sehr dankbar bin.

Tinka, für Deine Unterstützung und Dein Verständnis für zahlreiche fehlende Wochenenden und Urlaubstage während des Schreibens dieser Dissertation kann ich Dir nicht genug danken, ich versuche es erst gar nicht. Stattdessen möchte ich Dir auf deinem Weg dieselbe Unterstützung sein, wie du mir gewesen bist. Wir sind ein Team!

Aachen, im September 2025

Jan Maetschke

Inhaltsübersicht

Inhaltsverzeichnis

Zusammenfassung

Eine zunehmende Produktvielfalt erschwert es produzierenden Unternehmen, die hohen Leistungs- und Effizienzziele in international umkämpften Märkten zu erreichen. Insbesondere für Branchen wie die Konsumgüterindustrie, welche mit hoher Geschwindigkeit und kleinen Margen auf Produktionslinien produzieren, ist es erforderlich, die Leistung dieser Produktionslinien auf wirtschaftliche Weise zu steigern. Aufgrund der Komplexität und dem stochastischen Verhalten solcher Produktionslinien ist die Identifikation effizienter Verbesserungsmaßnahmen und darüber hinaus die Kombination dieser zu wirtschaftlichen Verbesserungstrajektorien unter Berücksichtigung der Umsetzungskosten anspruchsvoll. So werden Methoden der simulationsbasierten Optimierung zum Finden und Bewerten von potenziellen Veränderungen genutzt. Die Durchführung entsprechender Simulationsstudien und die Analyse der Simulationsergebnisse ist mit hohem Aufwand verbunden und benötigt Ressourcen, welche in vielen Unternehmen nicht ausreichend zur Verfügung stehen. In anderen Anwendungsbereichen erzielten Methoden des maschinellen Lernens, speziell des Reinforcement Learnings, in der Kombination mit Simulation, bemerkenswerte Optimierungserfolge.

Das Ziel der vorliegenden Dissertation ist es, einen aufwands- und praxisgerechten Ansatz zur wirtschaftlichen Leistungssteigerung von Produktionslinien mit Hilfe simulationsbasierter Optimierung unter Verwendung von Reinforcement Learning zu entwickeln. Dazu wird ein hierarchischer und heuristisch geleiteter Reinforcement-Learning-Ansatz vorgeschlagen und in ein übergeordnetes Vorgehen integriert. Angestrebt ist eine Entscheidungsunterstützung und keine vollständige Automatisierung des Verbesserungsprozesses. Der Ansatz wird prototypisch implementiert und exemplarisch bei einem Unternehmen der Konsumgüterindustrie angewandt.

Summary

A growing variety of products increasingly causes difficulties for manufacturing companies to achieve high performance and, in particular, efficiency targets in internationally competitive markets. Particularly for sectors such as the consumer goods industry, which produce at high speed and with relatively small margins on production lines, an economic increase in the performance of these production lines is imperative. Due to the complexity and stochastic behavior of such production lines, the identification of efficient improvement measures and the combination of these into economic improvement trajectories, taking into account the implementation costs, is highly demanding. Simulation-based optimization is therefore often used to identify and evaluate potential improvements. Conducting such simulation studies and analyzing the results involves considerable effort and requires resources that are not sufficiently available in many companies. In other application areas, methods of machine learning, especially reinforcement learning, have achieved remarkable results when combined with simulation.

The aim of this dissertation is to develop an effort- and practice-oriented approach to economically increase the performance of production lines with the help of simulation-based optimization using reinforcement learning. For this purpose, a hierarchical and heuristically guided reinforcement learning approach is proposed and integrated into a superordinate procedure. The aim is to provide decision support and not to fully automate the improvement process. The approach is prototypically implemented and applied exemplarily at a company in the consumer goods industry.

Abbildungsverzeichnis

Tabellenverzeichnis

Formelverzeichnis

Formelzeichenverzeichnis

a_0	GE	Auszahlungen
A	-	Aktion
a	-	Genau eine Aktion
a_a		Ausprägung des betroffenen Parameters
a_e		Index des betroffenen Kofferelements
a_p		Index des betroffenen Parameters
A_π	-	Vorteilsfunktion
$\mathcal{A}$	-	Aktionsraum
C_0	GE	Kapitalwert zur Betrachtungsperiode 0
c_t	GE	Überschuss von Einzahlungen
CA	Stk.	Kapazität eines Förderer/Speichers
e	-	Eliminationssignal
$\mathbb{E}_\pi$	-	Erwartungswert einer Zufallsvariable unter Verwendung von π
e_{var}	GE	Stückerlös
f	-	Gesamtanzahl der erfassten Stillstände aufgrund von Störungen innerhalb t_0
G	-	Tatsächlicher Gewinn
γ	-	Diskontinuierungsfaktor
i	%	Kalkulationszinssatz
K_A	GE	Aufbereitungs- und Recyclingkosten

K_E	GE	Energiekosten
K_F	GE	Festkosten
K_{fix}	GE	Fixer Gesamtkostenanteil
K_{ges}	GE	Gesamtkosten
k_{ges}	GE	Spezifische Gesamtkosten
K_L	GE	Lohnkosten
K_{Ih}	GE	Instandhaltungskosten
K_R	GE	Raumkosten
K_{RHB}	GE	Kosten für Roh-, Hilfs- und Betriebsstoffe ohne Energiekosten
K_S	GE	Schadenskosten
k_{var}	GE	Variabler Gesamtkostenanteil je Stück
L	GE	Liquidationserlös
M	Stk.	Produkt- oder Ausbringungsmenge
MTBF	min	Mean Time Between Failures
MTTR	min	Mean Time To Repair
p	-	Übergangswahrscheinlichkeit
π	-	Strategie
Pr	-	Wahrscheinlichkeit für das Eintreten von… unter Bedingung…
Q	Stk./min	Leistung
Q_n	Stk./min	Nennleistung
Q_π	-	Aktionswertfunktion
Q_r	Stk./min	Rechnerische Leistung/Einstellleistung
Q_t	Stk./min	Tatsächliche Leistung
R	-	Belohnung
$\mathcal{R}$	-	Belohnungsraum
S	-	Zustand

s	-	Genau ein Zustand
$\mathcal{S}$	-	Zustandsraum
t_0	min	Betriebszeit
T	Perioden	Nutzungsdauer des Investitionsguts/Betrachtungsdauer
τ	-	Trajektorie
t	-	Zählvariable Aktuelle Periode/ Aktueller Schritt
$\triangle t$	min	Zeitintervall
t_D	min	Geplante Stillstandszeit
t_F	min	Ungeplante Stillstandszeit
T_{fin}	-	Terminierender oder finaler Zeitpunkt
t_I	min	Ungenutzte Zeit
t_L	min	Verlustzeit
t_{LP}	min	Verlustzeit in Folge verminderter Ausbringung
t_{LQ}	min	Ausschusszeit
t_Q	min	Qualitätszeit
t_R	min	Laufzeit
t_T	min	Theoretisch nutzbare Zeit
t_w	min	Maschinenarbeitszeit
V_π	-	Zustandswertfunktion
V_T	min	Zeitverfügbarkeit
X	-	Beobachtung
$_m$	-	Der Index m beschreibt gemittelte Größen

Abkürzungsverzeichnis

&	und
5W	5-Why-Methode
Abk.	Abkürzung
AHP	Analytic Hierarchy Process
BE	Betrachtungseinheit
bspw.	beispielsweise
bzgl.	bezüglich
ca.	circa
CSV	Comma Seperated Value
d.h.	das heißt
DDPG	Deep Deterministic Policy Gradient
DES	Discrete Event Simulation
DIN	Deutsches Institut für Normung
DL	Deep Learning
DM	Data Mining
DOE	Design of Experiments
DP	Dynamische Programmierung
DQN	Deep-Q-Network
DRL	Deep Reinforcement Learning
dt.	deutsch
EN	Europäische Norm
engl.	englisch
et al.	et alterae
EUS	Entscheidungsunterstützungssystem
f.	folgend

ff.	fortfolgende
FIFO	First-In-First-Out
FMCG	Fast Moving consumer goods
GAE	Gesamtanlageneffektivität
GE	Geldeinheit
GmbH	Gesellschaft mit beschränkter Haftung
HARL	Heuristically Accelerated Reinforcement Learning
HPO	Hyperparameteroptimierung
HRL	Hierarchisches Reinforcement Learning
HuRL	Heuristic-guided Reinforcement Learning
i.A.a.	in Anlehnung an
inkl.	inklusive
KI	Künstliche Intelligenz
KNN	Künstliche neuronale Netze
L	Kategorie Leistungsinformationen
MARL	Multi-Agent Reinforcement Learning
MDP	Markov-Decision-Problem
MEP	Markov-Entscheidungs-Problem
Mio.	Millionen
ML	Maschinelles Lernen
OEE	Overall Equipment Effectiveness
OEEML	Overall Equipment Effectiveness of a Manufacturing Line
OLE	Overall Line Effectiveness
PPO	Proximal Policy Optimization
RF	Random Forest
RL	Reinforcement Learning
RWTH	Rheinisch-Westfälisch-Technische-Hochschule
S	Kategorie Simulationsparameter
s.	siehe
S.	Seite
SL	Supvervised Learning
SMART	Semi-Markov-Average-Reward-Technique

sog.	so genannt(e)
SSL	Semi-Supervised Learning
Stk.	Stück
u.a.	unter anderem
UL	Unsupervised Learning
V&V	Verifikation & Validierung
VDI	Verband Deutscher Ingenieure
Vgl.	Vergleiche
WZL	Werkzeugmaschinenlabor WZL der RWTH Aachen University
Z	Kategorie Zusätzliche Aktionsmaskierung
z.B.	zum Beispiel

1 Einleitung

1.1 Motivation

Produzierende Unternehmen sehen sich mit einer vom Markt geforderten hohen Produktvarianz in Verbindung mit steigendem Produktionskosten, bei gleichzeitig steigender Preissensibilität der Kunden, konfrontiert.[1] Um dieser Nachfrage gerecht zu werden, ergibt sich die Notwendigkeit der Produktion in kleinen Losgrößen, wodurch wiederum häufige Produktwechsel und eine Verringerung der durchschnittlichen Gesamtanlageneffektivität (engl. Overall Equipment Effectiveness, OEE) folgen.[2] Dies gilt insbesondere für die Produktion auf Produktionslinien mit hohen Produktionsgeschwindigkeiten und Produkten mit geringen Gewinnspannen, wie sie z. B. in der Konsumgüterindustrie (engl. Fast Moving Consumer Goods, FMCG) zu finden sind.[3]

Ein Wert für die OEE von ca. 85 % gilt als wettbewerbsfähig.[4] Berechnete Werte für die deutsche Konsumgüterindustrie liegen hingegen zwischen 50 % und 70 %. Ein Großteil der Produktionssysteme weist somit Verbesserungspotenzial auf.[5] Bei einer hohen geplanten geforderten Auslastung der Produktionslinien und gleichzeitiger Konsolidierung von Produktionsmengen in Produktionsnetzwerken[6], werden immer höhere Ziele für Leistung und Stabilität von Produktionslinien gesetzt.[7]

Aus diesen Gründen ist die OEE- und Leistungssteigerung sowohl im operativen Management in der Industrie wie auch in der produktionstechnischen Forschung

---

1 Vgl. ElMaraghy, H. et al. (2021) Evolution and future, S. 1; Sarkar, B. et al. (2022) A smart production, S 3; Jani, M. et al. (2023) Effect of Future, S. 28 f.
2 Vgl. Bech, S. et al. (2019) Product and Process, S. 1067.
3 Vgl. Li, W. et al. (2021) Facility Layout Optimization, S. 314.
4 Vgl. Zennaro, I. et al. (2018) Micro Downtime: Data, S. 967.
5 Vgl. Flad, S. (2017) Neue Methoden zur, S. 8.
6 Vgl. Butollo, F. (2020) Digitalization and the, S. 14; Gong, H. et al. (2022) Globalisation in reverse, S. 176 f.
7 Vgl. Pinciroli, L. et al. (2023) Maintenance optimization in, S. 234.

seit Jahren Gegenstand der Auseinandersetzung.[8] Für die Optimierung und die Auslegung von Produktionslinien ergibt sich somit eine strategische Relevanz für produzierende Unternehmen.[9]

Die Auslegung von Produktionslinien mit den integrierten Maschinen, Förderern, Speichern etc. sowie deren spezifischer Parameterkonfiguration haben einen starken Einfluss auf die OEE, die Leistung und die Stabilität und letztlich auf die Produktionskosten.[10] Abbildung 1-1 zeigt eine beispielhafte Konfiguration einer Produktionslinie aus der Konsumgüterindustrie mit mehreren Maschinen, welche durch Förderer/Speicher miteinander verbunden sind sowie auszugsweise relevante Parameter für zwei beispielhafte Elemente. Die Linie besteht aus einem Hauptstrom (Flaschenblasanlage bis Palettierer) und einem Nebenstrom (Kartonaufrichter bis Kartonpacker). In der Maschine *Kartonpacker* werden beide Materialströme kombiniert.

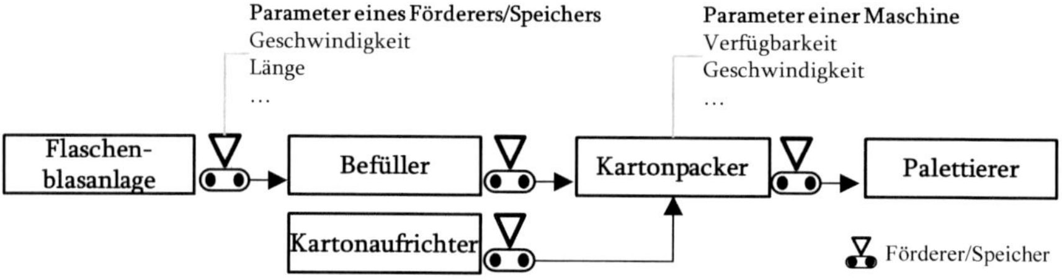

Abbildung 1-1: Beispielhafte Konfiguration einer Produktionslinie

Die Verbesserung solcher Produktionslinien ist ein komplexes Problem, bei dem die Komplexität mit der Anzahl der Elemente der Produktionslinie drastisch zunimmt: Das Teilproblem der Allokation und Dimensionierung der Förderer/Speicher ist isoliert bereits ein NP-schweres[11] Problem.[12]

---

[8] Vgl. Corrales, L. et al. (2020) OEE, S. 11; Sotskov, Y. (2023) Assembly and Production, S. 1 f.

[9] Vgl. Sotskov, Y. (2023) Assembly and Production, S. 38.

[10] Vgl. Dallery, Y./ Gershwin, S. (1992) Manufacturing flow line, S. 1 f; Koren, Y. et al. (1998) Impact of Manufacturing, S. 372; Ylipää, T. et al. (2017) Identification of maintenance, S. 126.

[11] D.h. Lösungen können nur mit exponentiellem Rechenaufwand gefunden werden. Ein bekanntes Beispiel für ein NP-schweres Problem ist das *Problem des Handlungsreisenden*. Vgl. Witt, K.-U./ Müller, M. (2020) Algorithmische Informationstheorie, S. 72 f.

[12] Vgl. Huang, M.-G. et al. (2002) Buffer allocation in, S. 104; Xi, S. et al. (2020) A new method, S. 1.

Aufgrund gegenseitiger Abhängigkeiten der Elemente einer Produktionslinie[13] verschiebt sich das limitierende Element, der Engpass des Systems, dynamisch[14]. Des Weiteren sind Produktionslinien aufgrund schwankender Bearbeitungs- und Ausfallzeiten stochastischer Natur.[15] Dies führt zusammengefasst zu hoher Unsicherheit über Zusammenhänge in Produktionslinien.[16]

Die Kennzahl OEE fokussiert nur die Ausbringung des Systems, nicht aber den investierten Aufwand, um diese Ausbringung zu erreichen. Die Identifizierung und Priorisierung wirtschaftlicher Verbesserungsmaßnahmen ist aber nur dann sinnvoll, wenn das Gesamtverhalten der Linie und auch die mit Verbesserungsmaßnahmen einhergehenden Kosten berücksichtigt werden.[17] Dabei muss beachtet werden, dass Wirtschaftlichkeit, Leistung und Produktivität nicht synonym zu verwenden sind, da ein Unternehmen auch bei der Erbringung hoher Leistung und hoher Produktivität unter Umständen nicht wirtschaftlich handelt.[18] Die Analyse des besten Stellhebels zur Verbesserung der Leistung von Produktionslinien stellt eine anspruchsvolle Aufgabe dar, welche nicht alleine auf der weit verbreiteten Kennzahl OEE fußen darf.[19]

Es werden daher Methoden zur Problemlösung benötigt. Da solche Probleme realer Komplexität allerdings nicht geschlossen-analytisch lösbar sind, wird häufig das Werkzeug der simulationsbasierten Optimierung eingesetzt, um die Konfiguration von Produktionslinien zu verbessern.[20]

Nur durch die Kombination von Simulation mit Methoden der Optimierung kann das volle Leistungspotenzial von Produktionslinien ausgeschöpft werden. Deswegen werden die entstehenden Aufwände für die Durchführung von Simulationsstudien häufig in Kauf genommen.[21] Gleichzeitig entsteht durch die kurzen Produktlebens-

---

13 Vgl. Longo, C./ Fantuzzi, C. (2018) Simulation and optimization, S. 1 f.

14 Vgl. Tu, J./ Zhang, L. (2022) Performance analysis and, S. 3992.

15 Vgl. Bleisch, G. et al. (2014) Lexikon Verpackungstechnik, S. 613.

16 Vgl. Pinciroli, L. et al. (2023) Maintenance optimization in, S. 234.

17 Vgl. Ylipää, T. et al. (2017) Identification of maintenance, S. 126; Wu, K. et al. (2020) A generalization of; Yang, Z. et al. (2023) A study on, S. 3784.

18 Vgl. Gottmann, J. (2019) Produktionscontrolling, S. 52.

19 Vgl. Zhang, M./ Matta, A. (2020) Models and algorithms, S. 1.

20 Vgl. Gutenschwager, K. et al. (2017) Simulation in Produktion, S. 37 f.; Rabe, M. et al. (2020) Speeding up computational; Sotskov, Y. (2023) Assembly and Production, S. 38.

21 Vgl. Krenczyk, D./ Paprocka, I. (2023) Integration of Discrete, S. 17.

zyklen die Notwendigkeit einer häufigen Anpassung von Produktionslinien und somit auch die Notwendigkeit ihrer simulativen Untersuchung.[22]

Viele Unternehmen benötigen jedoch Unterstützung bei der Durchführung von simulationsbasierter Optimierung, der Interpretation der Ergebnisse und der Ableitung von umsetzbaren Schritt-für-Schritt-Maßnahmen[23], da notwendiges Expertenwissen für die Durchführung von Simulationsstudien oftmals nicht zur Verfügung steht oder die entsprechende Simulationsergebnisse und -vorgehen wenig akzeptiert sind.[24]

Es wird erwartet, dass die Kombination mehrerer kleiner Verbesserungsmaßnahmen an verschiedenen Elementen zu höheren Leistungssteigerungen führt, als eine größere Verbesserung an einem einzelnen Element[25], wodurch die isolierte Betrachtung von Teilproblemen von begrenztem Nutzen ist.[26] Bei der wirtschaftlichen Leistungssteigerung muss daher speziell auf die Kombination einzelner Maßnahmen geachtet werden, wodurch die Problemkomplexität weiter steigt.

In den letzten Jahren wurden für die Lösung ähnlicher komplexer Optimierungsprobleme der Produktionstechnik zunehmend Methoden des Reinforcement Learnings (RL, dt. Bestärkendes Lernen) erfolgreich eingesetzt.[27] Die Motivation für den Einsatz von RL als Subkategorie des maschinellen Lernens für derartige Optimierungsprobleme liegt darin, dass RL-Methoden in der Lage sind, effizient und autonom auf die Dynamik eines komplexen Systems zu reagieren, ohne zuvor Wissen über die Systemdynamik zu benötigen.[28] Die Technologie des RL ist in Unternehmen allerdings noch wenig verbreitet, auch wenn das Industrieinteresse in hohem Maß vorhanden ist.[29]

---

[22] Vgl. Li, W. et al. (2021) Facility Layout Optimization, S. 314.

[23] Vgl. Karlsson, I. (2018) An interactive decision, S. 3 - 5; Trigueiro de Sousa Junior, W. et al. (2019) Discrete simulation-based optimization, S. 538.

[24] Vgl. Kranz, M. et al. (2021) Simulation, S. 113; Schuh, G. et al. (2021) Erhöhung der Akzeptanz, S. 222 f.

[25] Vgl. Godinho Filho, M./ Utiyama, M. (2015) Comparing different strategies, S. 13.

[26] Vgl. Wu, K. et al. (2020) A generalization of, S. 4 und 10; Yang, Z. et al. (2023) A study on, S. 3784.

[27] Vgl. Kang, Z. et al. (2020) Machine learning applications; Bertolini, M. et al. (2021) Machine Learning for; Lorenz, R. et al. (2022) Selecting advanced analytics; Panzer, M./ Bender, B. (2022) Deep reinforcement learning, S. 1 ff; Li, C. et al. (2023) Deep reinforcement learning, S. 75 ff; Pinciroli, L. et al. (2023) Maintenance optimization in, S. 234.

[28] Vgl. Sutton, R./ Barto, A. (2018) Reinforcement learning, S. 68.

[29] Vgl. Ragani, A. et al. (2023) Unveiling the next, S. 4 f.

1.2 Zielsetzung

Das Ziel der vorliegenden Dissertation ist es, einen aufwands- und praxisgerechten Ansatz zur wirtschaftlichen Leistungssteigerung von Produktionslinien mit Hilfe simulationsbasierter Optimierung unter Verwendung von RL zu entwickeln. Um eine Wirtschaftlichkeitsbetrachtung zu ermöglichen, ist die integrierte Betrachtung der mit einer Verbesserungsmaßnahme einhergehenden Kosten entscheidend. Dabei steht die Unterstützung von Ingenieurinnen und Ingenieuren bei eben dieser Verbesserungstätigkeit im Vordergrund. Dabei wird eine Entscheidungsunterstützung und keine vollständige Automatisierung des Verbesserungsprozesses angestrebt. Gleichzeitig soll die entwickelte Methode für Ingenieurinnen und Ingenieure ohne explizites Simulations- oder RL-Wissen anwendbar sein. Um eine ganzheitliche Bewertung anstehender Verbesserungsmaßnahmen zu ermöglichen, sollen konkrete Einzelmaßnahmen für die spezifisch zu verbessernde Produktionslinie sequenziell zu einer Folge von Maßnahmen (sog. Verbesserungstrajektorien) kombiniert werden.

Die dieser Arbeit zugrundeliegende Forschungsfrage kann daher wie folgt formuliert werden:

Wie ist ein aufwandsgerechter Prozess der Entscheidungsunterstützung zur wirtschaftlichen Leistungssteigerung von Produktionslinien zu gestalten?

1.3 Forschungsmethodischer Rahmen der Arbeit

Die Zielstellung der vorliegenden Arbeit entstand durch die Reflexion des Autors über in Beratungsprojekten diskutierte Herausforderungen der (Konsumgüter-)Industrie im Rahmen seiner Tätigkeit als (produktions-)wissenschaftlicher Mitarbeiter und Gruppenleiter am Werkzeugmaschinenlabor WZL der RWTH Aachen University. Die Arbeit steht somit im Zusammenhang mit einem praktischen Ziel der Industrie und ist den Ingenieurswissenschaften als Subkategorie der Handlungswissenschaften und damit den Realwissenschaften zuzuordnen, siehe Abbildung 1-2.[30]

---

[30] Vgl. Ulrich, P./ Hill, W. (1976) Wissenschaftstheoretische Grundlagen der, S. 305.

Realwissenschaften im Allgemeinen haben das Ziel, wahrnehmbare Ausschnitte der Wirklichkeit objektiv zu beschreiben, zu generalisieren, Handlungsalternativen zu ihrer Gestaltung abzuleiten und Lösungen von Entscheidungsproblemen zu finden.[31]

Ingenieurswissenschaften im Speziellen untersuchen die Technik hinsichtlich ihrer Struktur und Funktion, ihrer Folgen für Umwelt und Mitwelt sowie der soziokulturellen Implikationen. Sie zeichnen sich dabei durch eine zielorientierte Vielfalt der Methoden zur Synthese des Neuen aus, welche von rationalsystematischen bis zu intuitiv-heuristischen Methoden reichen.[32]

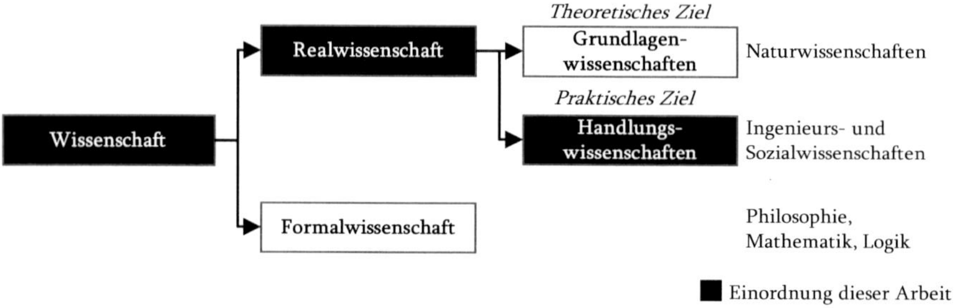

Abbildung 1-2: Einordnung der Arbeit in die Wissenschaftssystematik[33]

Das Ziel der vorliegenden Dissertation ist demnach nicht die Absicherung von Erkenntnissen, sondern die Identifikation geeigneter Instrumente zur Beherrschung der Wirklichkeit. Ergebnisse und Begründungen in der technischen Praxis sind aus diesem Grund vom Charakter von Handlungsanweisungen im Sinne von Regeln wie „soll B eintreten, muss A getan werden". Dabei folgern Ingenieurswissenschaften nicht rein deskriptiv, sondern argumentieren abduktiv durch das Schließen von Teileigenschaften auf Gesamteigenschaften. So ergibt sich eine gewisse Subjektivität, da Schlussfolgerungen immer eine Wertung des Autors enthalten, welche aufgrund persönlicher Erfahrungen und der eigenen Wahrnehmung der Wirklichkeit abgegeben werden.[34]

---

[31] Vgl. Kubicek, H. (1976) Heuristische Bezugsrahmen und, S. 5.

[32] Vgl. Kornwachs, K./ Treugut, L. (2013) Technikwissenschaften, S. 8.

[33] i.A.a. Ulrich, P./ Hill, W. (1976) Wissenschaftstheoretische Grundlagen der, S. 305.

[34] Vgl. Ulrich, P./ Hill, W. (1976) Wissenschaftstheoretische Grundlagen der, S. 306; Kornwachs, K./ Treugut, L. (2013) Technikwissenschaften, S. 22.

Um diese Subjektivität offenzulegen und zu begrenzen ist die Explizierung des Vorverständnisses des Autors sowie die Erläuterung des forschungsmethodischen Vorgehens notwendig. Dieses Vorverständnis wird folgend nach der iterativen Heuristik nach KUBICEK dargestellt.[35] So fungiert die in Kapitel 1.2 definierte Forschungsfrage als Ausgangspunkt des forschenden Autors zur Gewinnung weiterer Fragen, die das Verständnis erweitern. Zur Ableitung dieser Fragen wird mit Hilfe eines heuristischen Bezugsrahmens der Problemkontext kategorisiert und in Beziehung zu Analyseeinheiten gesetzt, sodass das Vorverständnis expliziert und die Perspektive auf die Forschungsfrage verdeutlicht wird. Abbildung 1-3 zeigt den heuristischen Bezugsrahmen für diese Arbeit in Zusammenhang mit der zugrundeliegenden Forschungsfrage.

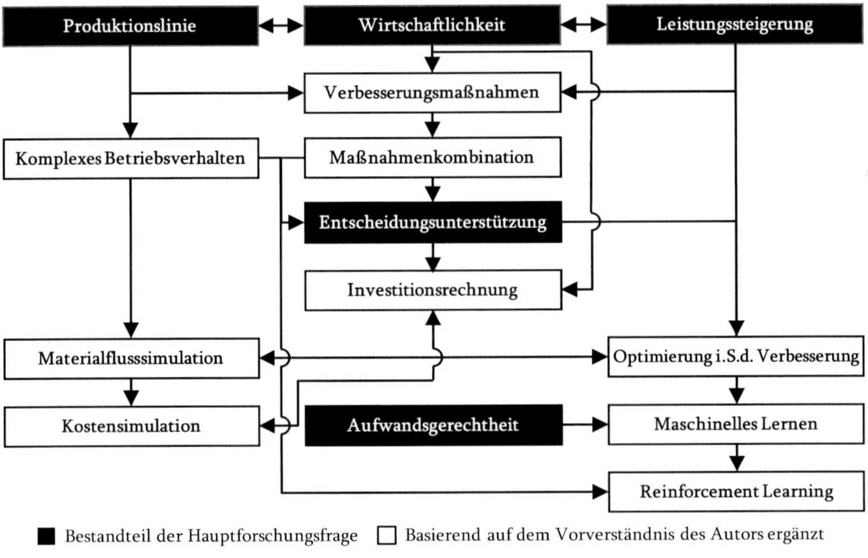

Abbildung 1-3: Heuristischer Bezugsrahmen der Arbeit

---

35 Vgl. Kubicek, H. (1976) Heuristische Bezugsrahmen und, S. 14 f.

Auf Grundlage der in Kapitel 1.2 formulierten Hauptforschungsfrage und des obigen heuristischen Bezugsrahmens leiten sich folgende Teilforschungsfragen ab:

- Wie kann die Problemstellung der wirtschaftlichen Leistungssteigerung von Produktionslinien als Reinforcement Learning-Problem formalisiert werden?
- Welche generischen Maßnahmen der Leistungssteigerung ergeben sich für einzelne Elemente und wie lassen sich diese beschreiben?
- Wie kann der Einfluss einzelner Elemente auf die Leistung einer Produktionslinie datengestützt beschrieben werden?
- Wie lassen sich konkrete Maßnahmen der Leistungssteigerung in Bezug auf Wirtschaftlichkeit unter Berücksichtigung der Systemkomplexität bewerten?
- Wie können konkrete Maßnahmen der schrittweisen Leistungssteigerung aufwands- und praxisgerecht zu Entscheidungsalternativen kombiniert werden?

Diese Teilforschungsfragen werden in Kapitel 4 zur Konzeption von (Teil-)Lösungsmodulen aufgegriffen. Das Vorgehen des Erkenntnisgewinns zur Beantwortung dieser Fragen orientiert sich am explorativen Forschungszyklus nach TOMCZAK, siehe Abbildung 1-4.[36]

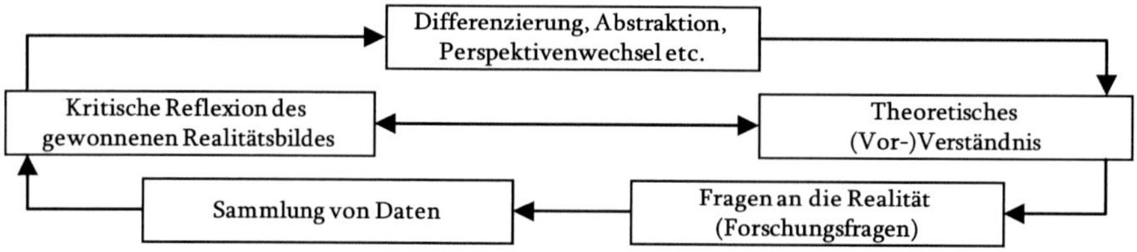

Abbildung 1-4: Explorativer Forschungszyklus nach TOMCZAK[37]

Auf Basis des explizierten theoretischen Vorverständnisses und der daraus abgeleiteten Forschungsfragen werden Daten gesammelt und analysiert. So entsteht ein aktualisiertes Abbild der Realität, welches kritisch mit Hilfe von Experimenten und Tests zu prüfen und mit dem theoretischen Verständnis abzugleichen ist. Durch Abstraktion und Perspektivwechsel wird ein neues, weiterentwickeltes theoretisches

[36] Vgl. Tomczak, T. (1992) Forschungsmethoden in der, S. 84.
[37] i.A.a. Tomczak, T. (1992) Forschungsmethoden in der, S. 84.

Verständnis aufgebaut.[38] Dieses Vorgehen wird iterativ so lange wiederholt, bis das erzeugte Verständnis zur Beherrschung der Problemsituation geeignet ist.[39]

1.4 Aufbau der Arbeit

Der Aufbau der vorliegenden Arbeit ist den sieben Phasen angewandter Forschung nach ULRICH angelehnt, um den in den Handlungswissenschaften geforderten Praxisbezug sicherzustellen.[40] Die folgende Abbildung 1-5 ordnet die sieben Phasen nach ULRICH den Kapiteln der vorliegenden Arbeit zu.

In Kapitel 1 wird die Ausgangssituation und Zielsetzung beschrieben. Dabei wird in das Themenfeld der wirtschaftlichen Leistungssteigerung von Produktionslinien eingeführt und die Notwendigkeit der wissenschaftlichen Auseinandersetzung mit Problemen aus der Praxis motiviert. Daraus werden zu beantwortende Forschungsfragen abgeleitet und der forschungsmethodische Rahmen sowie der Aufbau der Arbeit beschrieben.

Anschließend werden in Kapitel 2 Theorien, welche zur Analyse und Lösung des Problems notwendig sind, zusammengefasst und um Herausforderungen aus der Praxis ergänzt. Dazu wird in Kapitel 2.1 zuerst der Betrachtungsbereich der Arbeit durch grundlegende Begriffsdefinitionen eingegrenzt. In Kapitel 2.2 wird sich dem Thema der Produktionslinien gewidmet, während Kapitel 2.3 sich auf deren Untersuchung mit Hilfe von Simulation und Optimierung fokussiert und Kapitel 2.4 einen Überblick über Reinforcement Learning als Methode des Maschinellen Lernens gibt. Zusammenfassend werden in Kapitel 2.5 die Herausforderungen aus der Praxis herausgearbeitet, bevor in Kapitel 2.6 der Handlungsbedarf aus der Praxis resümiert wird.

Basierend auf diesen praxisrelevanten Herausforderungen werden in Kapitel 3.1 Anforderungen an bestehende Ansätze zur wirtschaftlichen Leistungssteigerung von Produktionslinien formuliert. Nachdem in Kapitel 3.2 eine Auswahl der relevantesten Ansätze aus der Literatur zusammengefasst und bewertet werden, werden in

38 Vgl. Tomczak, T. (1992) Forschungsmethoden in der, S. 84; Kornwachs, K./ Treugut, L. (2013) Technikwissenschaften, S. 22.

39 Vgl. Kubicek, H. (1976) Heuristische Bezugsrahmen und, S. 29.

40 Vgl. Ulrich, H. (1984) Management, S. 192 f.

Kapitel 3.3 die identifizierten Defizite diskutiert, bevor in Kapitel 3.4 das Forschungsdefizit und der resultierende Handlungsbedarf herausgestellt werden.

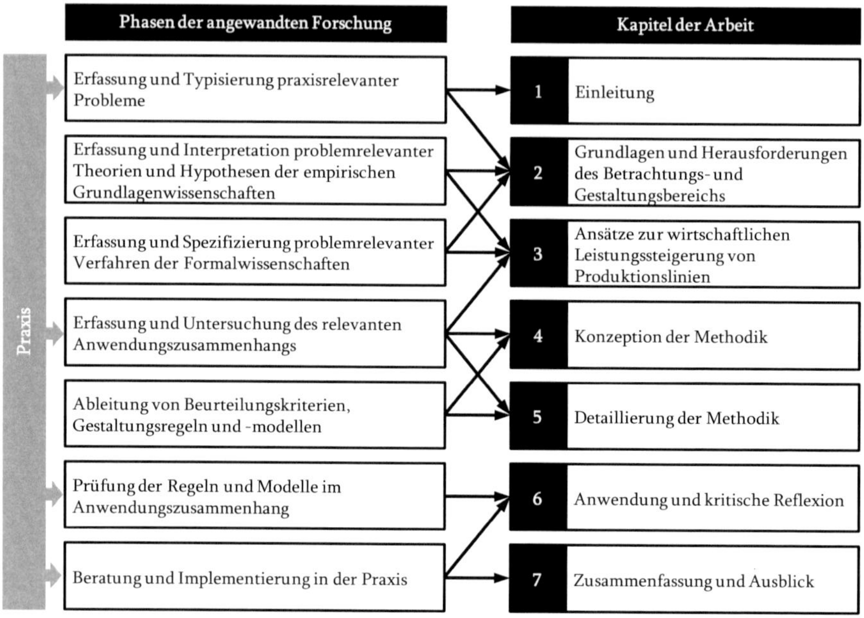

Abbildung 1-5: Aufbau der Arbeit zugeordnet zu Phasen nach ULRICH[41]

In Kapitel 4.1 werden basierend auf den herausgearbeiteten Herausforderungen aus der Praxis und dem aufgedeckten Forschungsdefizit die Anforderungen an einen neu zu entwickelnden Ansatz zur wirtschaftlichen Leistungssteigerung von Produktionslinien abgeleitet. Dazu wird zuerst in Kapitel 4.2 die Kernidee der Arbeit sowie die zugrundeliegenden Grundannahmen erläutert. In Kapitel 4.3 wird das Grobkonzept der Methodik erklärt. In Kapitel 4.4 wird das vierte Kapitel resümiert und die Potenziale der entwickelten Methodik aufgezeigt.

Basierend auf dem entwickelten Grobkonzept wird dieses in Kapitel 5 detailliert. Dazu wird in Kapitel 5.1 zuerst die vorliegende Aufgabenstellung als Reinforcement-Learning-Problem interpretiert und formuliert. In Kapitel 5.2 wird ein Vorgehen zur Identifikation konkreter Verbesserungsmaßnahmen für Produktionslinien beschrie-

[41] i.A.a. Ulrich, H. (1984) Management, S. 193.

ben. Folgend wird die Beobachtungsinterpretation zur Potenzialidentifikation in Kapitel 5.3 erläutert, während sich in Kapitel 5.4 der Wirtschaftlichkeitsbewertung konkreter Verbesserungsmaßnahmen angenommen wird. In Kapitel 5.5 wird ein Vorgehen zur automatisierten Generierung von Entscheidungsalternativen vorgestellt.

Nachfolgend wird in Kapitel 6 das entwickelte Vorgehen angewendet. Dazu wird in Kapitel 6.1 die prototypische Implementierung der Methodik beschrieben, welche folgend in Kapitel 6.2 bei einem Beispielunternehmen der Konsumgüterindustrie angewendet wird. In Kapitel 6.3 wird die Methodik kritisch reflektiert und auf Übereinstimmung mit den erarbeiteten Anforderungen überprüft.

Abschließend wird in Kapitel 7 die vorliegende Arbeit zusammengefasst und ein Ausblick auf eine weitergehende Detaillierung der Methodik sowie auf identifizierten Forschungsbedarf im Sinne des explorativen Forschungszyklus nach TOMCZAK gegeben.

2 Grundlagen und Herausforderungen des Betrachtungs- und Gestaltungsbereichs

Im folgenden Kapitel werden die relevanten Grundlagen und Herausforderungen der betrachteten Zielstellung diskutiert. Zuerst werden in Kapitel 2.1 die zentralen Begrifflichkeiten des Titels der Arbeit zur Eingrenzung des Betrachtungs- und Gestaltungsbereichs definiert. Im Anschluss werden in Kapitel 2.2 Produktionslinien näher betrachtet. In Kapitel 2.3 wird sich der Verknüpfung aus Simulation und Optimierung gewidmet. Schließlich wird in Kapitel 2.4 Reinforcement Learning als Methode des maschinellen Lernens vorgestellt. In Kapitel 2.5 werden die Herausforderungen im Betrachtungs- und Gestaltungsbereich aus der Praxisperspektive zusammengefasst, während das gesamte Kapitel 2 in Kapitel 2.6 resümiert wird.

2.1 Definitionen zur Eingrenzung

Im Folgenden werden die Begriffe und Formulierungen *Produktionslinie*, *Wirtschaftlichkeit*, *Leistung* und *aufwandsgerechter Prozess zur Entscheidungsunterstützung* aus der Hauptforschungsfrage erläutert. Anhand dessen wird gleichzeitig die Eingrenzung des Betrachtungs- und Gestaltungsbereichs dieser Arbeit vorgenommen.

Produktionslinie

Eine Produktionslinie wird als ein Subsystem eines Produktionssystems verstanden, welches einen Produktionsprozess niedriger Produktvarianz, aber sehr hoher Stückzahlen diskreter Produkte, durchführt.[42] Der Begriff *Produktion* kombiniert hier das Begriffsverständnis von WESTKÄMPER UND LÖFFLER, nachdem Prozessschritte der Fertigung als auch der Montage als Produktion subsummiert werden, mit dem Verständnis der *Stoffverarbeitung* (Trennen, Fügen, Formen, Dosieren, Ordnen)

---

[42] Vgl. Dallery, Y./ Gershwin, S. (1992) Manufacturing flow line, S. 3; Pawellek, G. (2007) Produktionslogistik, S. 85; Pinedo, M. (2012) Scheduling; Flad, S. (2017) Neue Methoden zur, S. 13.

nach MASCHJAK.[43] Produktionslinien erfüllen vielfältige Funktionen zur Herstellung von Serien- und Massenbedarfsgütern und werden je nach Kontext auch als **Verarbeitungsanlagen** bezeichnet.[44] Typische Produkte, die auf einer Produktionslinie hergestellt werden sind bspw. Konsumgüter wie Textilien, Pharmazeutika oder Lebens- oder Genussmittel.[45] *Produktionslinie* bezeichnet weiter die Verkettung mehrerer **Elemente** in einer festen Reihenfolge. Diese Elemente sind entweder Hauptelemente (bspw. Maschinen) oder Verkettungselemente (bspw. Speicher). Material fließt daher bspw. von einer Maschine in einen Speicher, wieder in eine Maschine und nochmals in einen Speicher und durchläuft dabei jedes Element genau einmal, siehe Abbildung 1-1. Das Material verlässt jedes Element für gewöhnlich nach dem FIFO (First-In-First-Out)-Prinzip.[46] Eine Besonderheit von Produktionslinien ist die mögliche Existenz von **Nebenströmen**, d.h. einer Verzweigung sowie Zusammenführung des Materialstroms. Diese Nebenströme sind entweder einseitig offen, wie bspw. die Zuführung von durch eine Maschine aufgerichtete Kartons zu einer Packmaschine oder geschlossen, wie bspw. Werkstückträger, auf denen ein Montageobjekt fixiert wird und nach beendeter Montage an den Anfang der Produktionslinie rückgeführt wird.[47]

Die Verweildauer der Produkte in Maschinen ist auf Grund von Schwankungen der Bearbeitungszeit, auftretenden Störungen oder notwendigen Reparaturen zufallsabhängig und somit stochastisch verteilt. Alle Elemente in Produktionslinien besitzen eine feste Kapazität an aufzunehmendem Material.[48]

Durch die Anwendung einer Produktionslinie in der Industrie ergibt sich deren **Betriebsverhalten,** wobei dieses aus dem Betriebsverhalten der Elemente resultiert.[49] Das Betriebsverhalten einer Produktionslinie wird laut RÖMISCH UND WEIß u.a.

---

[43] Vgl. Westkämper, E. (2016) Strategien der Produktion, S. 39; Majschak, J.-P. (2020) Anwendung für Maschinensysteme, S. 65; Majschak, J.-P. (2020) Anwendung für Maschinensysteme, S. 68.

[44] Vgl. Majschak, J.-P. (2020) Anwendung für Maschinensysteme, S. 65.

[45] Vgl. Römisch, P./ Weiß, M. (2014) Projektierungspraxis Verarbeitungsanlagen, S. 4.

[46] Vgl. Pinedo, M. (2012) Scheduling, S. 15.

[47] Vgl. Lotter, B. (2012) Manuelle Montage von, S. 142 f; Flad, S. (2017) Neue Methoden zur, S. 13.

[48] Vgl. Dallery, Y./ Gershwin, S. (1992) Manufacturing flow line, S. 1.

[49] Vgl. Bleisch, G. et al. (2014) Lexikon Verpackungstechnik, S. 57 - 58; Römisch, P./ Weiß, M. (2014) Projektierungspraxis Verarbeitungsanlagen, S. 65.

durch die Wirtschaftlichkeit, die Leistung und die Zuverlässigkeit bestimmt.[50] Auf diese einzelnen Aspekte wird in Kapitel 2.2 detailliert eingegangen. Dieses Betriebsverhalten ist im hohen Maße abhängig von der **Konfiguration** der Produktionslinie, d.h. der Festlegung von bspw. Arbeitsgeschwindigkeiten und Verfügbarkeitsanforderungen oder der redundanten Ausführung einzelner Elemente.[51]

Wirtschaftlichkeit

Unter Wirtschaftlichkeit wird nach GOTTMANN das Verhältnis aus Ertrag und Aufwand und daher das Verhältnis aus Erlösen und Kosten verstanden. Je größer dieser Quotient ausfällt, desto höher ist die Wirtschaftlichkeit.[52] Dabei wird Wirtschaftlichkeit wertmäßig d.h. monetär durch eine bewertete Beziehung zwischen Erlösen und Kosten erfasst.[53] Grundsätzlich kann sowohl die Leistung als auch die Produktivität eines Unternehmens steigen, ohne dass die Wirtschaftlichkeit steigt.[54] Daher müssen diese Größen getrennt voneinander bewertet werden.

Die mit einer Produktionslinie in direktem Zusammenhang stehenden **Erlöse** ergeben sich aus dem Produkt des erzielbaren Marktpreises je Stück und der Ausbringungsmenge[55] im betrachteten Zeitraum.[56]

Die **Gesamtkosten** einer Produktionslinie in einer Periode ergeben sich aus *fixen Kosten, variablen Kosten* und *Abschreibungen für Investitionsgüter*.[57] Die Trennung in fixe und variable Kostenanteile für alle Kostenarten ist notwendig, um eine Abhängigkeit der Stückkosten zu Ausbringungsmengen abzubilden: **Variable Kosten** sind initial direkt je Stück berechenbar, während **fixe Kosten** erst auf Basis einer Gesamtkostensumme gemäß der Anzahl der zugehörigen Stücke verrechnet und

---

50 RÖMISCH UND WEIß verwenden teilweise andere Begrifflichkeiten. Vgl. Römisch, P./ Weiß, M. (2014) Projektierungspraxis Verarbeitungsanlagen, S. 65.

51 Vgl. Koren, Y. et al. (1998) Impact of Manufacturing, S. 372; Wiendahl, H.-P./ Hegenscheidt, M. (2012) Verfügbarkeit von Montagesystemen, S. 360 f.

52 Vgl. Gottmann, J. (2019) Produktionscontrolling, S. 14.

53 Vgl. Weber, J. (2018) Gabler Wirtschaftslexikon: Wirtschaftlichkeit.

54 Vgl. Gottmann, J. (2019) Produktionscontrolling, S. 14.

55 Dabei wird im Rahmen dieser Arbeit die Annahme getroffen, dass die gesamte Ausbringungsmenge zum erzielbaren Marktkreis verkauft wird.

56 Vgl. Römisch, P./ Weiß, M. (2014) Projektierungspraxis Verarbeitungsanlagen, S. 369.

57 i.A.a. Römisch, P./ Weiß, M. (2014) Projektierungspraxis Verarbeitungsanlagen, S. 367.

indirekt auf Stückkosten umgelegt werden.[58] Für die detailliertere Erläuterung zu fixen und variablen Kosten von Produktionslinien sei auf Kapitel 2.2.3 verwiesen.

Abschreibungen für Investitionsgüter resultieren aus Auszahlungen in Folge von Investitionen. Investitionsentscheidungen, wie bspw. Erweiterungen einer Produktionslinie, sind unter der Vorgabe der Wirtschaftlichkeit zu treffen. Deswegen ist die Wirtschaftlichkeit mit Methoden der **Investitionsrechnung** nachzuweisen.[59]

Zur Wirtschaftlichkeitsbewertung von Investitionsentscheidungen bieten sich neben vereinfachten statischen Verfahren auch dynamische Verfahren an, welche Zahlungszeitpunkte und Zinsen über mehrere Perioden betrachten.[60] Da sich die vollständige Informationsbeschaffung für solche Berechnungen in der Realität schwierig gestaltet, werden Partialmodelle angewandt, um einzelne Investitionen mittels pauschaler Annahmen zu bewerten.[61] Die gängigste Methode für dieses Vorgehen ist die Nutzung des **Kapitalwerts**[62]. Für dessen Berechnung werden alle Ein- und Auszahlungen einer Investition auf einen Zeitpunkt auf- oder abgezinst. So repräsentiert der Kapitalwert die gesamte Zahlungsreihe einer Investition in einem Betrag, siehe Formel 2-1.[63]

Die Bewertung von Investitionen anhand von Ein- und Auszahlungen ermöglicht es, Investitionen in Kombination mit Änderungen von fixen und variablen Kosten sowie Erlösen zu betrachten und so einen ganzheitlichen Blick auf die Wirtschaftlichkeit einer Investitionsentscheidung zu erhalten.

---

[58] Vgl. Gottmann, J. (2019) Produktionscontrolling, S. 163.

[59] Vgl. Römisch, P./ Weiß, M. (2014) Projektierungspraxis Verarbeitungsanlagen, S. 361.

[60] Vgl. Busse von Colbe, W. et al. (2015) Investitionstheorie und Investitionsrechnung, S. 22.

[61] Vgl. Busse von Colbe, W. et al. (2015) Investitionstheorie und Investitionsrechnung, S. 55.

[62] Für verbundene Annahmen und Prämissen sei bspw. auf BUSSE VON COLBE ET AL. verwiesen. Vgl. Busse von Colbe, W. et al. (2015) Investitionstheorie und Investitionsrechnung, S. 58.

[63] Vgl. Busse von Colbe, W. et al. (2015) Investitionstheorie und Investitionsrechnung, S. 55 - 56.

Formel 2-1: Kapitalwert zum Zeitpunkt[64]

$$C_0 = -a_0 + \sum_{t=1}^{T} c_t + \frac{1}{(1+i)^t}$$

mit

C_0	Kapitalwert zum Zeitpunkt t_0
a_0	Auszahlungen zum Zeitpunkt t_0
c_t	Überschuss von Einzahlungen (bspw. generierter Erlös) zu Auszahlungen (bspw. fixe und variable Kosten) am Ende einer Periode t
i	Kalkulationszinssatz
t	Aktuelle Periode
T	Festgelegte Nutzungsdauer des Investitionsguts

Leistung

Die Leistung eines Produktionssystems wird nach GOTTMANN in der **Ausbringung** M, die in einem definierten Zeitintervall $\triangle t$ produziert wird, gemessen, siehe Formel 2-2. Die Größe wird erst durch den Vergleich zu anderen Produktionssystemen oder zu einem anderen Betrachtungszeitpunkt aussagekräftig.[65]

Formel 2-2: Definition Leistung Q[66]

$$Q = \frac{M}{\triangle t}$$

mit

Q	Leistung
M	Produktmenge
$\triangle t$	Zeitintervall

Die **Nennleistung** bezeichnet die maximale Ausbringung, auf welche ein Element ausgelegt wurde.[67] Es lässt sich weiter in rechnerische Leistung Q_r und tatsächliche Leistung Q_t unterscheiden. Erstere Q_r wird auch **Einstellleistung** genannt und wird

[64] Vgl. Busse von Colbe, W. et al. (2015) Investitionstheorie und Investitionsrechnung, S. 56.

[65] Vgl. Römisch, P./ Weiß, M. (2014) Projektierungspraxis Verarbeitungsanlagen, S. 71; Gottmann, J. (2019) Produktionscontrolling, S. 98 - 99.

[66] Vgl. Gottmann, J. (2019) Produktionscontrolling, S. 99.

[67] Vgl. Bleisch, G. et al. (2014) Lexikon Verpackungstechnik, S. 330.

nur bei störungs- und ausfallfreiem Betrieb und daher nicht über die gesamte Betriebszeit erreicht. Die Einstellleistung ist kleiner oder gleich groß der Nennleistung, da sie in Abstimmung zu anderen Elementen der Produktionslinie *eingestellt* wird. Die **tatsächliche Leistung** Q_t ergibt sich aus dem realen Betriebsverhalten unter Berücksichtigung des Störungs- und Ausfallverhaltens.[68]

In der Kennzahl OEE werden Verluste eines Produktionssystems in Leistungs-, Verfügbarkeits- und Qualitätsgrad unterschieden.[69] Die Kennzahl ist in der Industrie weit verbreitet, da diese Leistungsverluste von Produktionssystemen transparent macht und als Vergleichsgröße geeignet ist.[70] Aus diesem Grund wird im Folgenden eine Einordnung dieser Arbeit in die Definition der OEE gegeben. Da in dieser Arbeit der Einfluss der Änderung der Konfiguration einer Produktionslinie auf die Leistung dieser betrachtet wird, wird sich auf die Reduktion von Störungen, Kurzzeitstörungen und verringerter Arbeitsgeschwindigkeiten fokussiert, ohne den Anteil der Qualitätsprodukte an der Ausbringung oder die Anpassung der Rüstplanung zur Erhöhung der Verfügbarkeit von Produktionslinien zu betrachten, siehe Abbildung 2-1.

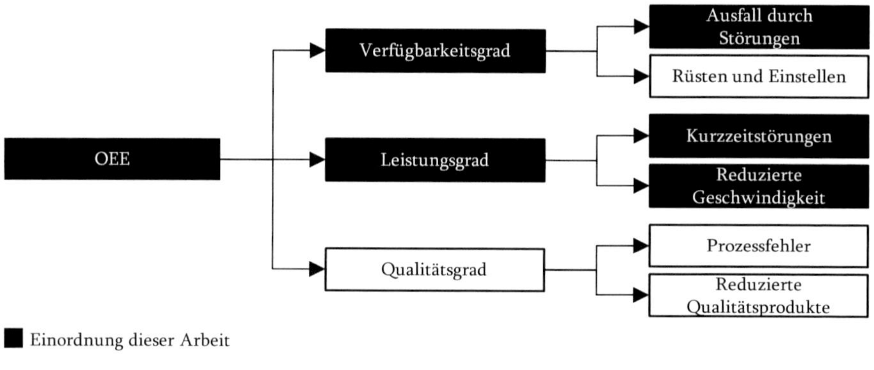

Abbildung 2-1: Verlustklassifizierung nach OEE mit Einordnung dieser Arbeit[71]

[68] Vgl. Römisch, P./ Weiß, M. (2014) Projektierungspraxis Verarbeitungsanlagen, S. 71.
[69] Vgl. Nakajima, S. (1988) Introduction to TPM, S. 43.
[70] Vgl. Focke, M./ Steinbeck, J. (2018) Steigerung der Anlagenproduktivität, S. 4.
[71] Vgl. Nakajima, S. (1988) Introduction to TPM, S. 25.

Die ganzheitliche Verbesserung aller Aspekte der OEE wird praxisnah bspw. von FOCKE UND STEINBECK diskutiert[72]. Für einen umfassenden Blick auf Methoden des Qualitätsmanagements sei bspw. auf SCHMITT UND PFEIFFER verwiesen.[73] Die Anwendung der OEE auf Produktionslinien wird folgend in Kapitel 2.2.2 diskutiert.

Aufwandsgerechter Prozess zur Entscheidungsunterstützung

Im Prozess der Leistungssteigerung einer Produktionslinie werden Maßnahmen zur Veränderung an dieser vorgenommen. Daher ergibt sich eine Vielzahl an alternativen möglichen **Verbesserungsmaßnahmen**. Die Auswahl aus solchen Alternativen wird **Entscheidung** genannt.[74] Um reflektierte Entscheidungen in einem komplexen Sachverhalt wie der Verbesserung von Produktionslinien zu treffen, eignen sich **rationale Entscheidungsprozesse**. Solche Prozesse werden in drei Phasen (Strukturierung der Entscheidungssituation, Entwicklung eines Wirkungsmodells, Evaluation der Entscheidungsalternativen) strukturiert und sind in der Lage durch ein strukturiert-analytisches Vorgehen die Entscheidungsqualität zu steigern.[75] Die Unterstützung in diesem Entscheidungsprozess durch eine Methode wird **Entscheidungsunterstützung**, eine Software zur Unterstützung **Entscheidungsunterstützungssystem** genannt. Entsprechende Systeme müssen dazu leicht handhabbar sein und eine einfache Durchführung von Alternativrechnungen anbieten.[76] Der Einsatz von Maßnahmen zur Entscheidungsunterstützung sollte dabei **aufwandsgerecht** sein und daher zwischen Aufwand und Nutzen abwägen.[77]

Basierend auf der Definition der obigen Begrifflichkeiten werden diese in den folgenden Kapiteln verwendet, um die Herausforderungen im aufgespannten Betrachtungs- und Gestaltungsbereich zu diskutieren.

---

72 Vgl. Focke, M./ Steinbeck, J. (2018) Steigerung der Anlagenproduktivität.

73 Vgl. Schmitt, R./ Pfeifer, T. (2015) Qualitätsmanagement.

74 Vgl. Laux, H. et al. (2018) Entscheidungstheorie, S. 3.

75 Vgl. von Nitzsch, R. (2021) Entscheidungslehre, S. 21 - 25.

76 Vgl. Lackes, R./ Siepermann, M. (2018) Gabler Wirtschaftslexikon: Decision Support Systems.

77 Vgl. von Nitzsch, R. (2021) Entscheidungslehre, S. 22 - 23.

2.2 Produktionslinien

2.2.1 Elemente und Funktionsstruktur

Die Produktionsaufgabe einer Produktionslinie wird realisiert durch die funktionale Verkettung von Elementen in einer Funktionsstruktur.[78] Die Elemente lassen sich gemäß ihrer realisierenden Funktion in Hauptelemente und Verkettungselemente klassifizieren, vgl. Abbildung 2-2.[79]

Die Klasse der **Hauptelemente** gliedert sich in Verarbeitungs-, Handhabungs- und Kontrollelemente. *Verarbeitungselemente* verrichten die Transformation von Gütern oder Zwischenprodukten wiederum zu Zwischenprodukten oder Endprodukten. Neben dem Produktionsprozess selbst ist die Handhabung des Gutstromes für das Verrichten der Produktionsaufgabe notwendig. Diese Funktion wird durch *Handhabungselemente* zum Beispiel in Form von Dosieren der Gutmengen oder Ordnen des Gutstromes erfüllt. Zuletzt stellen *Kontrollelemente* den erfolgreichen Ablauf sowie die erforderliche Qualität der Produkte sicher.[80] Hauptelemente arbeiten zyklisch im Chargenbetrieb, diskontinuierlich oder kontinuierlich. Dies bedingt ein jeweils unterschiedliches zeitlichen Verhalten der Ausbringung.[81]

Verkettungselemente tragen zur Realisierung der Produktionsaufgabe bei, indem sie Unterschiede im Gutstrom überbrücken. *Kopplungselemente* dienen zur Überbrückung strukturspezifischer Unterschiede im Falle von Gutstromverzweigung oder prozessspezifischer Unterschiede, falls der ausgehende Gutstrom des vorgelagerten Elementes nicht unmittelbar in das nachfolgende Element eingehen kann. *Förderer* überbrücken durch Bewegung der Güter räumliche Unterschiede bedingt durch die relative Lage der Elemente zueinander.[82] *Speicher,* oder synonym Puffer, überbrücken zeitliche Unterschiede im Gutstrom aufgrund von Ausbringungsschwankungen der verketteten Elemente und gewährleisten so den Materialfluss [83]. Sie sind einer-

---

[78] Vgl. Majschak, J.-P. (2020) Anwendung für Maschinensysteme, S. 67.

[79] Vgl. Römisch, P./ Weiß, M. (2014) Projektierungspraxis Verarbeitungsanlagen, S. 11.

[80] Vgl. Römisch, P./ Weiß, M. (2014) Projektierungspraxis Verarbeitungsanlagen, S. 12.

[81] Vgl. Römisch, P./ Weiß, M. (2014) Projektierungspraxis Verarbeitungsanlagen, S. 52.

[82] Vgl. Bleisch, G. et al. (2014) Lexikon Verpackungstechnik, S. 186 - 187; Römisch, P./ Weiß, M. (2014) Projektierungspraxis Verarbeitungsanlagen, S. 12.

[83] Vgl. Römisch, P./ Weiß, M. (2014) Projektierungspraxis Verarbeitungsanlagen, S. 12; Griemert, R./ Römisch, P. (2020) Fördertechnik, S. 345.

seits als *Ausgleichsspeicher* eine Funktionsvoraussetzung für die Produktionslinie, indem sie bspw. zyklisch arbeitende mit kontinuierlich arbeitenden Elementen verketten.[84] Speicher sind allerdings nicht in der Lage, unterschiedliche Zykluszeiten von Elementen dauerhaft ausgleichen.[85] Andererseits sind Speicher als *Störungsspeicher* zuverlässigkeitserhöhend wirksam, indem sie durch Entkopplung der Hauptelemente die Verfügbarkeit der gesamten Produktionslinie erhöhen, da sich Stillstände der Hauptelemente nicht ungehindert übertragen[86]

Als kombinierter Speicher sind auch Speicher realisierbar, welche beide Funktionen vereinen.[87] Daher wird je nach Anwendungsfall nicht dediziert zwischen Förderer und Speicher unterschieden. Die in diesem Fall zur Verfügung stehende Speicherkapazität eines Förderers wird durch die Länge bestimmt, genauso wie die minimale Durchlaufzeit des Materials. Im Kontext dieser Arbeit sind daher Speicher von Förderern dadurch abgegrenzt, dass erstere keine räumliche Distanz überbrücken und dass die Mindestverweilzeit der Produkte im Speicher unabhängig von der zur Verfügung stehenden Kapazität ist.

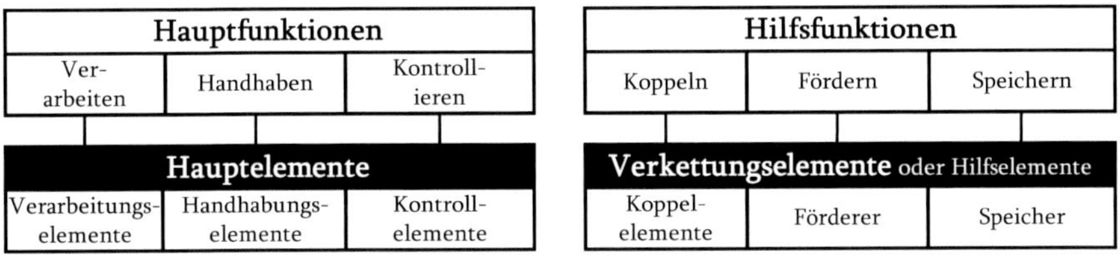

Abbildung 2-2: Klassifizierung von Anlagenelementen nach ihrer Funktion[88]

Das **Verkettungsprinzip** von Elementen lässt sich in *lose, elastisch* und *starr* unterteilen, s. Abbildung 2-3. Bei starrer Verkettung sind die Hauptelemente ohne Speicher direkt miteinander verkettet, ein Ausfall eines Hauptelements führt zum sofortigen Stillstand der gesamten Produktionslinie. Ist die Speicherkapazität ausreichend, um

[84] Vgl. Griemert, R./ Römisch, P. (2020) Fördertechnik, S. 348.
[85] Vgl. Wiendahl, H.-P./ Hegenscheidt, M. (2012) Verfügbarkeit von Montagesystemen, S. 345.
[86] Vgl. Griemert, R./ Römisch, P. (2020) Fördertechnik, S. 348.
[87] Vgl. Römisch, P./ Weiß, M. (2014) Projektierungspraxis Verarbeitungsanlagen, S. 150.
[88] i.A.a. Römisch, P./ Weiß, M. (2014) Projektierungspraxis Verarbeitungsanlagen, S. 11 und S. 51; Griemert, R./ Römisch, P. (2020) Fördertechnik, S. 3.

die Hautpelemente im Falle eines Stillstands vollständig zu entkoppeln, spricht man von einer losen Verkettung.[89]

Zwischen diesen Grenzfällen findet sich die elastische Verkettung, welche in Produktionslinien dominiert, da sie einen Kompromiss zwischen wirtschaftlicher Speichergröße und der Notwendigkeit der Funktionserfüllung als Ausgleichs- oder Störungsspeicher darstellt.[90] Die Dimensionierung und Positionierung von Speichern ist in realen Produktionslinien ein NP-schweres Problem und nicht als geschlossenes mathematisches Problem zu formulieren.[91] Somit ist die Speicherdimensionierung und -positionierung Gegenstand zahlreicher analytischer und empirischer Näherungsverfahren. Detaillierte Untersuchungen werden im Allgemeinen mit Hilfe von Materialflusssimulationen durchgeführt, vgl. Kapitel 2.3.1.[92]

Mit Hilfe der Verkettungselemente ergibt sich durch Verkettung mehrerer Hauptelemente die technologische Struktur zur Erfüllung der jeweiligen Produktionsaufgabe.[93] Diese Ausgestaltung der Struktur hat einen hohen Einfluss auf die Leistung der Produktionslinie.[94]

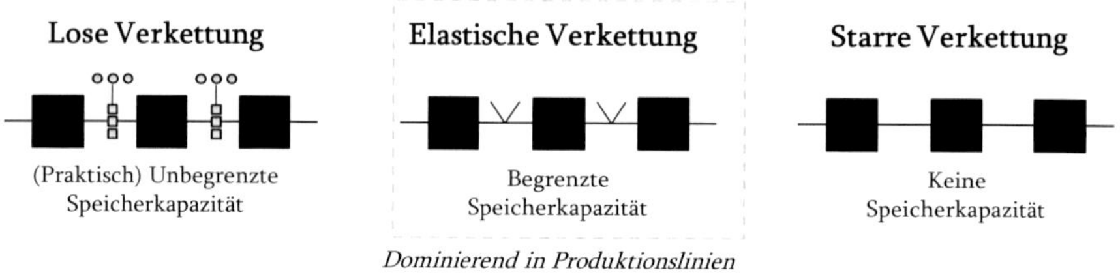

Abbildung 2-3: Verkettungsarten von Produktionslinien[95]

Als **realer Engpass** (engl. real bottleneck) einer Produktionslinie wird das Element mit der niedrigsten tatsächlichen Leistung Q_t bezeichnet.[96] Aufgrund der Verkettung der Elemente gibt der Engpass die maximal zu erreichende Leistung der gesamten

[89] Vgl. Wiendahl, H.-P./ Hegenscheidt, M. (2012) Verfügbarkeit von Montagesystemen, S. 337 f.
[90] Vgl. Deuse, J./ Busch, F. (2012) Zeitwirschaft in der, S. 90.
[91] Vgl. Huang, M.-G. et al. (2002) Buffer allocation in, S. 104.
[92] Vgl. Wiendahl, H.-P./ Hegenscheidt, M. (2012) Verfügbarkeit von Montagesystemen, S. 344.
[93] Vgl. Majschak, J.-P. (2020) Anwendung für Maschinensysteme, S. 67.
[94] Vgl. Wiendahl, H.-P./ Hegenscheidt, M. (2012) Verfügbarkeit von Montagesystemen, S. 337.
[95] i.A.a. Wiendahl, H.-P./ Hegenscheidt, M. (2012) Verfügbarkeit von Montagesystemen, S. 338.
[96] Vgl. Deuse, J./ Busch, F. (2012) Zeitwirschaft in der, S. 90.

Produktionslinie vor. Die tatsächliche Leistung der Produktionslinie wird stark durch das Zusammenspiel und die Leistung der einzelnen Elemente beeinflusst.[97] Daher kann sich der reale Engpass vom theoretischen Engpass unterscheiden.[98] Der **theoretische Engpass** wird durch das Element bestimmt, welches die langsamste Nennleistung Q_n besitzt.[99]

Daher wird im folgenden Kapitel 2.2.2 zunächst auf die Zuverlässigkeit von Elementen eingegangen und folgend die Konsequenz für das Betriebsverhalten der gesamten Produktionslinie beleuchtet.

2.2.2 Zuverlässigkeit von Produktionslinien und Elementen

Störungen stellen das zentrale Ereignis der Zuverlässigkeitstheorie dar und werden in der Berechnung der zugehörigen Zuverlässigkeitskenngrößen als stochastische Prozesse betrachtet.[100] Im Folgenden wird das jeweils zu untersuchende System als *Betrachtungseinheit* (BE) bezeichnet. Dieses kann beispielswiese ein einzelnes Element oder die gesamte Produktionslinie umfassen.

Als **Störung** oder Stillstand wird allgemein ein ungeplantes Ereignis bezeichnet, welches die Funktion der BE temporär beeinträchtigt oder unterbricht.[101] Eine solche Störung reduziert die Qualitätszeit t_Q, in der Qualitätsprodukte produziert werden und erhöht die Verlustzeit t_L, in welcher die Produktionslinie weniger Qualitätsprodukte produziert als theoretisch möglich. Das Zeitmodell aus DIN EN 415-11 ordnet diese Zeiten in ein Gesamtbild zur Berechnung von Zuverlässigkeitskenngrößen ein, siehe Abbildung 2-4.

Zuverlässigkeitskenngrößen sind ein entscheidendes Merkmal für die Qualität und Wirtschaftlichkeit von Elementen und ganzen Produktionslinien. Diese Zuverlässigkeit ist aufgrund der Dynamik der betrachteten Produktionslinien, die sich aus dem stochastischen Verhalten der einzelnen Elemente ergibt, eine komplexe Größe.[102] Zuverlässigkeitskenngrößen sind Grundlage für die Abbildung des dynamischen

---

[97] Vgl. Bartkowiak, T. et al. (2018) A Simulative Study, S. 14.
[98] Vgl. Tu, J. et al. (2021) Real-Time Bottleneck in, S. 1 ff.
[99] Vgl. Braglia, M. et al. (2008) Overall equipment effectiveness, S. 15.
[100] Vgl. Römisch, P./ Weiß, M. (2014) Projektierungspraxis Verarbeitungsanlagen, S. 81.
[101] Vgl. Deutsches Institut für Normung (2021) DIN EN 415-11, S. 6.
[102] Vgl. Bleisch, G. et al. (2014) Lexikon Verpackungstechnik, S. 613.

Systemverhaltens von Materialflusssystemen wie Produktionslinien in Simulationswerkzeugen.

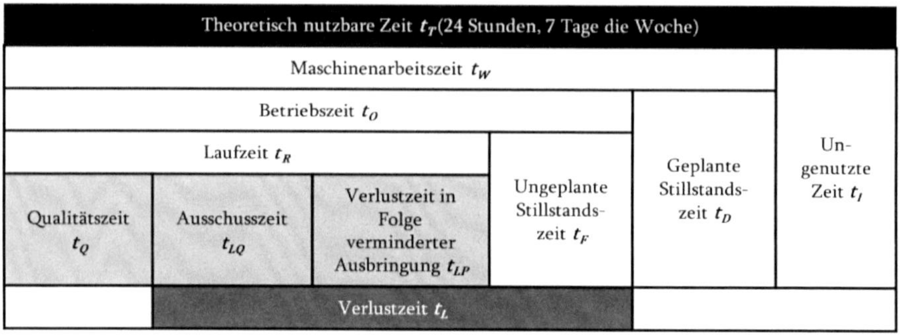

Abbildung 2-4: Zeitmodell nach DIN EN 415-11[103]

Die in Abbildung 2-4 beschriebenen Größen sind folglich in Realität zeitabhängige Zufallsgrößen. Für den stationären Betrieb - welcher im Folgenden weiter beleuchtet wird - werden daher, wie in der Praxis üblich, über die Zeit gemittelte Kennzahlen verwendet.[104] Im Folgenden werden die laut Erfahrung des Autors für die Beschreibung von Produktionslinien relevantesten Zuverlässigkeitskennzahlen definiert.

Die **Mean Time Between Failures (MTBF, dt- Mittlere Betriebsdauer zwischen zwei Ausfällen)** bezeichnet den durchschnittlichen zeitlichen Abstand zwischen störungsbedingten Stillständen des Maschinensystems (Zeit vom Ende der vorhergehenden Störung bis zum Ende der nachfolgenden Störung) innerhalb der Betriebszeit, s. Formel 2-3.[105] Zur Charakterisierung des Ausfallverhaltens der Elemente gehört neben der MTBF als Mittelwertgröße auch die Wahrscheinlichkeitsverteilung.[106] Üblich ist die Parametrisierung mittels Exponentialverteilung.[107]

[103] i.A.a. Deutsches Institut für Normung (2021) DIN EN 415-11, S. 18, entspricht der europäischen Nachfolgenorm der häufig zitierten DIN 8743

[104] Vgl. Römisch, P./ Weiß, M. (2014) Projektierungspraxis Verarbeitungsanlagen, S. 82.

[105] Vgl. Deutsches Institut für Normung (2021) DIN EN 415-11, S. 11.

[106] Vgl. Römisch, P./ Weiß, M. (2014) Projektierungspraxis Verarbeitungsanlagen, S. 88.

[107] Vgl. Harrington, B. (2014) Breakdowns Happen, 4; Gutenschwager, K. et al. (2017) Simulation in Produktion, S. 106.

Formel 2-3: Definition Mean Time Between Failures (MTBF)[108]

$$MTBF = \frac{t_R}{f}$$

mit $MTBF$ Mean Time Between Failure

t_R Laufzeit

f Gesamtzahl der erfassten Stillstände des Maschinensystems aufgrund von Störungen innerhalb der Betriebszeit t_0

Obige Formel 2-3 - wie auch folgende Formeln - besitzen nur unter der in der Praxis üblichen Annahme, dass Störungen exponentialverteilt sind, ihre Richtigkeit. Dies ist der Tatsache geschuldet, dass nur im Falle der Exponentialverteilung die mittlere Betriebszeit zwischen zwei Ausfällen dem Kehrwert der Ausfallrate entspricht.[109]

Die **Mean Time to Repair (MTTR, dt. Mittlere Dauer bis zur Wiederherstellung)** bezeichnet die durchschnittliche Dauer eines störungsbedingten Stillstands des Maschinensystems innerhalb der Betriebszeit, s. Formel 2-4.[110] Üblich ist die Beschreibung der Wiederherstellungszeit mit der MTTR als Mittelwertsgröße und einer Erlang-Verteilung[111] mit $k = 2$ als Wahrscheinlichkeitsverteilung.[112]

Formel 2-4: Definition Mean Time To Repair (MTTR)[113]

$$MTTR = \frac{t_F}{f}$$

mit MTTR Mean Time To Repair

t_F Ungeplante Stillstandszeit

f Gesamtzahl der erfassten Stillstände des Maschinensystems aufgrund von Störungen innerhalb der Betriebszeit t_0

---

[108] Vgl. Deutsches Institut für Normung (2021) DIN EN 415-11, S. 16.

[109] Vgl. Deutsches Institut für Normung (1990) DIN 40041, S. 8.

[110] Vgl. Deutsches Institut für Normung (2021) DIN EN 415-11, S. 11.

[111] Für Definition der Erlang-Verteilung Vgl. Walz, G. (2017) Lexikon der Mathematik, S. 73.

[112] Vgl. Harrington, B. (2014) Breakdowns Happen, S. 4; Gutenschwager, K. et al. (2017) Simulation in Produktion, S. 106.

[113] Vgl. Deutsches Institut für Normung (2021) DIN EN 415-11, S. 15.

Die oben beschriebenen Zuverlässigkeitskennzahlen lassen sich in eine **Zeitverfügbarkeit** V_T umrechnen, welche die Wahrscheinlichkeit angibt, dass sich eine BE zu einem beliebigen Zeitpunkt in einem funktionierenden Zustand befindet.[114]

In der DIN EN 415 wird jeweils in $MTTR$ und $MTBF$ für ein BE und maschinentechnische Kennzahlen $MTTRs, MTBFs$ unterschieden, welche um auf Umwelteinflüsse zurückzuführende Stillstandszeiten bereinigt sind und somit tatsächlich das reine Maschinenverhalten und nicht das Systemverhalten der BE beschreiben.[115] In der Praxis wird diese Unterteilung häufig nicht getroffen, sodass. die Systemkennzahlen in der Nomenklatur den maschinentechnischen Kennzahlen gleichgesetzt sind. Daher wird im Folgenden zwischen beiden Kennzahlsystemen nicht unterschieden und explizit das BE einer Kennzahl angegeben.

Durch die elastische Verkettung der Hauptelemente sorgen Verkettungselemente für **Wechselwirkungen** zwischen Hauptelementen, indem Störungen eines Hauptelements auf ein anderes Hauptelement, und letztlich die gesamte Produktionslinie, wirken. Der Stillstand eines Hauptelements **blockiert** (engl. blockage) vorhergehende Hauptelemente und sorgt für das Leerlaufen und daraus folgendes **induziertes Warten** (engl. starving) folgender Hauptelemente. Das kurzperiodige Aufschaukeln und die Weitergabe von Stillständen von Hauptelement zu Hauptelement wird engl. *Rippling* genannt.[116] Gleichzeitig sind Verkettungselemente störungsbehaftet und führen daher selbst zum Stillstand der Produktionslinie.[117] Verkettungselemente werden allerdings so ausgelegt, dass die Störungszeiten eine Größenordnung unter denen der Hauptelemente liegen. Dies führt zu Forderung der Zeitverfügbarkeit von Verkettungselementen von über 99,95 %. Aus diesem Grund werden Verkettungselemente in Simulationsstudien als nicht ausfallend mit einer Zeitverfügbarkeit von 100 % angenommen.[118] Wegen ihrer Funktion ist die Wichtigkeit von Hauptelementen und Speichern als besondere Form der Verkettungselemente aufgrund des

---

[114] Vgl. Römisch, P./ Weiß, M. (2014) Projektierungspraxis Verarbeitungsanlagen, S, 83 f.

[115] Vgl. Deutsches Institut für Normung (2021) DIN EN 415-11, S. 16.

[116] Vgl. Skoogh, A. et al. (2011) Data Requirements and, s. 1 ff; Ylipää, T. et al. (2017) Identification of maintenance, S. 1.

[117] Vgl. Bleisch, G. et al. (2014) Lexikon Verpackungstechnik, S. 518.

[118] Vgl. Römisch, P./ Weiß, M. (2014) Projektierungspraxis Verarbeitungsanlagen, S. 85.

direkten Einflusses auf die Zuverlässigkeit von Produktionslinien als Gesamtsystem besonders hervorzuheben.[119]

Die Zuverlässigkeit von Produktionslinien hat einen direkten Einfluss auf den Verfügbarkeits- und den Leistungsgrad im Sinne der OEE.[120] In der Vergangenheit wurde im Zuge von OEE-Steigerungsinitiativen vor allem der Verfügbarkeitsgrad adressiert. YLIPÄÄ ET AL. argumentieren allerdings, dass die im Leistungsgrad zusammengefassten Kurzzeitstörungen und Geschwindigkeitsreduktionen der einzelnen Elemente einen höheren Einfluss auf die Leistung einer Produktionslinie nehmen.[121] Aus diesem Grund sowie den Wechselwirkungen zwischen Hauptelementen ist es erfolgsträchtiger, die Leistung der gesamten Produktionslinie holistisch zu optimieren, als einzelne Elemente oder nur den Engpass isoliert zu betrachten.[122]

Aus dieser Überlegung heraus entwickelten NACHIAPPAN ET AL. die Metrik der Overall Line Effectiveness (OLE).[123] Aufbauend auf der OLE entwickelten BRAGILA ET AL eine weitere Kennzahl, mit der die Effektivität von verketteten Anlagen auch unter der Berücksichtigung von elastisch verketteten Produktionslinien mit integrierten Speichern gemessen werden kann, die *Overall Equipment Effectiveness of a Manufacturing Line* (OEEML).[124] Eine Zuordnung von auftretenden Fehlern zu den verursachenden Aggregaten nehmen BRAGILA ET AL. allerdings nicht vor.

2.2.3 Gesamtkosten einer Produktionslinie

Es ergeben sich unterschiedliche Kostenarten im Kontext des Betriebs von Produktionslinien, wie Formel 2-5 zeigt. **Festkosten** ergeben sich durch Ausrüstungs- und Investitionsaufwände und werden entsprechend einem Abschreibungsplan in jährliche Kosten umgerechnet.[125] Dies sind die einzigen Kosten, welche sich durch eine geänderte Linienkonfiguration, eine andere Nutzung oder durch Produktions-

---

[119] Vgl. Römisch, P./ Weiß, M. (2014) Projektierungspraxis Verarbeitungsanlagen, S. 51.

[120] Vgl. Nakajima, S. (1988) Introduction to TPM, S. 24 - 25; Focke, M./ Steinbeck, J. (2018) Steigerung der Anlagenproduktivität, S. 3 ff.

[121] Vgl. Ylipää, T. et al. (2017) Identification of maintenance, S. 138; Gopalakrishnan, M. et al. (2020) Data-driven machine criticality, S. 2.

[122] Vgl. Wu, K. et al. (2020) A generalization of, S. 4 ff; Yang, Z. et al. (2023) A study on.

[123] Vgl. Nachiappan, R./ Anantharaman, N. (2006) Evaluation of overall, S. 990.

[124] Vgl. Braglia, M. et al. (2008) Overall equipment effectiveness, S. 10 - 11.

[125] Vgl. Kapitel 2.1.

organisation nicht mehr verändern lassen. Häufig ist die Fläche durch umliegende Produktionsanlagen beschränkt und eine Erweiterung ist nicht ohne weitere Investitionen möglich. **Raumkosten** beinhalten alle anteilig für die Fläche der Produktionslinie an der Gesamtfläche laufenden Aufwendungen für Fläche und technische Gebäudeausstattung. **Schadenskosten** fassen Folgekosten wie Sanktionen des Handels bei nicht vertragsgemäßer Lieferung in Folge von Ausfall oder Qualitätsproblemen zusammen. Bei Produktionslinien, welche nicht im durchgehenden Schichtbetrieb betrieben werden, sind diese Kosten weniger bedeutsam als im Dauerbetrieb. **Aufbereitungs- und Recyclingkosten** beschreiben bspw. Aufwände für Wasseraufbereitung oder Recycling von Abfall. In einzelnen Fällen fallen in dieser Kategorie auch Erlöse an, bspw. durch den Verkauf aufbereiteter Abfallprodukte, wie in der Lebensmittelindustrie üblich. **Kosten für Roh-, Hilfs- und Betriebsmittel** sowie **Lohn-, Energie- und Instandhaltungskosten** bedürfen keiner weiteren Erläuterung, da sie als bekannt vorausgesetzt werden.[126]

Formel 2-5: Gesamtkosten einer Produktionslinie[127]

$$K_{ges} = K_F + K_{RHB} + K_R + K_S + K_{Ih} + K_E + \ + K_L + K_A$$

mit

K_{ges} Gesamtkosten

K_F Festkosten

K_{RHB} Kosten für Roh-, Hilfs- und Betriebsstoffe ohne Energiekosten

K_R Raumkosten

K_S Schadenskosten

K_{Ih} Instandhaltungskosten

K_E Energiekosten

K_L Lohnkosten

K_A Aufbereitungs- und Recyclingkosten

Festkosten für Hauptelemente werden in der Projektierung von Produktionslinien meist schon in frühen Planungsphasen detailliert betrachtet und werden durch das Einholen von Angeboten präzisiert. Die Kosten der Verkettungstechnik sind mit ca.

126 Vgl. Römisch, P./ Weiß, M. (2014) Projektierungspraxis Verarbeitungsanlagen, S. 92 f.

127 Vgl. Römisch, P./ Weiß, M. (2014) Projektierungspraxis Verarbeitungsanlagen, S. 92.

5-20 % der Gesamtinvestitionskosten anzugeben. Somit ist eine Überdimensionierung selbst bei progressiv steigenden Kosten aus Kostensicht zu rechtfertigen, wenn so ein Zuverlässigkeitszuwachs für die gesamte Produktionslinie erkauft werden kann. Eine Besonderheit bei Festkosten von Förderern und Speichern ist die teilweise lineare Abhängigkeit der Kosten vom Transportweg oder der Speicherkapazität. Innerhalb eines Bereichs I ergeben sich mit laufender Einheit x für einen Förderer F Kosten von $K_{F,I}(x) = K_{konstant} + K_{variabel,I}(x)$. Beim Überschreiten des Bereichs I und dem Übergang in den Bereich II muss mit höheren Kosten $K_{F,II}(x) = K_{konstant} + \Delta K_{konstant} + K_{variabel,II}(x)$ gerechnet werden. Der zusätzliche Anteil $\Delta K_{konstant}$ wird durch die konstruktive Notwendigkeit durch bspw. stärkere Motoren oder Tragkonstruktionen begründet.[128]

Diese Umrechnung von K_{ges} in spezifische Kosten k_{ges} durch den Bezug auf die im betrachteten Zeitintervall produzierten Produkte ermöglicht die Berücksichtigung von Mengeneffekten.[129]

Formel 2-6: Spezifische Produktionskosten je Stück[130]

$$k_{ges} = \frac{K_{ges}}{M}$$

mit	k_{ges}	Spezifische Gesamtkosten
	K_{ges}	Gesamtkosten
	M	Produktmenge

Für die Berechnung der Gesamtkosten einer Produktionslinie werden üblicherweise *mittlere Jahreskosten* betrachtet, da die tatsächlichen Kosten zeitlichen Schwankungen unterliegen können.[131] Mittlere Jahreskosten sowie mittlere Periodenkosten werden im Folgenden mit dem zusätzlichen Index $_m$ bezeichnet, bspw. mittlere Jahresgesamtkosten mit $K_{ges,m}$.Obige Formel muss fallspezifisch um etwaige weitere variable Kosten ergänzt werden.

[128] Vgl. Römisch, P./ Weiß, M. (2014) Projektierungspraxis Verarbeitungsanlagen, S. 93 f.
[129] Vgl. Gottmann, J. (2019) Produktionscontrolling, S. 161.
[130] Vgl. Römisch, P./ Weiß, M. (2014) Projektierungspraxis Verarbeitungsanlagen, S. 91.
[131] Vgl. Römisch, P./ Weiß, M. (2014) Projektierungspraxis Verarbeitungsanlagen, S. 92.

Die herausgestellten Betriebskosten stellen jene Kostenpunkte dar, welche durch Änderungen am eigentlichen Produktionsprozess, wie bspw. der Linienkonfiguration, verändert werden können.[132]

2.3 Simulation und Optimierung

2.3.1 Grundlagen und Werkzeuge von Simulation

In diesem Kapitel werden zuerst die Begriffe *Simulation* sowie daraus abgeleitet *Materialflusssimulation* sowie *Kostensimulation* erläutert. Im Anschluss werden *Simulationswerkzeuge* zur Durchführung eben dieser Simulationen klassifiziert.

Simulation

In der VDI 3633 wird **Simulation** allgemein als das „Nachbilden eines Systems mit seinen dynamischen Prozessen in einem experimentierbaren Modell, um zu Erkenntnissen zu gelangen, die auf die Wirklichkeit übertragbar sind"[133] definiert. Die Simulationstechnik stellt ein anerkanntes Hilfsmittel bei der Planung, Realisierung und dem Betrieb von technischen Systemen im Allgemeinen dar.[134] Dabei wird der heute in den Ingenieurswissenschaften verbreitete Modellbegriff nach STACHOWIAK erweitert.[135] Demnach sind Modelle eine pragmatische Abbildung eines geplanten oder existierenden Systems für jeweils bestimmte Zwecke, Zeitintervalle und Adressaten. Sie verkürzen die Realität daher entsprechend, sodass nicht alle, sondern nur für die Beantwortung der Fragestellung notwendigen Eigenschaften, abgebildet werden.[136] Aus der *experimentierbaren* Eigenschaft folgt die Durchführung von Simulationsexperimenten zur Untersuchung dynamischer Zusammenhänge basierend auf ablauffähigen Modellen.[137] Diese Experimente werden als Aktivitäten verstanden, welche zuerst *durchgeführt* werden müssen, um deren Ergebnis zu kennen.[138]

---

[132] Vgl. Gottmann, J. (2019) Produktionscontrolling, S. 56.

[133] Verein Deutscher Ingenieure (2014) VDI 3633 Blatt 1, S. 3.

[134] Vgl. Verein Deutscher Ingenieure (2014) VDI 3633 Blatt 1, S. 4.

[135] Vgl. Gutenschwager, K. et al. (2017) Simulation in Produktion, S. 14 - 15.

[136] Vgl. Stachowiak, H. (1973) Allgemeine Modelltheorie, S. 131 - 133; Verein Deutscher Ingenieure (2014) VDI 3633 Blatt 1, S. 3.

[137] Vgl. Gutenschwager, K. et al. (2017) Simulation in Produktion, S. 22 - 23.

[138] Vgl. Kelton, W. et al. (2015) Simulation with Arena, S. 579.

Materialflusssimulation

Materialflusssimulation beschreibt die simulative Analyse von Materialflusssystemen wie Produktionslinien, um bspw. die Leistungsfähigkeit nachzuweisen oder zu verbessern.[139] Heutige Materialflusssysteme wie Produktionslinien weisen stark vernetzte Wirkzusammenhänge sowie zeit- und zufallsabhängige Systemgrößen auf (vgl. Kapitel 2.2.2), weswegen mathematisch-analytische Methoden zur Untersuchung schnell an Grenzen stoßen und Simulationsmodelle in der Regel die einzige Möglichkeit darstellen, diese komplexen Systeme abzubilden.[140] Weitere Vorteile der Simulationstechnik werden in der VDI 3633 wie folgt zusammengefasst: [141]

- Untersuchung real (noch) nicht existierender Systeme oder real existierender Systeme ohne direkten Betriebseingriff
- Möglichkeit des Vergleichs mehrerer Gestaltungsalternativen bei geringem Arbeitsaufwand
- Betrachtung des Systemverhaltens in Anlaufvorgängen, Einschwingphasen und Übergängen von Betriebszuständen

Dem gegenüber ist die Materialflusssimulation in der Anwendung im Vergleich zu analytischen Verfahren sehr viel aufwendiger, weswegen ein Problem nur dann simulativ gelöst werden sollte, wenn sich mit klassischen Planungsinstrumenten oder analytischen Berechnungsverfahren keine befriedigende Antwort finden lässt.[142] Typische Simulationskosten liegen bei ca. 0,5 % der Investitionskosten, wobei der beeinflussbare Anteil der Investitionskosten auf ca. 20 % geschätzt wird. Die Höhe der zu erwartenden Einsparungen durch Simulationsprojekte wird im Mittel auf ca. 2 % der Investitionskosten geschätzt.[143]

Kostensimulation

Die Durchführung typischer Materialflusssimulationen zielt vorrangig auf die Untersuchung technischer und somit leistungsbezogener Kennzahlen ab. Durch eine Erweiterung der Betrachtung um Kosten wird diese technische Bewertung um

---

[139] Vgl. Verein Deutscher Ingenieure (2018) VDI 3633 Begriffe, S. 18.

[140] Vgl. Verein Deutscher Ingenieure (2014) VDI 3633 Blatt 1, S. 5; Gutenschwager, K. et al. (2017) Simulation in Produktion, S. 38.

[141] Vgl. Verein Deutscher Ingenieure (2014) VDI 3633 Blatt 1, S. 5.

[142] Vgl. Wiendahl, H.-P./ Hegenscheidt, M. (2012) Verfügbarkeit von Montagesystemen, S. 356 f.

[143] Vgl. Verein Deutscher Ingenieure (2014) VDI 3633 Blatt 1, S. 41 f.

betriebswirtschaftliche Aspekte ergänzt und Wirtschaftlichkeitsuntersuchungen werden ermöglicht.[144] Eine solche Ergänzung von Simulationen durch kosten- und betriebswirtschaftliche Aspekte wird laut VDI 3633 **Kostensimulation** genannt.[145] Nach HIRSCH ET AL. existieren drei unterschiedliche Arten der Kostensimulation, siehe Abbildung 2-5.[146]

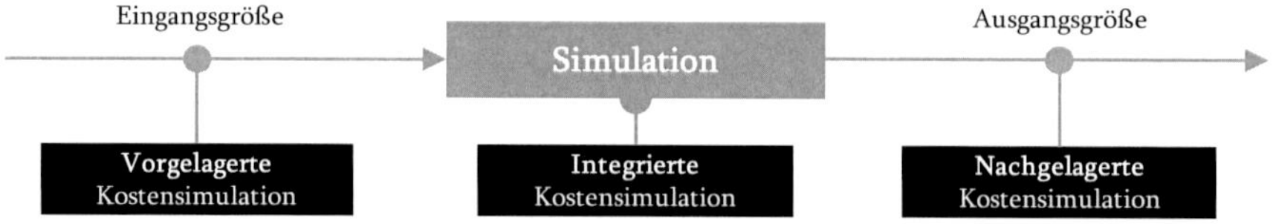

Abbildung 2-5: Klassifikation von Ansätzen zur Kostensimulation[147]

Die **integrierte Kostensimulation** nutzt ein dediziertes Kostenmodul, welches gleichzeitig mit Ablauf der eigentlichen Simulation permanent das Ermitteln, Verrechnen und Auswerten der Kostendaten übernimmt.[148] Daher existiert zu jedem Zeitpunkt innerhalb der Simulation volle Kostentransparenz, sodass Entscheidungen innerhalb der Simulationsexperimente[149] kontinuierlich basierend auf Kosten getroffen werden können.[150] Bei der **vorgelagerten Kostensimulation** werden der Simulation die benötigten Kosten als Parameter im Vorfeld der Simulationsexperimente von einem Drittsystem zur Verfügung gestellt. Im Vergleich zur integrierten Kostensimulation ist der Implementierungsaufwand geringer, es besteht dafür allerdings die Notwendigkeit definierter Schnittstellen.[151] Ein ähnlich geringer Implementierungsaufwand ergibt sich bei der **nachgelagerten Kostensimulation**, auch simulationsbasierte Kostenrechnung genannt. Bei dieser werden Simulation und Kostenrechnung voneinander getrennt, d.h. die Auswertung der Simulation bzgl. der Kosten findet in einem Drittsystem statt. Dazu wird während der Simulation eine zweckneutrale sog.

---

[144] Vgl. Verein Deutscher Ingenieure (2001) VDI 3633 Blatt 7, S. 2; Wunderlich, J. (2019) Kostensimulation, S. 3.

[145] Vgl. Verein Deutscher Ingenieure (2001) VDI 3633 Blatt 7, S. 2.

[146] Vgl. Hirsch, C. et al. (2019) Grundlagen der Kostensimulation, S. 92.

[147] Modifiziert i.A.a. Hirsch, C. et al. (2019) Grundlagen der Kostensimulation, S. 92

[148] Vgl. Verein Deutscher Ingenieure (2001) VDI 3633 Blatt 7, S. 3.

[149] Vgl. Kapitel 2.3.2.

[150] Vgl. Hirsch, C. et al. (2019) Grundlagen der Kostensimulation, S. 93.

[151] Vgl. Hirsch, C. et al. (2019) Grundlagen der Kostensimulation, S. 93f.

Spur erzeugt, die alle zur Kostenrechnung relevanten Daten enthält und über eine definierte Schnittstelle weitergegeben wird.[152]

Simulationswerkzeuge

Zur Unterstützung dieser Materialfluss- und Kostensimulationen stehen im Bereich Produktion und Logistik unterschiedliche **Simulationswerkzeuge**, auch Simulationsinstrumente, Simulationsprogramme oder Simulatoren genannt, zur Verfügung.[153] Diese lassen sich nach NOCHE UND WENZEL in fünf Ebenen kategorisieren, deren Übergänge fließend verlaufen, siehe Abbildung 2-6.[154]

Ein typisches Beispiel für ein Simulationswerkzeug der Ebene 0 stellt die wissenschaftliche Programmierumgebung Python dar, welche mit Hilfe der simulationstechnischen Erweiterung SimPy[155] und ManPy[156] auf Ebene 1 gehoben werden kann. Im Produktionskontext ist die Software SIEMENS PLANT SIMULATION®[157] als Beispiel für Ebene 3 zu nennen. Typisch auf höheren Ebenen ist die Kombination von generalisiert modellierten anwendungsspezifischen Modulen, welche in einer Bibliothek vorgehalten werden, zu neuen, spezifisch auf das Problem zugeschnittenen Simulationsmodellen. Somit wird der Aufwand für Simulationsstudien[158] drastisch gesenkt und gleichzeitig die Qualität erhöht.[159] Beispielhaft für eine spezialisierte Simulationsbibliothek für Produktionslinien und damit für ein Simulationswerkzeug der Ebene 4 ist die Arbeit von SCHUH ET AL. zu nennen.[160]

---

[152] Vgl. Verein Deutscher Ingenieure (2001) VDI 3633 Blatt 7, S. 3 - 4; Hirsch, C. et al. (2019) Grundlagen der Kostensimulation, S. 94.

[153] Vgl. Gutenschwager, K. et al. (2017) Simulation in Produktion, S. 218; Wenzel, S. (2018) Simulation logistischer Systeme, S. 16.

[154] Vgl. Noche, B./ Wenzel, S. (1991) Marktspiegel Simulationstechnik in, S. 4.

[155] Vgl. Müller, K. et al. (2022) SimPy.

[156] ManPy lässt sich sowohl als Ebene 1 und Ebene 3 kategorisieren, da es sich zwar um eine Programmiersprache handelt, aber diese produktionstechnische Module enthält. Vgl. Dagkakis, G. et al. (2013) ManPy: An Open-Source.

[157] Vgl. Siemens/Tecnomatix (2024) Plant Simulation.

[158] Siehe Kapitel 2.3.2.

[159] Vgl. Römisch, P./ Weiß, M. (2014) Projektierungspraxis Verarbeitungsanlagen, S. 319.

[160] Vgl. Schuh, G. et al. (2021) Erhöhung der Akzeptanz – Der Ansatz enthält des Weiteren eine akzeptanzfördernde grafische Oberfläche zur Konfiguration einer Produktionslinie basierend auf einer beschriebenen Simulationsbibliothek.

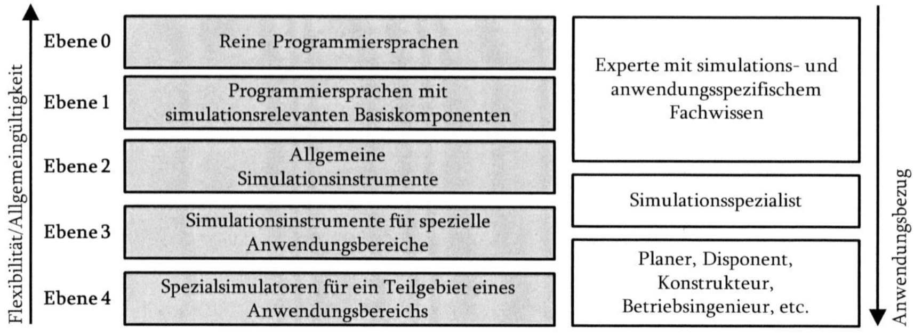

Abbildung 2-6: Ebenen von Simulationswerkzeugen[161]

Im folgenden Kapitel werden die grundlegenden Begrifflichkeiten der Simulation definiert.

2.3.2 Simulationsbegriffe, -methoden und -vorgehensmodelle

Eine **Simulationsstudie** bezeichnet ein Projekt zur simulationsgestützten Untersuchung eines Systems und kann dabei mehrere Simulationsexperimente bestehend aus mehreren Simulationsläufen beinhalten.[162] Unter einem **Simulationsexperiment** wird die empirische Untersuchung des Verhaltens des Modells durch wiederholte Simulationsläufe mit systematischer Variation der Parameter und/oder der Struktur des Modells verstanden.[163] Ein **Simulationslauf** ist die Ausführung des Simulationsmodells mit einer festen Parameter- und/oder Strukturkonfiguration über einen bestimmten (Simulations-)zeitraum wobei gleichzeitig die relevanten Zustandsgrößen beobachtet werden und zu einem **Simulationsergebnis** führen.[164] Bei identischen Parametereinstellungen ist das zu beobachtende Simulationsergebnis in deterministischen Systemen grundsätzlich reproduzierbar.[165] Unter **Simulationszeit** wird die Modellgröße verstanden, welche die im realen System voranschreitende Zeit abbil-

[161] i.A.a. Wenzel, S. (2018) Simulation logistischer Systeme, S. 18. basierend auf Noche, B./ Wenzel, S. (1991) Marktspiegel Simulationstechnik in, S. 4

[162] Vgl. Verein Deutscher Ingenieure (2018) VDI 3633 Begriffe, S. 30.

[163] Vgl. Verein Deutscher Ingenieure (2014) VDI 3633 Blatt 1, S. 3.

[164] Vgl. Verein Deutscher Ingenieure (2014) VDI 3633 Blatt 1, S. 4; Verein Deutscher Ingenieure (2018) VDI 3633 Begriffe, S. 29.

[165] Vgl. Gutenschwager, K. et al. (2017) Simulation in Produktion, S. 23.

det und sich aus dem durch Start- und Endzeitpunkt definierten **Simulationszeitraum** ergibt.[166] Die Simulationszeit ist nicht mit der für die Ausführung des Simulationsmodells benötigten **Rechenzeit** zu verwechseln.[167]

In Abhängigkeit des Zeitfortschrittsmechanismus, also der Art des Voranschaltens der Simulationszeit, und der Durchführung der damit verbundenen Zustandsänderung des Modells wird in kontinuierliche und diskrete **Simulationsmethoden** unterschieden, siehe Abbildung 2-7.[168]

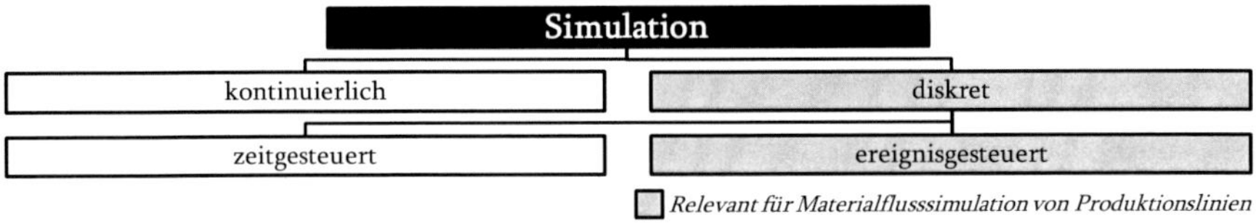

Abbildung 2-7: Klassifikation von Simulationsmethoden[169]

Kontinuierliche (engl. continuous) Simulationsmethoden (bspw. Finite-Elemente-Methode) basieren auf gekoppelten Differentialgleichungen für eine kontinuierliche Zeit- und Zustandsmenge, sodass kontinuierliche Zeit- wie auch Zustandsübergänge abgebildet werden. Bei **diskreten** (engl. discrete) Simulationsmethoden ergeben sich zu diskreten Zeitpunkten Zustandsänderungen auf Basis einer diskreten oder kontinuierlichen Zustandsmenge. Die Simulationszeit kann dabei grundsätzlich **zeitgesteuert** d.h. quasi-kontinuierlich (engl. fixed-increment time advance) oder **ereignisgesteuert** (engl. next event time advance) voranschreiten.[170]

Bei Materialflusssimulationen von Produktionslinien, die diskretes Stückgut betrachten, werden analog zu den realen Abläufen die Zustände der Modellelemente nur zu bestimmten Zeitpunkten abhängig vom Eintreten eines Ereignisses verändert. Daher wird sich im Folgenden auf die diskreten ereignisgesteuerten Simulationsmethoden

---

166 Vgl. Verein Deutscher Ingenieure (2018) VDI 3633 Begriffe, S. 30.
167 Vgl. Gutenschwager, K. et al. (2017) Simulation in Produktion, S. 50.
168 Vgl. Verein Deutscher Ingenieure (2018) VDI 3633 Begriffe, S. 29.
169 i.A.a. Mattern, F./ Mehl, H. (1989) Diskrete Simulation - Prinzipien, S. 200.
170 Vgl. Wenzel, S. (2018) Simulation logistischer Systeme, S. 10.

(engl. Discrete Event Simulation, DES) beschränkt.[171] Weitere Differenzierungen finden sich bspw. bei MATTERN UND MEHL.[172]

Bei Systemen, welche stochastische Größen beinhalten, handelt es sich bei einem Simulationsergebnis um das Ergebnis eines **Zufallsexperiments**. Daher ist das Simulationsergebnis nur eines von vielen möglichen Realisierungen und der nächste Simulationslauf kann ein anderes Simulationsergebnis liefern, da dieser nur Stichprobencharakter hat.[173] Um daher zu einer verlässlichen Entscheidung zu gelangen, müssen mehrere Simulationsläufe mit denselben Parameterwerten durchgeführt werden.[174] Solche Wiederholungen von Simulationsläufen desselben Modells mit jeweils unterschiedlichen Startwerten für die Zufallsgeneratoren auf deren Basis die stochastischen Größen bestimmt werden, werden **Replikationen** genannt.[175]

Um den für die **statistische Sicherheit** erforderlichen Umfang der Stichprobe zu erreichen, muss ein entsprechend langer Simulationszeitraum oder eine entsprechend große Anzahl von Replikationen vorgesehen werden. Dabei ist sicherzustellen, dass die Zufallsergebnisse so oft auftreten, dass die zugrundeliegenden Zufallsverteilungen hinreichend genau abgebildet werden.[176] Für die Bestimmung der minimalen Simulationszeiträume gibt es keine eindeutigen Richtlinien. Von WENZEL ET AL. wird allerdings empfohlen, dass relevante Zufallsereignisse einige Dutzend Male vorgekommen sein sollten. Um in der Lage zu sein, Effekte der Variation von mehreren Simulationsparametern zu ermitteln, sind wenige Replikationen nicht ausreichend.[177] Aus den sich ergebenden notwendigen Simulationszeiträumen bei gleichzeitiger Durchführung der notwendigen Replikationen ergeben sich schnell inakzeptable Rechenzeiten. Ein Ansatz zu deren Reduktion besteht darin, potentielle Lösungen mit einem vereinfachten deterministischen Simulationsmodell zu bewerten und anschließend vielversprechende Lösungsalternativen mit einem weiteren vollständigen stochastischen Modell zu bewerten.[178] Ist der Einfluss der Stochastik so

---

[171] Vgl. Gutenschwager, K. et al. (2017) Simulation in Produktion, S. 24 - 25; Wenzel, S. (2018) Simulation logistischer Systeme, S. 11.

[172] Vgl. Mattern, F./ Mehl, H. (1989) Diskrete Simulation - Prinzipien.

[173] Vgl. Wenzel, S. et al. (2008) Qualitätskriterien für die, S. 145.

[174] Vgl. Verein Deutscher Ingenieure (2020) VDI 3633 Blatt 12, S. 19.

[175] Vgl. Wenzel, S. et al. (2008) Qualitätskriterien für die, S. 145.

[176] Vgl. Gutenschwager, K. et al. (2017) Simulation in Produktion, S. 187.

[177] Vgl. Wenzel, S. et al. (2008) Qualitätskriterien für die, S. 149 – S. 151.

[178] Vgl. Gutenschwager, K. et al. (2017) Simulation in Produktion, S. 242.

elementar, als dass dieser nicht ignoriert werden darf, reichen in frühen Phasen der Simulationsstudie wenige Replikationen aus, wenn für die so gefundenen vielversprechenden Parameterkonfigurationen in späteren Phasen der Studie eine höhere Anzahl Replikationen durchgeführt wird, um statistische Sicherheit zu erlangen.[179]

Die **statistische Versuchsplanung (engl. Design of experiments, DOE)** strebt an, mit möglichst wenigen Experimenten ein Maximum an Informationen zu gewinnen.[180] Der wesentliche Erkenntnisgewinn von Simulationsstudien resultiert aus dem Vergleich unterschiedlicher Parameterkombinationen und Strukturvarianten. Dabei sollten im Sinne der Nachvollziehbarkeit und der Möglichkeit der transparenten Auswertung so wenige Veränderungen am Simulationsmodell wie möglich *gleichzeitig* vorgenommen werden.[181] Demgegenüber steht die Eigenschaft eines komplexen Systems, dass sich einzelne Faktoren gegenseitig bedingen und aus Einzelexperimenten nicht immer auf das Systemverhalten geschlossen werden darf. Beide Aspekte sind in der statistischen Versuchsplanung gegeneinander abzuwägen.[182] Details zu Methoden der statistischen Versuchsplanung finden sich bspw. bei DAVIM.[183]

Um Simulationsstudien fachgerecht und erfolgreich durchzuführen, ist die Orientierung an Simulationsvorgehensmodellen unerlässlich.[184] **Simulationsvorgehensmodelle** beschreiben generalisiert alle Aktivitäten, die zur Durchführung einer Simulationsstudie notwendig sind. Dies inkludiert auch den kritischen Teil der Verifikation und Validierung (V&V).[185] **Verifikation** bezeichnet die Durchführung von formalen Prüfungen zur Korrektheit des Simulationsmodells in sich, beantwortet also die Frage „Ist das Modell richtig?“.[186] **Validierung** bezeichnet die Überprüfung der hinreichenden Übereinstimmung des Verhaltens des realen Systems mit dem Simulationsmodell in Hinblick auf die Untersuchungsziele, beantwortet also die Frage „Ist

[179] Vgl. Juan, A. et al. (2015) A review of, S. 71.
[180] Vgl. Wenzel, S. et al. (2008) Qualitätskriterien für die, S. 151.
[181] Vgl. Römisch, P./ Weiß, M. (2014) Projektierungspraxis Verarbeitungsanlagen, S. 321.
[182] Vgl. Wenzel, S. et al. (2008) Qualitätskriterien für die, S. 151.
[183] Vgl. Davim, J. (2015) Design of Experiments.
[184] Vgl. Bokrantz, J. et al. (2018) Data quality problems.
[185] Vgl. Rabe, M. et al. (2008) Verifikation und Validierung, S. 28.
[186] Vgl. Rabe, M. et al. (2008) Verifikation und Validierung, S. 14; Verein Deutscher Ingenieure (2018) VDI 3633 Begriffe, S. 36.

es das richtige Modell?".[187] Nur durch konsequente V&V kann die Gefahr fehlerhafter Aussagen basierend auf Simulationsstudien und somit die Gefahr von Fehlentscheidungen begrenzt werden. V&V sind daher elementare Bestandteile einer jeden Simulationsstudie.[188]

Beispielhaft für Simulationsvorgehensmodelle sind die Vorgehen nach SARGENT[189] oder RABE ET AL. zu nennen.[190] Auf letzteres verweist auch die VDI 3633[191]. Eine Übersicht über Simulationsvorgehensmodelle geben bspw. RABE ET AL.[192]

Simulation gibt durch die Bildung von Szenarien und deren Vergleich keinen Lösungsweg vor. Bei komplexen Systemen ist es für den Anwender nicht ersichtlich, welche Parameterkombinationen und Strukturvarianten zur Verbesserung der Zielgrößen einen optimalen Lösungsweg ergeben. Die simulationsbasierte Optimierung liefert ein entsprechendes Entscheidungswerkzeug und wird im folgenden Kapitel behandelt.[193]

2.3.3 Simulationsbasierte Optimierung

Das Ziel aller analytischen Optimierungsverfahren darin, geeignete Ansätze zu finden, die mit minimalem Aufwand neue Suchschritte in Richtung der minimalen oder maximalen Lösung eines vorgegebenen Ziels unter Nebenbedingungen finden.[194] Die Anwendung klassischer analytischer Optimierungsverfahren ist für die Optimierung von realen komplexen und stochastischen Systemen jedoch nicht möglich, da kein Formelzusammenhang von Zielgröße und Einflussgrößen hergestellt werden kann.[195] In Bezug auf die simulationsbasierte Optimierung von realen

---

[187] Vgl. Rabe, M. et al. (2008) Verifikation und Validierung, S. 15; Verein Deutscher Ingenieure (2018) VDI 3633 Begriffe, S. 35.

[188] Vgl. Rabe, M. et al. (2008) Verifikation und Validierung, S. 1.

[189] Vgl. Sargent, R. (2010) Verification and validation.

[190] Vgl. Rabe, M. et al. (2008) Verifikation und Validierung, S. 5.

[191] Vgl. Verein Deutscher Ingenieure (2014) VDI 3633 Blatt 1, S. 19.

[192] Vgl. Rabe, M. et al. (2008) Verifikation und Validierung, S. 27 - 43.

[193] Vgl. März, L./ Krug, W. (2011) Kopplung von Simulation, S. 45.

[194] Vgl. Krug, W./ Rose, O. (2011) Optimierung, S. 22.

[195] Vgl. Juan, A. et al. (2015) A review of, S. 62 - 63; Amaran, S. et al. (2016) Simulation optimization: a, S. 352; Verein Deutscher Ingenieure (2020) VDI 3633 Blatt 12, S. 3 - 4.

und komplexen Systemen muss der Begriff der Optimierung daher anders bewertet werden.[196]

Im Gegensatz zu analytischen Lösungsverfahren muss bei der simulationsbasierte Optimierung keine mathematische Beschreibung des zu optimierenden Systems erfolgen, die Simulation kann als „Black Box“ behandelt werden und nur ihre Ein- und Ausgangswerte werden in der Suche nach einer optimalen Lösung berücksichtigt.[197] Simulationsbasierte Optimierung verbindet somit die Vorteile von Methoden der Simulation (d.h. Berücksichtigung praxisrelevanter Komplexität sowie stochastischer Einflüsse) mit denen der Optimierung (d.h. Auffinden besserer - im Idealfall optimaler –Lösungen sowie Einblick in die Lösungsfindung).[198] Die Kombination bildet daher ein effektives Werkzeug zur Lösung praxisrelevanter komplexer Probleme.[199] Somit wurde dem Thema in der letzten Dekade Aufmerksamkeit von Forschung und Praxis gewidmet und eine Vielzahl an neuen Algorithmen und Anwendungen entstanden.[200]

Laut RESCHER wird die **Komplexität** eines Systems durch die Anzahl und Vielfalt seiner Komponenten und die intrikaten Beziehungen zwischen ihnen bestimmt. Je komplexer ein System ist, desto höher ist die Anforderung an die kognitive Fähigkeit, die für ein Verständnis erforderlich ist.[201]

Der Begriff **Optimierung** wird daher im Kontext dieser Arbeit in Anlehnung an VDI 3633 und MÄRZ UND WEIGERT verstanden als „*Verbesserung* von Zielgrößen durch systematisch oder erfahrungsgeleitet modifizierte Parameter“ und hat das Ziel, einen möglichst guten oder den besten Lösungsvorschlag mithilfe algorithmischer Verfahren aus einer Menge von Alternativen zu bestimmen.[202]

Die Verknüpfung von Simulation und Optimierung erfolgt sequenziell oder hierarchisch, siehe Abbildung 2-8. Möglich ist auch eine Kombination dieser beiden

---

196 Vgl. Krug, W./ Rose, O. (2011) Optimierung, S. 22.

197 Vgl. Amaran, S. et al. (2016) Simulation optimization: a, S. 352; Verein Deutscher Ingenieure (2020) VDI 3633 Blatt 12, S. 3 - 4.

198 Vgl. März, L./ Weigert, G. (2011) Simulationsgestützte Optimierung, S. 41 - 42.

199 Vgl. Gosavi, A. (2015) Simulation-Based Optimization, S. 31.

200 Vgl. Amaran, S. et al. (2016) Simulation optimization: a, S. 372; Soares do Amaral, J. et al. (2022) Metamodel-based simulation optimization, S. 6.

201 Vgl. Rescher (1998) Complexity, S. 1.

202 Vgl. März, L./ Weigert, G. (2011) Simulationsgestützte Optimierung, S. 11; Verein Deutscher Ingenieure (2020) VDI 3633 Blatt 12, S. 3.

Architekturen.[203] Die **sequenzielle Verknüpfung** beschreibt zwei aufeinander folgende und während des Ablaufs voneinander unabhängige Phasen, in denen das Ergebnis der ersten Phase als Eingangsgröße für die zweite Phase benötigt wird.[204] Bei Verknüpfungen der *Kategorie A* folgt die Simulation der Optimierung: In einem hinreichend vereinfachten (Optimierungs-)Modell wird ein Optimum berechnet und die erhaltene Lösung wird anschließend in einem die Realität detaillierter abbildenden Simulationsmodell überprüft. Im Falle von Verknüpfungen der *Kategorie B* folgt die Optimierung der Simulation und es steht ein exaktes Optimierungsmodell zur Verfügung, in welches zuvor mithilfe eines Simulationsmodells ermittelte Parameter integriert werden.[205]

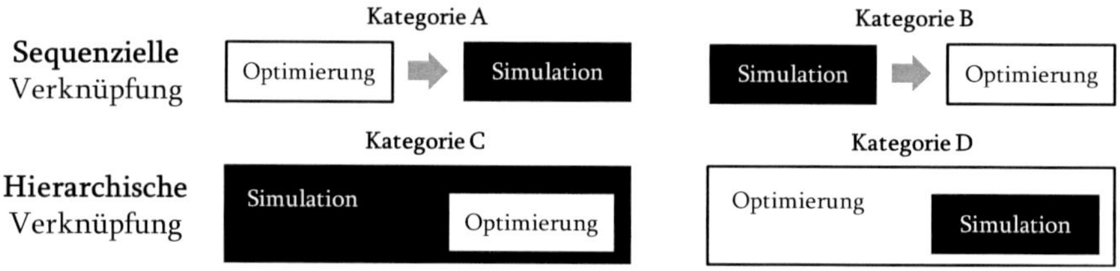

Abbildung 2-8: Verknüpfung von Simulation und Optimierung[206]

Bei der **hierarchischen Verknüpfung** ist eine Komponente dominant und steuert die andere, sodass während des Ablaufs der Optimierungs- oder Simulationskomponente ggf. iterativ die jeweils andere Komponente als Subkomponente aufgerufen wird.[207] Für Verknüpfungen der *Kategorie C* bedeutet dies, dass die Optimierung in die Simulation integriert ist. So wird die Optimierung an Entscheidungspunkten im Ablauf des Simulationsmodells aufgerufen, um den weiteren Verlauf des Simulationslaufs festzulegen.[208] Verknüpfungen der *Kategorie D* integrieren die Simulation in die Optimierung nach dem oben beschriebenen Prinzip, indem das Simulationsmodell Zielfunktionswerte für die Optimierung ermittelt. In dieser Form repräsentiert das Optimierungsverfahren die Alternativensuche und die Simulation die Bewer-

---

[203] Vgl. März, L./ Krug, W. (2011) Kopplung von Simulation, S. 42.

[204] Vgl. Verein Deutscher Ingenieure (2020) VDI 3633 Blatt 12, S. 4 - 5.

[205] Vgl. Verein Deutscher Ingenieure (2020) VDI 3633 Blatt 12, S. 8 f.

[206] i.A.a. Verein Deutscher Ingenieure (2020) VDI 3633 Blatt 12, S. 5 - 6.

[207] Vgl. März, L./ Krug, W. (2011) Kopplung von Simulation, S. 42; Verein Deutscher Ingenieure (2020) VDI 3633 Blatt 12, S. 5.

[208] Vgl. Verein Deutscher Ingenieure (2020) VDI 3633 Blatt 12, S. 12.

tungsfunktion.[209] Diese Form der Verknüpfung ist mit Abstand am häufigsten zu finden.[210]

Die prinzipielle Steuerung von simulationsbasierter Optimierung der Kategorie D ist in Abbildung 2-9 dargestellt.

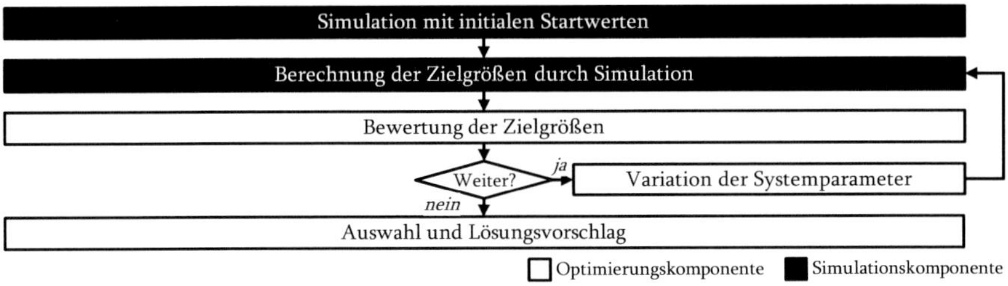

Abbildung 2-9: Steuerung von Simulation und Optimierung der Kategorie D[211]

Nach der erstmaligen Simulation mit initialen Startwerten und erstmaliger Berechnung der Zielgrößen, werden die Parameterwerte der Simulation in weiteren Simulationsläufen verändert, bis ein Abbruchkriterium erreicht wird. Aufgrund der iterativen Ausführung des Simulationsmodells ist eine hohe Rechenzeit nachteilig und stellt einen entscheidenden Faktor bei der Gestaltung des Optimierungsvorhabens dar.[212]

Heuristiken sind Algorithmen, die eine Lösung identifizieren, welche im Sinne des Optimierungsproblems gut ist, welche jedoch nicht in der Lage sind, die Qualität der gefundenen Lösung zu bewerten und somit die Optimallösung finden könnten, ohne dies zu wissen.[213] Sie nutzen dabei ein erfahrungsgemäß sinnvolles Vorgehen zur Problemlösung.[214] Dagegen werden als **Metaheuristik** solche Heuristiken bezeichnet, welche auf eine ganze Klasse von Optimierungsproblemen anwendbar sind.[215] Diese müssen zwar problemspezifisch angepasst werden, steuern aber durch eine übergeordnete Lösungssuche die lokale Parametersuche mit dem Ziel, bessere Ergebnisse zu

[209] Vgl. Verein Deutscher Ingenieure (2020) VDI 3633 Blatt 12, S. 17.
[210] Vgl. März, L./ Krug, W. (2011) Kopplung von Simulation, S. 43.
[211] i.A.a. Verein Deutscher Ingenieure (2020) VDI 3633 Blatt 12, S. 18.
[212] Vgl. Verein Deutscher Ingenieure (2020) VDI 3633 Blatt 12, S. 17 f.
[213] Vgl. Scholz, D. (2018) Optimierung interaktiv, S. 217.
[214] Vgl. Ehrlenspiel, K. (2009) Integrierte Produktentwicklung, S. 692.
[215] Vgl. Scholz, D. (2018) Optimierung interaktiv, S. 218.

erhalten und die Gefahr des Findens lokaler Optima zu verringern. Weit verbreitete Beispiele für verwendete (Meta-)heuristiken in der Produktion sind Scatter Search, Tabu Search, Simulated Annealing, Ant Colony Optimization oder genetische Algorithmen.[216] Eine Übersicht zu relevanten Optimierungsmethoden und (Meta-)heuristiken findet sich bspw. bei KRUG UND ROSE[217], JUAN ET AL.[218] oder LUKE ET AL.[219]

Es lassen sich eine Vielzahl an Optimierungsproblemen unterscheiden. Ingenieurswissenschaftliche Probleme wie die Optimierung von Produktionslinien sind dabei häufig diskreter kombinatorischer Natur.[220] So lassen sich solche Optimierungsprobleme grundsätzlich in statische Probleme (Parameteroptimierung) und dynamische Probleme (Kontrolloptimierung) unterteilen. Die Lösung der **Parameteroptimierung** ist das Finden einer Menge statischer Parameter zur Erfüllung einer Zielfunktion für alle Zustände des Systems. Das Ziel der **Kontrolloptimierung** ist hingegen das Finden einer Reihe von Aktionen, für spezifische und unterschiedliche Zustände eines Systems zur Erfüllung einer Zielfunktion.[221] Eine Möglichkeit der exakten Lösung für letztere Probleme stellt die **Dynamische Programmierung (DP)** nach BELLMAN[222] dar. Zur Lösung werden bei DP komplexe Problemstellungen in einfachere Teilprobleme zerlegt. Die erhaltenen Informationen durch das Lösen der Teilprobleme werden für das Lösen des ursprünglichen Problems zusammengesetzt.[223] GOSAVI weist darauf hin, dass DP für ingenieurswissenschaftliche komplexe und stochastische Systeme schnell an Grenzen stößt, da die von DP benötigten Übergangswahrscheinlichkeiten zwischen Zuständen für derartige Systeme meist unbekannt sind.[224] Die vergleichsweise neue Methode des **Reinforcement Learnings (RL, dt. bestärkendes Lernen)** benötigt diese Übergangswahrscheinlichkeiten nicht, da diese basierend auf Stichproben aus Simulationsergebnissen approximiert werden. RL eignet sich daher in der Kombination mit Simulation zur Lösung komplexer realer Problemstel-

---

216 Vgl. Gutenschwager, K. et al. (2017) Simulation in Produktion, S. 242 - 244.
217 Vgl. Krug, W./ Rose, O. (2011) Optimierung.
218 Vgl. Juan, A. et al. (2015) A review of.
219 Vgl. Luke, S. (2013) Essentials of metaheuristics.
220 Vgl. Gröll, L. (2018) Klassifikation von Optimierungsproblemen, S. 906.
221 Vgl. Gosavi, A. (2015) Simulation-Based Optimization, S. 2.
222 Vgl. Bellman, R. (1957) Dynamic Programming.
223 Vgl. Vermeulen, A. (2020) Industrial machine learning, S. 245.
224 Für genauere Erläuterungen vgl. Kapitel 2.4.2

lungen.[225] Speziell wenn nicht alle Abhängigkeiten in einem System bekannt sind, bietet die Kombination von Simulation mit Methoden des maschinellen Lernens wie bspw. RL ein hohes Potenzial.[226] Die Möglichkeit der statistischen Auswertung bereits abgeschlossener Simulationsläufe zur Nutzung innerhalb des Optimierungsvorgehens ist ein weiterer Grund für die gewinnbringende Kombination von Simulation mit Methoden des maschinellen Lernens.[227] Da Simulation und maschinelles Lernen historisch aus unterschiedlichen Perspektiven betrachtet und erforscht wurden, werden praktische Herausforderungen trotz des hohen Nutzenpotenzials einer hybriden Betrachtung häufig aus der jeweils einseitigen Perspektive beleuchtet.[228]

Die folgende Tabelle 2-1 vergleicht DP, RL und Heuristiken im Allgemeinen bzgl. notwendigem Modellaufwand und erreichbarer Lösungsqualität. Grundsätzlich sind Methoden des RL dazu fähig, eine höhere Lösungsqualität als Heuristiken zu erreichen. Der Modellaufwand ist dabei allerdings kleiner als bei DP. Die Lösung komplexer realer Probleme hoher Dimensionalität ist grundsätzlich mit DP nicht möglich.[229]

Vorgehen	**Modellaufwand**	**Lösungsqualität**
Dynamische Programmierung (DP)	Hoch	Hoch
Reinforcement Learning (RL)	Mittel	Hoch
Heuristik	Gering	Gering

Tabelle 2-1: Vergleich von DP, RL und Heuristiken[230]

Die Lösungsmethode des RL als Methode des maschinellen Lernens und deren Anwendung wird im folgenden Kapitel näher erläutert, da die beschriebenen

[225] Vgl. van Otterlo, M./ Wiering, M. (2012) Reinforcement Learning and, S. 17; Gosavi, A. (2015) Simulation-Based Optimization, S. 36 f.

[226] Vgl. Rueden, L. v. et al. (2020) Combining Machine Learning, S. 1.

[227] Vgl. Rabe, M. et al. (2020) Speeding up computational, S. 16.

[228] Vgl. Rueden, L. v. et al. (2020) Combining Machine Learning, S. 1 f.

[229] Vgl. Gosavi, A. (2015) Simulation-Based Optimization, S. 200.

[230] Gosavi, A. (2015) Simulation-Based Optimization, S. 200.

Eigenschaften eine erfolgreiche Anwendung im Kontext der simulationsbasierten Optimierung von Produktionslinien erwarten lassen.

2.4 Reinforcement Learning als Methode des maschinellen Lernens

2.4.1 Einordnung von Reinforcement Learning

Je nach wissenschaftlicher Fachrichtung wird RL unterschiedlich betrachtet und kategorisiert. Während die Betrachtung von RL in der Mathematik und der Wirtschaftswissenschaft unter dem Überbegriff *Operations Research* erfolgt, wird sie aus Sichtweise der Informatik unter *Maschinellem Lernen* als Subkategorie der Künstlichen Intelligenz gefasst. Ingenieurswissenschaften sehen in RL eine Methode zur *Kontrolloptimierung*.[231] Im Folgenden wird RL als Subkategorie des Maschinellen Lernens und somit der künstlichen Intelligenz verstanden, da diese Fachrichtung derzeit den wissenschaftlichen Diskurs dominiert. Zudem soll so die grundsätzlich andere Vorgehensweise im Vergleich zu anderen Optimierungsmethoden hervorgehoben werden.

RICH beschreibt **Künstliche Intelligenz (KI, engl. Artificial Intelligence)** allgemein als „the study of how to make computers do things at which, at the moment, people are better."[232] Eine spezifischere Definition geben KREUTZNER UND SIRRENBERG, nach welcher KI die Fähigkeit einer Maschine bezeichnet, kognitive Aufgaben auszuführen, die mit dem menschlichen Verstand verbunden werden.[233]

Maschinelles Lernen ist eine Subkategorie der KI. Unter **Maschinellem Lernen (ML, engl. Machine Learning)** wird die Fähigkeit eines Computeragenten beschrieben, seine Leistung auf Grundlage von Erfahrungen zu verbessern.[234] *Lernen* wird dabei verstanden als Verbesserung der Leistungsfähigkeit basierend auf der Beobachtung der Vergangenheit, indem basierend auf beschreibenden Daten ein Modell der Welt aufgebaut wird. [235] Das Modell ist entweder prädiktiv, um Vorhersagen zu treffen

[231] Vgl. Nandy, A./ Biswas, M. (2018) Reinforcement learning, S. 6.
[232] Rich, E. (1983) Artificial intelligence.
[233] Vgl. Kreutzer, R./ Sirrenberg, M. (2019) Künstliche Intelligenz verstehen, S. 3.
[234] Vgl. Norvig, P./ Russell, S. (2021) Artificial Intelligence, S. 31.
[235] Vgl. Norvig, P./ Russell, S. (2021) Artificial Intelligence, S. 1201.

oder deskriptiv, um Wissen zu erlangen, oder beides.[236] Die Algorithmen des maschinellen Lernens müssen für diesen Fähigkeits- und Wissenserwerb nicht explizit und statisch programmiert werden, sondern wenden *gelernte* Zusammenhänge aus vorliegenden Daten und Ergebnissen auf neue, unbekannte Daten an, siehe Abbildung 2-10.[237]

ML nutzt Methoden und Theorien der Statistik bei der Konstruktion der Modelle, da die Kernaufgabe darin besteht, basierend auf einer Stichprobe von Daten Schlussfolgerungen zu ziehen.[238] Im Kontrast zum verwandten **Data Mining (DM)** steht bei ML nicht die Analyse von Daten im Vordergrund, sondern die erfolgreiche Anwendung des Gelernten auf neue Daten.[239] Aufgrund der hohen Verbreitung und Wichtigkeit von ML, werden ML und KI umgangssprachlich oft synonym verwendet oder verwechselt.[240] Für eine detaillierte Unterscheidung von KI, ML und DM im Kontext der Produktionsverbesserung sei auf SCHUH ET AL. verwiesen.[241]

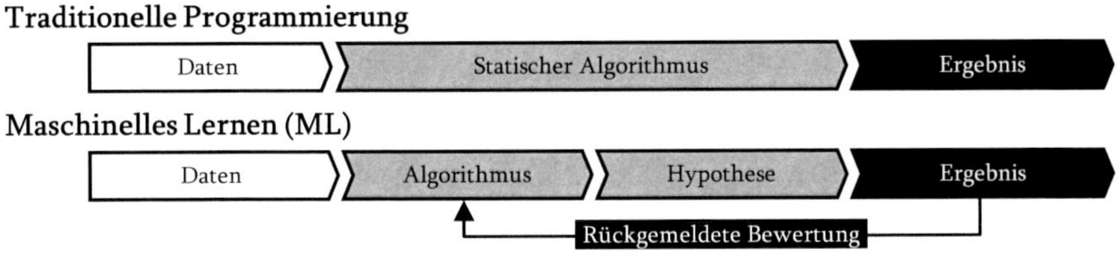

Abbildung 2-10: Vergleich traditionelle Programmierung & Maschinelles Lernen[242]

ML wird in drei Arten unterteilt, siehe Abbildung 2-11.[243]

Beim **Supervised Learning (SL, dt. Überwachtes Lernen)** wird mit Hilfe eines sog. Trainingsdatensatzes eine Funktion gelernt, die eine Zuordnung von Daten (Input) zu Ergebnissen (Output) ermöglicht. Zu diesem Zweck wird dem Algorithmus ein

---

236 Vgl. Alpaydın, E. (2019) Maschinelles Lernen, S. 3 f.
237 Vgl. Wennker, P. (2020) Künstliche Intelligenz in, S. 12.
238 Vgl. Alpaydın, E. (2019) Maschinelles Lernen, S. 4.
239 Vgl. Niebler, P./ Lindner, D. (2019) Datenbasiert entscheiden, S. 10 - 11.
240 Vgl. Weber, F. (2020) Künstliche Intelligenz, S. 39; Norvig, P./ Russell, S. (2021) Artificial Intelligence, S. 31.
241 Vgl. Schuh, G. et al. (2019) Data Mining Definitions.
242 i.A.a. Kirste, M./ Schürholz, M. (2019) Entwicklungswege zur KI, S. 25.
243 Vgl. Kirste, M./ Schürholz, M. (2019) Entwicklungswege zur KI, S. 24; Weber, F. (2020) Künstliche Intelligenz, S. 44.

Datensatz präsentiert, welcher markierte Daten (Labels) enthält, bei denen die Zuordnung von Daten (Input) zu Ergebnissen (Output) im Vorhinein bekannt ist. Diese Phase wird **Training** genannt. Ziel von SL ist es, über den initialen Trainingsdatensatz eine Verallgemeinerung der Funktion zu erlernen, sodass auch unbekannte Daten ohne entsprechende Labels einem richtigen Ergebnis zugeordnet werden.[244] Diese Phase der Anwendung der Gelernten wird **Inferenz** genannt.[245] Typische Ziele des SL sind die Klassifikation oder die Regression.[246] Eine Herausforderung der Anwendung von SL in der Praxis liegt in der Verfügbarkeit hochwertiger, gelabelter Trainingsdatensätze.[247] Beim SL erhält der Algorithmus für jedes Ergebnis und jeden Fehler eine skalare Bewertung, siehe Abbildung 2-11.[248]

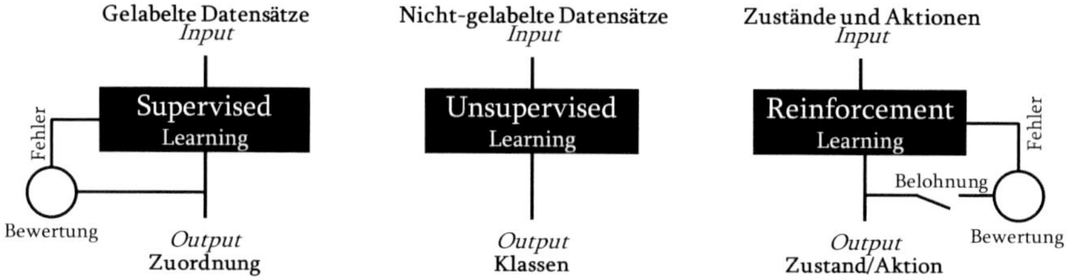

Abbildung 2-11: Drei Arten des Maschinellen Lernens[249]

Im Unterschied zum SL werden beim **Unsupervised Learning (UL, dt. unüberwachtes Lernen)** Daten verwendet, die nicht vorher mit Labeln versehen wurden. Daher fehlt eine kontrollierende Instanz, um die Zuordnung der Daten zu Ergebnissen vorzugeben, die Qualität des Ergebnisses zu prüfen und so Fehler festzustellen, siehe Abbildung 2-11.[250] Typische Ziele von UL sind Gruppen von ähnlichen Beispielen innerhalb von Daten zu finden (Clustering), die Verteilung der Daten zu bestimmen oder die Dimensionsreduktion zur Weiterverarbeitung oder Visualisierung.[251] Eine Subkategorie ist das **Semi-Supervised Learning (SSL, dt. teilüberwachtes Lernen)**,

---

[244] Vgl. Weber, F. (2020) Künstliche Intelligenz, S. 40.
[245] Vgl. Geißler, O./ Ostler, U. (2017) Was ist Inferenz; Copeland, M. (2023) What's the.
[246] Vgl. Bishop, C. (2006) Pattern recognition and, S. 3.
[247] Vgl. Wennker, P. (2020) Künstliche Intelligenz in, S. 13.
[248] Vgl. Weber, F. (2020) Künstliche Intelligenz, S. 39 f.
[249] i.A.a. Weber, F. (2020) Künstliche Intelligenz, S. 39.
[250] Vgl. Weber, F. (2020) Künstliche Intelligenz, S. 42.
[251] Vgl. Bishop, C. (2006) Pattern recognition and, S. 3.

welches eine Kombination aus SL und UL darstellt.[252] In vielen praktischen Anwendungen sind zwar viele Daten vorhanden, liegen allerdings ohne entsprechendes Label vor, da der Aufwand zur Erzeugung dieser gelabelten Daten aufwendig oder kostspielig ist (bspw. durch menschliche Klassifikation oder Durchführung physischer Experimente).[253] Methoden des SSL basieren auf der Annahme, dass, obwohl die Bewertung der nicht gelabelten Daten unbekannt ist, diese Daten wichtige Informationen über die übrige Bewertung und für die Verallgemeinerung enthalten.[254]

Die dritte Art des ML bildet das **Reinforcement Learning (RL, dt. bestärkendes Lernen).** Der Begriff ist aus der Psychologie entlehnt und das Vorgehen orientiert sich an den dort beschriebenen Prozessen.[255] RL zielt auf das Finden von passenden Aktionen für einen spezifischen Zustand eines Systems, um eine zu erhaltende Belohnung zu maximieren und eine Bestrafung zu minimieren.[256] Im Unterschied zu SL und UL lernt RL nicht aus vorgegebenen Trainingsdaten, sondern interagiert selbstständig in einer Reihe von Aktionen mit einer Umgebung und lernt aus der Konsequenz (in Form der Belohnung oder Bestrafung) der gewählten Aktionen. Dieser Vorgang wird auch *Training* genannt.[257] RL erhält somit eine Bewertung in Form einer Belohnung oder Bestrafung für ausgewählte Zustände, nicht aber für alle Zustände wie beim SL, siehe Abbildung 2-11.[258] Somit spielt RL gerade dann seine Vorteile aus, wenn nur wenige Trainingsdaten vorliegen oder das ideale Ergebnis a-priori nicht klar zu definieren ist.[259]

SUTTON UND BARTO beschreiben die zwei zentralen Merkmale von RL in Abgrenzung zu anderen Methoden des ML wie folgt:[260]

- **Versuch-Und-Irrtums Suche** (trial and error search): selbstständiges Sammeln von Erfahrungen

[252] Vgl. Zhu, X./ Goldberg, A. (2009) Introduction to Semi-Supervised, 9.
[253] Vgl. Wennker, P. (2020) Künstliche Intelligenz in, S. 14.
[254] Vgl. Weber, F. (2020) Künstliche Intelligenz, S. 43.
[255] Vgl. Wennker, P. (2020) Künstliche Intelligenz in, S. 16.
[256] Vgl. Bishop, C. (2006) Pattern recognition and, S. 3.
[257] Vgl. Yu, F./ He, Y. (2019) Deep Reinforcement Learning, S. 15; Norvig, P./ Russell, S. (2021) Artificial Intelligence, S. 1206.
[258] Vgl. Weber, F. (2020) Künstliche Intelligenz, S. 39 - 40.
[259] Vgl. Kreutzer, R./ Sirrenberg, M. (2019) Künstliche Intelligenz verstehen, S. 8.
[260] Vgl. Sutton, R./ Barto, A. (2018) Reinforcement learning, S. 2.

- **Verspätete Belohnung** (delayed reward): Gewählte Aktionen können zunächst zu einer Bestrafung führen, langfristig allerdings eine höhere Belohnung zur Folge haben

Gerade in Systemen hoher Komplexität ist das Ziel, die höchstmögliche Belohnung zu erreichen, durch reine Versuch-Und-Irrtums-Suche nicht effektiv zu erreichen. Es ergibt sich das Problem des sog. **Exploration-Exploitation-Trade-Offs,** welcher auch als Dilemma des RL bezeichnet wird. RL-Algorithmen schöpfen aus dem bisher entwickelten Wissen, um sich für die Aktion zu entschieden, welche die aktuell größte Belohnung verspricht (Ausschöpfung, engl. exploitation). Oder es wird die Erkundung (engl. exploration) neuer Aktionsmöglichkeiten gewählt, um potenziell eine noch höhere Belohnung zu entdecken.[261] Die Abwägung dieser und daher das Wechseln zwischen diesen beiden Extremen ist für jedes RL-Anwendung individuell zu bewerten. Ausführungen dazu finden sich bspw. bei LORENZ[262]. Dieses Vorgehen wird erst durch die zweite der oben beschriebenen zentralen Eigenschaften von RL ermöglicht. Der RL-Algorithmus versucht nicht nur die Belohnung der akut gewählten Aktion, sondern langfristig die kumulative Belohnung über mehrere Aktionen zu optimieren. Daher werden Aktionen sequenziell miteinander verbunden, die erst in einer beliebigen Zukunft zu einer Belohnung führen.[263] Das Versprechen von RL im Gegensatz zu anderen den Zielwert maximierenden Methoden wie den evolutionären Algorithmen ist, dass sie durch das Lernen aus vergangenen Interaktionen mit der Umwelt und der Nutzung des Gelernten bei der Auswahl von zukünftigen Aktionen in vielen Fällen effizienter nach Lösungen suchen. Tiefergehende Ausführungen finden sich bei SUTTON UND BARTO.[264]

Im Folgenden wird in Kapitel 2.4.2 mit der Erläuterung von Markov-Entscheidungs-Problemen die mathematische Grundlage für das Beschreiben von RL-Probleme[265] gelegt. In Kapitel 2.4.3 wird erläutert, wie eben diese Markov-Entscheidungs-Probleme durch RL-Algorithmen gelöst werden. In Kapitel 2.4.4

---

[261] Vgl. Wennker, P. (2020) Künstliche Intelligenz in, S. 16 f.

[262] Vgl. Lorenz, U. (2020) Reinforcement Learning, S. 51 ff.

[263] Vgl. Kaelbling, L. et al. (1996) Reinforcement Learning: A, S. 247; Yu, F./ He, Y. (2019) Deep Reinforcement Learning, S. 15.

[264] Vgl. Sutton, R./ Barto, A. (2018) Reinforcement learning, S. 8.

[265] RL-Problem wird im Folgenden für bessere Lesbarkeit synonym mit RL-Optimierungsproblem verwendet.

werden besondere Formen der Anwendung von RL diskutiert, welche zur Lösung des betrachteten Problems der wirtschaftlichen Leistungssteigerung von Produktionslinien beitragen.

2.4.2 Markov-Entscheidungs-Probleme als Grundlage des Reinforcement Learnings

RL-Probleme werden formal als Markov-Entscheidungs-Problem modelliert.[266] Ein **Markov-Entscheidungs-Problem (MEP, engl. Markov-Decision-Process, MDP)** stellt einen stochastischen sequenziellen Entscheidungsprozess dar, dessen Ergebnis unbekannt ist.[267] MEP wurden 1957 erstmalig von BELLMAN basierend auf Vorarbeiten von MARKOV beschrieben.[268] Zentral für MEP ist die Erfüllung der **Markov-Eigenschaft**, welche fordert, dass das Ergebnis der Ausführung von Aktionen lediglich vom aktuellen Zustand des Systems, nicht aber von vorherigen Zuständen, Aktionen und Belohnungen abhängig ist.[269] Dies sollte nicht als Einschränkung für die zu betrachtenden Probleme, sondern eher als Anforderung an die Definition der Zustände verstanden werden. Zustände müssen daher alle für Entscheidungen notwendigen Informationen beinhalten.[270] Ausführliche mathematische Betrachtungen finden sich bspw. bei PUTERMAN.[271] Im Folgenden wird der Anwendungsfall des RL mit Hilfe eines MEP formalisiert und anhand der beiden Hauptinstanzen *Agent* und *Umgebung* erklärt.

Die lernende und entscheidende Instanz wird **Agent** genannt. Dieser Agent interagiert mit einer **Umgebung**, welche alles außerhalb des Agenten repräsentiert. Die Interaktion erfolgt dabei über die drei Elemente *Zustand*, *Aktion* und *Belohnung*, siehe Abbildung 2-12.[272]

---

[266] Vgl. Kaelbling, L. et al. (1996) Reinforcement Learning: A, S. 247 f.

[267] Vgl. Puterman, M. (1994) Markov Decision Processes, S. xv; Sutton, R./ Barto, A. (2018) Reinforcement learning, S. 69.

[268] Vgl. Bellman, R. (1957) Dynamic Programming, S. 317 ff.

[269] Vgl. Puterman, M. (1994) Markov Decision Processes, S. 2; Röttger, M. (2009) Reinforcement Learning, S. 21.

[270] Vgl. Sutton, R./ Barto, A. (2018) Reinforcement learning, S. 49.

[271] Vgl. Puterman, M. (1994) Markov Decision Processes.

[272] Vgl. Sutton, R./ Barto, A. (2018) Reinforcement learning, S. 47 f.

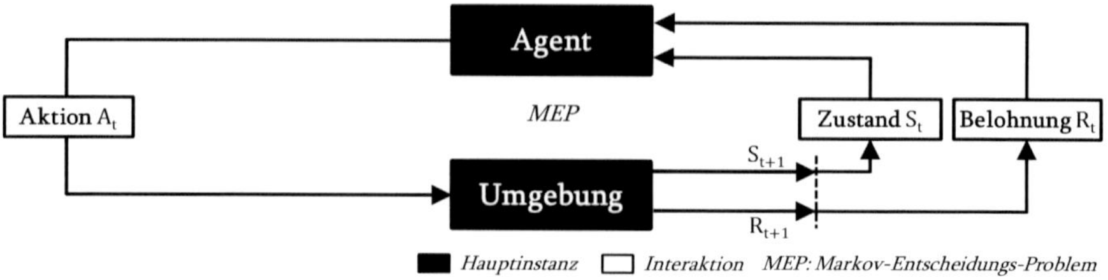

Abbildung 2-12: Interaktion von Agent mit Umgebung in einem MEP[273]

Diese Interaktion wird iterativ zu diskreten Zeitpunkten t durchgeführt. Zu jedem Zeitpunkt t erhält der Agent einen **Zustand** (engl. state) $S_t \in \mathcal{S}$, welcher den aktuellen Status der Umgebung repräsentiert. $\mathcal{S}$ wird **Zustandsraum** genannt. Basierend auf diesem Zustand wählt der Agent eine **Aktion** (engl. action) $A_t \in \mathcal{A}(s)$ aus allen in diesem Zustand verfügbaren Aktionen $\mathcal{A}(s) \subset \mathcal{A}$. $\mathcal{A}$ wird **Aktionsraum** genannt. Aus der Konsequenz dieser Aktion ergibt sich zum nächsten Zeitpunkt $t+1$ der neue Zustand S_{t+1}. Neben diesem Zustand erhält der Agent eine numerische skalare **Belohnung** (engl. emediate reward) $R_{t+1} = R(S_{t+1}) \in \mathcal{R} \subset \mathbb{R}$, wobei $\mathcal{R}$ alle möglichen Belohnungen beinhaltet und $R(s)$ die **Belohnungsfunktion** darstellt.[274] Die aus der Interaktion mit der Umwelt entstandene Abfolge von Zuständen, Aktionen und Belohnungen wird **Trajektorie** (engl. trajectory) $\tau = (S_0, A_o, R_0, S_1, A_1, R_1, \dots)$ genannt.[275]

Im Kontext von RL wird häufig neben Zuständen auch von Beobachtungen gesprochen. **Beobachtungen** $X(s)$ enthalten einen zu jedem Zeitpunkt beobachtbaren Ausschnitt des Zustands oder den gesamten Zustand. Sie werden in einigen Anwendungsfällen um weitere Variablen wie bspw. um Interpretationen des Zustands ergänzt. Der Zustand ist formal entsprechend der Markov-Eigenschaft definiert, während sich die Beobachtung aus der praktischen Implementierung definiert. Daher sind in der praktischen Implementierung von RL-Anwendungen vor allem Beobachtungen von Relevanz.

---

273 i.A.a. Sutton, R./ Barto, A. (2018) Reinforcement learning, S. 48.

274 Vgl. Sutton, R./ Barto, A. (2018) Reinforcement learning, S. 48; Ding, Z. et al. (2020) Introduction to Reinforcement, S. 50.

275 Vgl. Ding, Z. et al. (2020) Introduction to Reinforcement, S. 50.

Wenn die oben beschriebenen Mengen $(\mathcal{S}, \mathcal{A}, \mathcal{R})$ endlich sind, ergibt sich ein finites MEP, für welches die Annahme gilt, dass die Übergangswahrscheinlichkeiten p eines Zustands S_t nur vom vorherigen Zustand S_{t-1} sowie der letzten durchgeführten Aktion A_{t-1} abhängig ist. Es ergibt sich eine **Übergangswahrscheinlichkeit** p und die Belohnung r für den Übergang vom Zustand s in einen neuen Zustand s' bei Ausführung der Aktion a, siehe Formel 2-7. Diese Formel beschreibt das dynamische Verhalten des MEP und ordnet jedem Aktions-Zustands-Paar eine Übergangswahrscheinlichkeit in die folgenden Zustände zu.[276]

Formel 2-7: Dynamisches Verhalten eines MEP[277]

$$p(s', r \mid s, a) \doteq Pr\{S_t = s', R_t = r | S_{t-1} = s, A_{t-1} = a\}$$

$$\forall\, s', s \in \mathcal{S}, r \in \mathcal{R}, a \in \mathcal{A}(s)$$

mit
- Pr{} Wahrscheinlichkeit für das Eintreten von... unter Bedingung...
- S_t Zustand zum Zeitpunkt t
- R_t Belohnung zum Zeitpunkt t
- A_t Aktion zum Zeitpunkt t

In RL-Problemen, bei denen ein natürliches Ende des Prozesses existiert, ergibt sich die Interaktion des Agenten mit der Umgebung in Sequenzen, welche **Episoden** genannt werden. Die Anzahl Sequenzen in einer Episode wird **Episodenlänge** genannt. Bspw. stellt eine Partie Schach oder das Herausfinden aus einem Labyrinth eine Episode dar.[278] Das Ziel des Agenten stellt die Maximierung der *erwarteten* kumulativen Belohnungen über alle Episoden dar. Aus dieser Folge an Episodenbelohnungen ergibt sich zum Zeitpunkt t der **Gewinn** G_t nach Formel 2-8. Dabei werden zukünftige Belohnungen mit dem **Diskontinuierungsfaktor** γ gewichtet. T_{fin} beschreibt den terminierenden oder finalen Zeitpunkt.[279] Die Wahl des Diskontinuierungsfaktors erfolgt problemspezifisch. Bei der Verwendung einer monetären

---

[276] Vgl. Sutton, R./ Barto, A. (2018) Reinforcement learning, S. 48.

[277] Vgl. Sutton, R./ Barto, A. (2018) Reinforcement learning, S. 48. Der Punkt über dem = kennzeichnet die Gleichung als Definition. Der vertikale Strich | verdeutlicht, dass eine Übergangswahrscheinlichkeit p für jeden Zustand s und jede Aktion a spezifiziert ist. Die Notation ist von SUTTON UND BARTO übernommen.

[278] Vgl. Sutton, R./ Barto, A. (2018) Reinforcement learning, S. 53 - 57.

[279] Vgl. Sutton, R./ Barto, A. (2018) Reinforcement learning, S. 57.

Belohnungsfunktion empfiehlt sich laut ESCHMANN in den meisten Fällen die Verwendung des Kalkulationszinssatzes als Diskontinuierungsfaktor.[280]

Formel 2-8: Gewinn zum Zeitpunkt t[281]

$$G_t \doteq R_{t+1} + \gamma R_{t+2} + \gamma^2 R_{t+3} = \sum_{k=0}^{T_{fin}} \gamma^k R_{t+k+1}\,, 0 \leq \gamma \leq 1$$

mit G_t Gewinn zum Zeitpunkt t

γ Diskontinuierungsfakor

R_t Belohnung zum Zeitpunkt t

T_{fin} Finaler Zeitpunkt

Der Agent wählt für jeden nächsten Zeitschritt seine Aktionen basierend auf einer **Strategie (engl. policy)** π, welche im Laufe des Lernens verbessert wird. Die Strategie $\pi(a|s)$ gibt die Wahrscheinlichkeit der Auswahl einer Aktion a in einem Zustand s an. Die **Zustandswertfunktion** (engl. state-value function) $v_\pi(\mathrm{s})$ gibt an, welcher erwartete Gewinn G sich unter der Verwendung der Strategie π ausgehend vom Zustand s einstellt. Die letzte Zeile der folgenden Formel 2-9 stellt die sog. Bellmann-Optimalitätsgleichung der Zustandswertfunktion dar und ist die mathematische Grundlage für eine Vielzahl an RL-Algorithmen. Die **Aktionswertfunktion** (engl. action-value function) $Q_\pi(s,a) = \mathbb{E}_\pi[G_t|S_t = s, A_t = a]$ gibt an, welcher erwartete Gewinn sich unter Verwendung der Strategie π ausgehend vom Zustand s eintsellt, wenn Aktion $a \in \mathcal{A}(s)$ gewählt wird.[282] Die **Vorteilsfunktion** (engl. advantage function) $A_\pi(s,a) = Q_\pi(s,a) - V_\pi(s)$ kombiniert die beiden vorgestellten Funktionen und gibt an, wie gut die Aktion a im Vergleich zum erwarteten Gewinn bei direkter Befolgung der Strategie π ist.[283]

Die drei Funktionen (V_π, Q_π, A_π) lassen sich *rekursiv* als Summe der möglichen vorherigen Trajektorien und deren Zuständen schreiben, siehe Formel 2-9 für die Zustandswertfunktion. Somit lassen sich sog. Bellmann-Optimalitätsgleichungen als

---

[280] Vgl. Eschmann, J. (2021) Reward Function Design, S. 28

[281] Vgl. Sutton, R./ Barto, A. (2018) Reinforcement learning, S. 57.

[282] Vgl. Sutton, R./ Barto, A. (2018) Reinforcement learning, S. 58.

[283] Vgl. François-Lavet, V. et al. (2018) An Introduction to, S. 238.

Grundlage für mathematische Methoden zur Lösung aufstellen. Tiefergehende Erläuterungen finden sich bspw. bei SUTTON UND BARTO.[284]

Formel 2-9: Bellman-Optimalitätsgleichung der Zustandswertfunktion[285]

$$\begin{aligned} V_\pi(s) &= \mathbb{E}_\pi[G_t | S_t = s] \\ &= \mathbb{E}_\pi[R_{t+1} + \gamma G_{t+1} | S_t = s] \\ &= \sum_a \pi(a|s) \sum_{s',r} p(s',r|s,a)[r + \gamma v_\pi(s')], \forall\, s \epsilon S \end{aligned}$$

mit $V_\pi(s)$ Zustandswertfunktion

$\mathbb{E}_\pi[]$ Erwartungswert einer Zufallsvariable unter Verwendung von π

Die Aufgabe des Agenten besteht darin, das MEP zu lösen, d.h. eine optimale Strategie π_* zu finden, welche den höchsten Gewinn über alle Zeitschritte erzielt. Unterschiedliche Algorithmen für diese Lösung werden im folgenden Kapitel erläutert.[286]

2.4.3 Lösen von Markov-Entscheidungs-Problemen mit Reinforcement Learning

RL-Algorithmen nutzen eine Funktion oder mehrere Funktionen aus (V_π, Q_π, A_π) zum Erlernen einer Strategie und damit zur Lösung eines MEP. Es wird in modellbasiertes RL und modellfreies RL unterteilt. Bei **modellbasierten RL-Ansätzen** nutzt der Algorithmus ein Modell der Übergangswahrscheinlichkeiten, um enthaltene Belohnungen zu interpretieren und Aktionen zu wählen. Dieses Modell wird entweder iterativ durch Interaktion mit der Umgebung erlernt oder steht a-priori zur Verfügung. Bei **modellfreien RL-Ansätzen** lernen die Algorithmen dagegen weder ein Modell der Übergangswahrscheinlichkeiten, noch steht ein solches a-priori zur Verfügung.[287] In produktionsnahen Anwendungsfällen im Allgemeinen und der in dieser Arbeit diskutierten Fragestellung im Speziellen, sind die modellbasierten Ansätze nicht relevant, da keine expliziten Modelle für diese Fragestellungen existieren und modellfreie Ansätze in solchen Fällen zum jetzigen Stand der For-

---

[284] Vgl. Sutton, R./ Barto, A. (2018) Reinforcement learning, S. 58 - 60.

[285] Vgl. Sutton, R./ Barto, A. (2018) Reinforcement learning, S. 59.

[286] Vgl. van Otterlo, M./ Wiering, M. (2012) Reinforcement Learning and, S. 17.

[287] Vgl. Norvig, P./ Russell, S. (2021) Artificial Intelligence, S. 1452.

schung bessere Ergebnisse erzielen.[288] Modellbasierte Ansätze werden daher im Folgenden nicht betrachtet. Die modellfreien Ansätze des RL werden weiter differenziert:[289]

- **Wertbasierte (engl. value-based) Algorithmen:** Es wird eine Repräsentation einer Zustandswertfunktion $V(s)$ oder einer Aktionswertfunktion $Q(s,a)$, welche Vorhersagen über die zu erwartende Belohnung bei der Wahl einer Aktion in einem Zustand geben, gelernt.
- **Strategiebasierte (engl. policy-based) Algorithmen:** Es wird eine direkte Repräsentation einer Strategie $\pi(a|s)$, die für einen Zustand eine Aktion auswählt, gelernt.

Um die Vorteile beider oben genannten Ausprägungen zu kombinieren, existieren Hybridformen, die sog. **Actor-Critic-Algorithmen,** die Zustandswertfunktionen mit strategiebasierten Algorithmen kombinieren und somit zwei Funktionen erlernen.[290] In den letzten Jahren wurden für viele Algorithmen aufgrund verbesserter Lerneigenschaften vermehrt die Vorteilsfunktionen $A(s,a)$ genutzt.[291]

Im Lernprozess ist zur nicht-linearen Approximierung dieser Funktionen die Erfassung und Repräsentierung des je nach Anwendungsfall hochdimensionalen Zustandsraums eine der Hauptherausforderungen.[292] Nur für wenige spezifische Anwendungsfälle waren Algorithmen vor ca. einer Dekade in der Lage, die wegen der hohen Dimensionalität notwendigen großen Datenmengen zu verarbeiten und hinreichend komplexe Approximierungen dieser Funktionen daraus abzuleiten.[293] BELLMAN schrieb bereits 1957 in diesem Kontext vom „Curse of Dimensionality".[294] Die schnelle Entwicklung von komplexen RL-Anwendungen in den letzten Jahren ist auf den Durchbruch von Technologien des sog. **Deep Learning (DL., dt. tiefes Lernen)** zurückzuführen.[295] Unter dem Begriff werden Methoden des ML zusammengefasst, die unter der Verwendung vielschichtiger, daher *tiefer*, künstlicher

[288] Vgl. Wei, C.-Y. et al. (2019) Model-free Reinforcement Learning, S. 1; Li, C. et al. (2023) Deep reinforcement learning, S. 7.
[289] Vgl. François-Lavet, V. et al. (2018) An Introduction to, S. 238.
[290] Vgl. Li, C. et al. (2023) Deep reinforcement learning, S. 10.
[291] Vgl. Arulkumaran, K. et al. (2017) Deep Reinforcement Learning, S. 4.
[292] Vgl. Li, C. et al. (2023) Deep reinforcement learning, S. 8.
[293] Vgl. Deng, L. (2018) Artificial Intelligence in, S. 174.
[294] Vgl. Bellman, R. (1957) Dynamic Programming, S. ix.
[295] Vgl. Kirste, M./ Schürholz, M. (2019) Entwicklungswege zur KI, S. 29.

neuronaler Netze zu verbesserten Ergebnissen gelangen als konventionelle ML-Verfahren. Sie erkennen Muster und Korrelationen in hochdimensionalen Räumen, bilden diese niedrigdimensional ab und erfordern trotzdem weniger Datenvorverarbeitung.[296]

Künstliche neuronale Netze (KNN, engl. Artificial Neuronal Networks) sind dem Aufbau der Vernetzung im Gehirn von Säugetieren lose nachempfunden: Durch gewichtete Kanten (Synapsen) sind Knoten (Neuronen) mit nachgelagerten Schichten, bestehend aus weiteren Knoten, verbunden. Es wird ein Signal oder es werden mehrere Signale in einem Knoten empfangen, verarbeitet und an nachfolgende Knoten als einzelnes Signal weitergeleitet. So ergeben sich mehreren Schichten von Knoten. Auf der ersten Ebene (Input-Layer) liegen die Eingabe-Neuronen. Analog liegen auf der letzten Schicht (Output-Layer) die Ausgabe-Neuronen. Dazwischen befinden sich auf verschiedenen Schichten n versteckte Neuronen (Hidden-Layer), siehe Abbildung 2-13.[297]

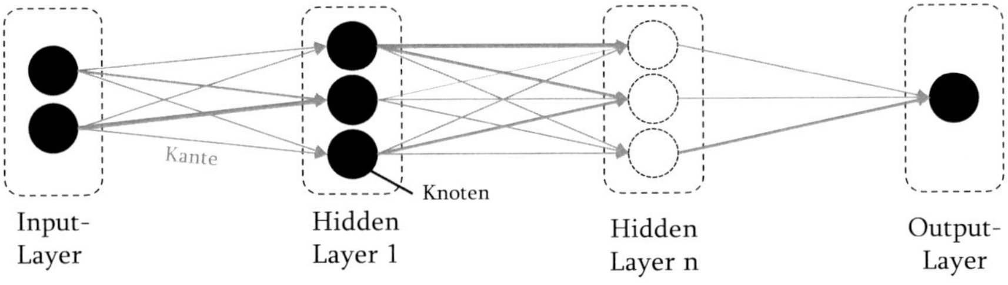

Abbildung 2-13: Schematische Darstellung eines künstlichen neuronalen Netzes[298]

KNN dieser Art verarbeiten Informationen und approximieren über Anpassung der Kantengewichte und Aktivierungsfunktionen der Knoten, die über die Weiterleitung der Signale entscheiden, nicht-lineare Zusammenhänge.[299] DL stellt im Zusammenhang mit den im Kapitel 2.4.1 vorgestellten Arten von ML keine weitere Spezifikation, sondern vielmehr ein Werkzeug basierend auf *tiefen* KNN zur Reali-

---

[296] Vgl. Arulkumaran, K. et al. (2017) Deep Reinforcement Learning, S. 1; Sutton, R./ Barto, A. (2018) Reinforcement learning, S. 223; Kreutzer, R./ Sirrenberg, M. (2019) Künstliche Intelligenz verstehen, S. 4 - 8.

[297] Vgl. Wennker, P. (2020) Künstliche Intelligenz in, S. 18f.

[298] i.A.a. Kreutzer, R./ Sirrenberg, M. (2019) Künstliche Intelligenz verstehen, S. 5.

[299] Vgl. Jo, T. (2021) Machine Learning Foundations, S. 18f.

sierung leistungsstarker ML-Anwendungen innerhalb dieser drei ML-Arten dar, siehe Abbildung 2-14.[300]

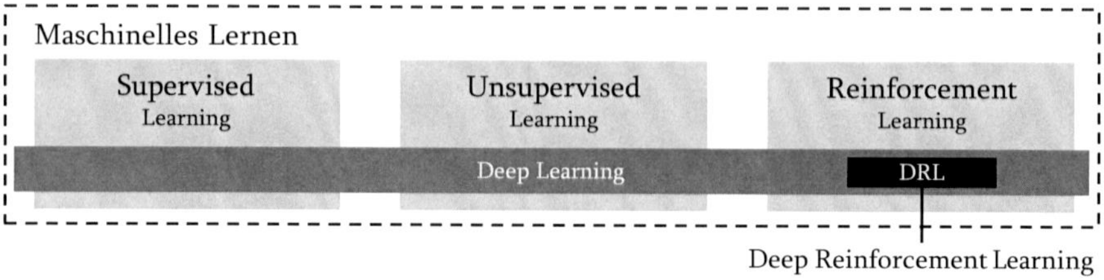

Abbildung 2-14: Deep Reinforcement Learning als Methode des Deep Learnings[301]

Deep Reinforcement Learning (DRL, dt. Tiefes bestärkendes Lernen) bezeichnet RL unter Nutzung von Methoden des DL, siehe Abbildung 2-14.[302] Einen detaillierteren Einblick in DRL-Algorithmen geben bspw. ARULKUMARAN ET AL.[303]. Eine Taxonomie findet sich bspw. bei ZHANG UND YU.[304] Eine Untersuchung der Verwendung dieser Algorithmen im Kontext von Produktionssystemen findet sich bei PANZER UND BENDER oder LI ET AL.[305]

Die folgende Tabelle 2-2 gibt einen Überblick über die wichtigsten Algorithmen und deren Verwendung in Produktionssystemen.

MEP lassen sich je nach konkreter Problemstellung entweder mit Hilfe kontinuierlicher oder diskreter Aktionsräume beschreiben. Je nach Algorithmus können entweder nur kontinuierliche Aktionsräume (bspw. Deep Deterministic Policy Gradient, DDPG) oder diskrete Aktionsräume (bspw. Deep Q Network, DQN) verwendet werden. Bestimmte Algorithmen sind in der Lage mit beiden Formen umzugehen (bspw. Proximal Policy Optimization, PPO).[306]

---

[300] Vgl. Kirste, M./ Schürholz, M. (2019) Entwicklungswege zur KI, S. 29.
[301] Eigene Darstellung
[302] i.A.a. Zhang, H./ Yu, T. (2020) Taxonomy of Reinforcement, S. vii.
[303] Vgl. Arulkumaran, K. et al. (2017) Deep Reinforcement Learning.
[304] Vgl. Zhang, H./ Yu, T. (2020) Taxonomy of Reinforcement.
[305] Vgl. Panzer, M./ Bender, B. (2022) Deep reinforcement learning; Li, C. et al. (2023) Deep reinforcement learning.
[306] Vgl. Achiam, J. (2020) Spinning Up Documentation, S. 33 - 38.

Algorithmus	Abk.	Jahr	Funktion	RL/DRL
Q-learning	-	1992	Q_π	RL
State–Action–Reward–State–Action	SARSA	1994	Q_π	RL
Deep Q Network	DQN	2013	Q_π	DRL
Trust Region Policy Optimization	TRPO	2015	A_π	DRL
DQN with double Q-learning	-	2016	Q_π	DRL
DQN with prioritized replay	-	2016	Q_π	DRL
DQN with dueling networks	-	2016	Q_π	DRL
Normalized Advantage Functions	NAF	2016	A_π	DRL
Asynchronous Advantage Actor-Critic	A3C	2016	Q_π	DRL
Deep Deterministic Policy Gradient	DDPG	2016	Q_π	DRL
Generalized Advantage Estimation	GAE	2016	A_π	DRL
Proximal Policy Optimization	PPO	2017	A_π	DRL
Rainbow	-	2018	A_π/Q_π	DRL
Soft Actor-Critic	SAC	2018	A_π	DRL
Twin Delayed DDPG	TD3	2018	Q_π	DRL

☐ Basierend auf Literaturanalyse von PANZER UND BENDER stellen diese expliziten Algorithmen in Anwendungen in Produktionssystemen die fünf häufigsten dar

Tabelle 2-2: Übersicht wichtiger RL-Algorithmen[307]

In aktuellen Umsetzungsprojekten in der Produktionstechnik wird häufig der PPO-Algorithmus genutzt.[308] Dieser verfügt über vergleichsweise wenige Hyperparameter (d.h. charakterisierende Parameter eines Algorithmus wie bspw. die Anzahl versteckter Schichten des KNN, welche einen hohen Einfluss auf die Ergebnisqualität nehmen)[309] und ist flexibel bzgl. kontinuierlichen oder diskreten Aktionsräumen,

---

[307] Vgl. Waschneck, B. (2020) Autonome Entscheidungsfindung in, S. 52 auf Basis von Arulkumaran, K. et al. (2017) Deep Reinforcement Learning mit Ergänzung aus Panzer, M./ Bender, B. (2022) Deep reinforcement learning, S. 4331 und Li, C. et al. (2023) Deep reinforcement learning, S. 10.

[308] Vgl. Panzer, M./ Bender, B. (2022) Deep reinforcement learning, S. 4331.

[309] Hyperparemteroptimierung für RL ist im Vergleich zu anderen ML Verfahren besonders anspruchsvoll und erfuhr gleichzeitig wenig Forschungsaufmerksamkeit aufgrund der Algorithmus- und Architektur-

weswegen die Anwendung und die Übertragung auf neue Problemstellungen einfach gelingt. PPO zeigt gleichzeitig in Benchmarks eine Überlegenheit gegenüber vergleichbaren Algorithmen.[310]

Auch wenn die Auswahl dedizierter Algorithmen für die Anwendung erfolgskritisch ist, existieren keine etablierten Leitfäden für diesen Prozess.[311]

Obwohl DRL aufgrund der tiefen KNN grundsätzlich mit hoher Dimensionalität und Frequenz von Daten umgehen kann, ist eine praktische Anwendung limitiert. Die sinnvolle Dimensionsreduktion ist daher essentiell, um in endlicher Zeit und somit mit endlichen Iterationen Daten zu analysieren und Optimierungen vorzuschlagen.[312]

Weitere Methoden zur Verbesserung des Lernverhaltens stellen jeweils das sog. hierarchische RL sowie das sog. heuristisch geleitete RL dar. Beide Methoden werden im folgenden Kapitel erläutert.

2.4.4 Hierarchisches und heuristisch geleitetes Reinforcement Learning

Um Komplexität und Dimensionalität von RL-Problemen zu senken, daher den Rechenaufwand zu reduzieren und das Lernverhalten der Algorithmen zu verbessern, entwickelte sich das Feld des **hierarchischen Reinforcement Learnings (engl. Hierarchical Reinforcement Learning, HRL).** HRL dekomponiert ein RL-Problem in hierarchisch abhängige Subprobleme und Subaufgaben, sodass ein übergeordneter Parent-Task untergeordnete Child-Tasks mit primitiveren Aufgaben aufruft. Diese Child-Tasks stellen selbst teilweise oder vollständig RL-Probleme dar.[313] So kann eine Strategie zur Erreichung übergeordneter Ziele (Parent-Task), sowie mehrere untergeordnete Strategien für Feinkontrolle oder -steuerung (Child-Task) erlernt werden.[314] Die Aufteilung in diese Subprobleme erfolgt entweder automatisiert oder manuell. Bei manueller Strukturierung wird das domänenspezifische Wissen der

komplexität sowie der Abhängigkeit von Umgebungen. Vgl. Kiran, M./ Ozyildirim, M. (2022) Hyperparameter Tuning for, S. 1.

[310] Vgl. Schulman, J. et al. (2017) Proximal Policy Optimization, S. 8.

[311] Vgl. Panzer, M./ Bender, B. (2022) Deep reinforcement learning, S. 4330.

[312] Vgl. Wennker, P. (2020) Künstliche Intelligenz in, S. 135.

[313] Vgl. Hengst, B. (2017) Hierarchical Reinforcement Learning, S. 611 f.

[314] Vgl. Arulkumaran, K. et al. (2017) Deep Reinforcement Learning, S. 11.

Entwickler genutzt, um Subprobleme derart zu definieren, dass diese nahezu unabhängig und im Sinne wiederkehrender Subaufgaben wiederverwendbar sind.[315] In den letzten Jahren wurden signifikante Fortschritte im Bereich des HRL erzielt. Ein Überblick über Ansätze und Strukturierungsarchitekturen in Form einer Taxonomie sowie aktuelle Entwicklungen findet sich bspw. bei PATERIA ET AL.[316]

Um zu guter Aktionsauswahl im Sinne der Problemstellung zu gelangen, benötigen RL-Algorithmen in komplexen Anwendungsfällen eine nahezu impraktikable Menge an Trainingsdaten. Die Hauptursache hierfür liegt in der zu Beginn der Erkundungsphase zu geringen Anzahl von Belohnungen in einem großen Zustandsraum. Da die Exploration von zuvor erfahrenen Belohnungen abhängt, ist diese zu Beginn zu zufällig, um sinnvoll zu sein. [317] Dieses Problem verstärkt sich dadurch, dass in großen Aktionsräumen viele Aktionen redundant oder für manche Zustände irrelevant sind.[318] Es existieren zwei Ansätze zur Lösung dieses Problems: die Entwicklung stichprobeneffizienterer Algorithmen oder die Nutzung heuristischen[319] Wissens, welches dem Algorithmus hilft. [320]

Heuristisch geleitetes Reinforcement Learning (engl. Heuristic-guided Reinforcement Learning, HuRL) oder auch **Heuristisch beschleunigtes Reinforcement Learning (engl. Heuristically Accelerated Reinforcement Learning, HARL)** beschreiben jeweils die Idee der Beeinflussung der Aktionsauswahl eines RL-Algorithmus durch eine heuristische Funktion.[321] Dazu existieren viele Beispiele, die grundsätzliche Optimierungsrichtungen, „Daumen-Regeln" oder zustandspezifische Informationen basierend auf Wissen von Domänenexperten in Heuristiken integrieren.[322] Domänenexperten sind meistens in der Lage sinnvolle Aktionen im Kontext des Problems schnell zu erkennen. Dieses Wissen muss in entsprechende Heuristiken integriert

---

[315] Vgl. Hengst, B. (2017) Hierarchical Reinforcement Learning, S. 613.
[316] Vgl. Pateria, S. et al. (2022) Hierarchical Reinforcement Learning, S. 1.
[317] Vgl. Brys, T. (2016) Reinforcement Learning with, S. 5.
[318] Vgl. Zahavy, T. et al. (2019) Learn What Not, S. 1.
[319] Siehe Kapitel 2.3.3.
[320] Vgl. Brys, T. (2016) Reinforcement Learning with, S. 5.
[321] Vgl. Bianchi, R. et al. (2008) Accelerating autonomous learning, S. 141; Cheng, C.-A. et al. (2021) Heuristic-Guided Reinforcement Learning, S. 4.
[322] Vgl. Brys, T. (2016) Reinforcement Learning with, S. 33.

werden, um den Lernprozess zu verbessern.[323] Dazu werden bspw. mit Hilfe eines binären Eliminationssignals $e(s, a) \in \{0; 1\}$ in Abhängigkeit des Zustands s Aktionen a des Aktionsraums $\mathcal{A}(s)$ ein- oder ausgeblendet. So wird verhindert, dass für den aktuellen Zustand ungültige oder ungünstige Aktionen gewählt werden. Dieses Vorgehen wird **Aktionsmaskierung** oder synonym Aktionseliminierung genannt.[324]

In vielen Fällen wird die Zeit des Lernprozesses zur optimalen Strategie durch die Integration von Heuristiken nicht reduziert. Der Explorationsprozess kann allerdings nach kürzerer Zeit auf vielversprechende Regionen des Zustandsraums fokussiert werden, sodass schon früh im Lernprozess gute Strategien gefunden werden. Der Einfluss der Heuristik auf das RL-Problem kann daher während des Lernprozesses verändert und bspw. mit dem Lernfortschritt reduziert werden.[325] Dieses Verhältnis von heuristischen Entscheidungen und solchen, die vom RL-Algorithmus getroffen werden, muss im Einzelfall untersucht werden. Empfehlungen und die Entwicklung von entsprechenden Bewertungsvorgehen sind Gegenstand aktueller Forschung. Auch die Nutzung von nicht-idealen Heuristiken verbessert das Lernverhalten, während schlechte Heuristiken das Lernverhalten in manchen Fällen behindern.[326]

2.5 Herausforderungen aus der Praxisperspektive

Nachdem in den vorherigen Kapiteln die theoretischen Grundlagen im Gestaltungs- und Betrachtungsbereich beleuchtet wurden, werden in diesem Kapitel praktische Herausforderungen für die produzierende Industrie abgeleitet. Diese werden in drei Gruppen unterteilt und im Folgenden erläutert.

- Notwendigkeit der wirtschaftlichen Leistungssteigerung von Produktionslinien
- Anspruchsvolle Identifikation erfolgreicher Anpassungen
- Aufwendige und spezialisierte Lösungswerkzeuge zur Ableitung von Entscheidungen

---

[323] Vgl. Bianchi, R. et al. (2008) Accelerating autonomous learning, S. 164; Zahavy, T. et al. (2019) Learn What Not, S. 1.

[324] Vgl. Zahavy, T. et al. (2019) Learn What Not, S. 4; Tang, C.-Y. et al. (2020) Implementing action mask, S. 200 ff.

[325] Vgl. Bianchi, R. et al. (2008) Accelerating autonomous learning, S. 140 f.

[326] Vgl. Cheng, C.-A. et al. (2021) Heuristic-Guided Reinforcement Learning, S. 10.

Notwendigkeit der wirtschaftlichen Leistungssteigerung von Produktionslinien

Die Auslegung und Optimierung von Produktionslinien stellt ein Problem von strategischer Relevanz für produzierende Unternehmen dar, wodurch sich die *Notwendigkeit der dedizierten Betrachtung von Produktionslinien* ergibt.[327] Dazu steht die Produktion in den meisten Branchen unter hohem Kostendruck.[328] Es ist daher notwendig, entsprechende Maßnahmen zur *Leistungssteigerung* unter der Maßgabe der *Wirtschaftlichkeit* zu treffen.[329] Laut Erfahrung des Autors werden Produktionsbereiche auf unteren Managementebenen häufig nach Leistungskennzahlen und nicht nach Wirtschaftlichkeit unter der Berücksichtigung von Kosten bewertet. Eine Differenzierung zwischen Leistungssteigerung und Wirtschaftlichkeitssteigerung ist jedoch essenziell.[330]

Anspruchsvolle Identifikation erfolgreicher Anpassungen

Das *komplexe und stochastische Betriebsverhalten von Produktionslinien* erschwert die Identifikation von Verbesserungspotenzialen.[331] Der Engpass, welcher den Durchsatz des Systems beschränkt, wandert wegen stochastischer Größen und Interdependenzen zwischen den Elementen dynamisch durch das System.[332] Gleichzeitig ist die Verbesserung des Engpasses selbst nicht immer die wirtschaftlichste Verbesserungsmaßnahme. Auch wenn laut Erfahrung des Autors Unternehmen häufig die Maschinen mit hohen Investitionskosten auszulasten versuchen, darf diese Auslastungssteigerung nicht isoliert durch Betrachtung der jeweiligen Fokusmaschinen erfolgen. Auch kostengünstige Maschinen vor und nach den Fokusmaschinen sind aufgrund der Verkettung in der Lage, die Produktionslinie zum Stillstand zu zwingen.[333]

Die mit der Durchführung von Verbesserungsmaßnahmen einhergehende Kosten unterscheiden sich stark zwischen Unternehmen, da technische Ausstattung, Rahmenverträge, Tarifverträge etc. divergieren. Gleichzeitig können nur solche Verbesserungsmaßnahmen verprobt und bewertet werden, die konkret formuliert sind.

---

[327] Vgl. Sotskov, Y. (2023) Assembly and Production, S. 38.
[328] Vgl. Moser, P. et al. (2021) Manufacturing Management in, S. 812.
[329] Vgl. Andersson, C./ Bellgran, M. (2015) On the complexity, S. 152.
[330] Vgl. Gottmann, J. (2019) Produktionscontrolling, S. 14.
[331] Vgl. Zhang, M./ Matta, A. (2020) Models and algorithms, S. 1.
[332] Vgl. Tu, J./ Zhang, L. (2022) Performance analysis and, S. 3992.
[333] Vgl. Wu, K. et al. (2020) A generalization of, S. 10.

Laut Erfahrung des Autors sind mögliche Verbesserungsvorschläge auch in der Praxisliteratur vage formuliert und nicht direkt auf bestehende Produktionslinien anzuwenden. [334] Daher ist der *Einfluss allgemeingültigen Verbesserungsmaßnahmen unklar.*

Verbesserungsmaßnahmen entfalten besonders dann eine hohe Leistungssteigerung bei gleichzeitig niedrigem Investitionsaufwand, wenn diese auf die gesamte Produktionslinie wirken und nicht isoliert nur an einem einzelnen Element greifen.[335] Es führen daher viele kleine Maßnahmen meist zu höheren Verbesserungen als eine große Maßnahme.[336] Die Implementierungsreihenfolge der Maßnahmen ist dabei nicht zu vernachlässigen, da eine Kombinationswirkung von Einzelmaßnahmen besteht und zudem ein Einfluss auf den Zeitpunkt des Auftretens von Kosten und Erlösen und somit auf die Wirtschaftlichkeit besteht. Die Systemkomplexität erschwert laut Erfahrung des Autors allerdings die Betrachtung der Kombination von Einzelmaßnahmen, da die menschlichen kognitiven Grenzen bei detaillierter Betrachtung der Abhängigkeiten überschritten werden. Die *Betrachtung der Kombination von Einzelmaßnahmen* ist somit in Unternehmen meist *unzureichend.*

Aufwendige und spezialisierte Lösungswerkzeuge zur Ableitung von Entscheidungen

Es ist notwendig, simulationsbasierte Optimierungen für Produktionslinien durchzuführen, um wettbewerbsfähig zu niedrigen Kosten zu produzieren.[337] Für die erfolgreiche Nutzung von Simulation *fehlt* es in Produktionsunternehmen allerdings häufig an *notwendigem produktionstechnischen Simulationswissen* und personellen Ressourcen zur Durchführung von Simulationsstudien inkl. Analyse und Interpretation. Diese Unternehmen sind häufig zur Kooperation mit Externen gezwungen.[338] So führte der Autor als wissenschaftlicher Mitarbeiter einer Universität und somit als Dienstleister mehrere Simulationsstudien für Unternehmen durch, da die Erstellung und Analyse der *Simulationsexperimente mit hohem manuellem Aufwand*

---

[334] Vgl. Pinciroli, L. et al. (2023) Maintenance optimization in, S. 234.

[335] Vgl. Godinho Filho, M./ Utiyama, M. (2015) Comparing different strategies, S. 13; Yang, Z. et al. (2023) A study on, S. 3784.

[336] Vgl. Wu, K. et al. (2020) A generalization of, S. 4.

[337] Vgl. Krenczyk, D./ Paprocka, I. (2023) Integration of Discrete, S. 17.

[338] Vgl. Kranz, M. et al. (2021) Simulation, S. 113.

einhergehen. Die Tatsache, dass durch die häufig notwendige Neukonfiguration von Produktionslinien in Folge kurzer Produktlebenszyklen entsprechende Simulationsstudien regelmäßig durchzuführen sind, verschärft diese Problematik.[339]

Zwar bietet die Nutzung von ML laut einer Studie von McKinsey sehr hohes Potenzial, entsprechende Tätigkeiten zu (teil-)automatisieren, doch sind diese Methoden in der Industrie bisher kaum verbreitet, auch wenn das Interesse an diesen hoch ist. Die größten Hemmnisse für den Einsatz von ML in Kombination mit Simulation sind für Unternehmen das fehlende Expertenwissen sowie ein tieferes Verständnis für die Vorteile der Technologie.[340]

Da zur Verbesserung von Produktionslinien aufgrund der Komplexität Methoden der Simulation notwendig sind und gleichzeitig das Wissen über die Durchführung von Simulationsstudien in Unternehmen nicht ausreichend vorhanden ist, ergibt sich eine *fehlende Unterstützung in der handhabbaren Ableitung von Entscheidungen.*[341]

---

[339] Vgl. Li, W. et al. (2021) Facility Layout Optimization, S. 314.
[340] Vgl. Ragani, A. et al. (2023) Unveiling the next, S. 4 f.
[341] Vgl. von Nitzsch, R. (2021) Entscheidungslehre, S. 21 - 25.

2.6 Zwischenfazit: Handlungsbedarf aus der Praxis

In diesem Kapitel wurden die Grundlagen und Herausforderungen im Kontext der wirtschaftlichen Leistungssteigerung von Produktionslinien diskutiert.

In der folgenden Abbildung 2-15 werden die in *kursiv* dargestellten zentralen aussagen aus Kapitel 2.5 in drei Herausforderungsgruppen zusammengefasst.

Notwendigkeit der wirtschaftlichen Leistungssteigerung von Produktionslinien	
Notwendigkeit der dedizierten Betrachtung von Produktionslinien	1
Notwendigkeit der Leistungssteigerung	2
Notwendigkeit der Berücksichtigung der Wirtschaftlichkeit von Leistungssteigerungsmaßnahmen	3

Anspruchsvolle Identifikation erfolgreicher Anpassungen	
Das Betriebsverhalten von Produktionslinien ist komplex und stochastisch	4
Einfluss von allgemeingültigen Verbesserungsmaßnahmen unklar	5
Betrachtung der Kombination von Einzelmaßnahmen ist unzureichend	6

Aufwendige und spezialisierte Lösungswerkzeuge zur Ableitung von Entscheidungen	
Fehlendes produktionstechnisches Simulationswissen in Unternehmen	7
Erstellung und Analyse von Simulationsexperimenten birgt hohen manuellen Aufwand	8
Fehlende Unterstützung zur handhabbaren Ableitung von Entscheidungen	9

Abbildung 2-15: Zusammenfassung der Herausforderungen aus der Praxis

Die Herausforderungen bilden die Grundlage zur Formulierung von Anforderungen an bestehende Ansätze des Stands der Forschung im folgenden Kapitel 3.

3 Ansätze zur wirtschaftlichen Leistungssteigerung von Produktionslinien

Im folgenden Kapitel wird der Stand der Forschung zur wirtschaftlichen Leistungssteigerung von Produktionslinien diskutiert. Dazu werden zunächst in Kapitel 3.1 Anforderungen definiert. Folgend werden in Kapitel 3.2 ausgewählte Ansätze vorgestellt, während in Kapitel 3.3 die Defizite der vorgestellten Ansätze diskutiert werden. In Kapitel 3.4 wird das dritte Kapitel resümiert und ein Zwischenfazit gezogen.

3.1 Anforderungen an bestehende Ansätze

Die Herausforderungen aus der Praxis (Kapitel 2.5) bilden die Grundlage für die Formulierung von Anforderungen an bestehende Ansätze. Abbildung 3-1 zeigt eine Übersicht dieser Anforderungen, welche den Herausforderungen in Abbildung 2-15 über die Nummerierung zugeordnet sind. Die Anforderungen sind gegliedert nach Objekt-, Methoden-, und Zielbereich.

Bezug der Anforderung zu der jeweiligen Herausforderung in *Abbildung 2-15*		
1	Objektbereich	Dedizierter Bezug auf Produktionslinien
2		Betrachtung der Leistungssteigerung
3		Berücksichtigung der Wirtschaftlichkeit
4	Methodenbereich	Verwendung von Materialflusssimulationen
5		Betrachtung von konkreten und realen Verbesserungsmaßnahmen
6		Kombinierte Betrachtung von Einzelmaßnahmen in Verbesserungstrajektorien
7		Integration von produktionsspezifischem (Simulations-)Wissen
8	Zielbereich	Aufwandsgerechte Erstellung und Analyse von Simulationsexperimenten
9		Entscheidungsunterstützung bei der Auswahl von Verbesserungsmaßnahmen

Abbildung 3-1: Anforderungen an bestehende Ansätze

Im Folgenden erfolgt die Ableitung der Anforderungen aus den Herausforderungen inkl. der Definition von objektiv messbaren Bewertungskriterien je Anforderung, um eine transparente Bewertung sicherzustellen.

3.1.1 Anforderungen aus dem Objektbereich

Die folgenden Anforderungen des Objektbereichs ergeben sich direkt und eindeutig aus den in Kapitel 2.5 hergeleiteten Herausforderungen 1-3, siehe Abbildung 2-15. Es wird daher auf eine Herleitung der Anforderungen aus den Herausforderungen verzichtet.

Dedizierter Bezug auf Produktionslinien

Das Kriterium wird als *voll erfüllt* angesehen, wenn ein Ansatz den Fokus der Betrachtung im Sinne des Verständnisses des Betrachtungs- und Gestaltungsbereichs dieser Arbeit (Kapitel 2.1) legt und somit dediziert Produktionslinien adressiert. Werden zwar Produktionslinien betrachtet, aber deren Rolle in der Fabrik oder deren Peripherie adressiert, werden die Ansätze mit teilweise erfüllt bewertet. Ist nur der Produktionskontext gegeben, wird das Kriterium mit *kaum erfüllt* bewertet.

Betrachtung der Leistungssteigerung *und* Berücksichtigung der Wirtschaftlichkeit

Die beiden Kriterien werden mit *voll erfüllt* bewertet, wenn die jeweilige Dimension als Optimierungsziel eindeutig genannt ist. Wenn die Größe implizit betrachtet wird oder aber eine hohe Übertragbarkeit des Ansatzes auf das im Rahmen dieser Arbeit untersuchte Problem zu erwarten ist, wird das Kriterium mit *teilweise erfüllt* bewertet.

3.1.2 Anforderungen aus dem Methodenbereich

Die folgenden Anforderungen des Methodenbereichs ergeben sich aus den in Kapitel 2.5 hergeleiteten Herausforderungen 4-7, siehe Abbildung 2-15.

Verwendung von Materialflusssimulationen

Aufgrund des komplexe und stochastischen Betriebsverhaltens ist die Verwendung von Materialflusssimulationen bei der Detailanalyse von Produktionslinien ratsam, da nur so für reale Probleme dem stochastischen Einfluss und der Zustandsabhängigkeit durch die Interdependenz der Elemente begegnet werden kann.[342] Aufgrund des komplexen Betriebsverhaltens ist es ebenso notwendig das Gesamtsystem einer Produktionslinie und keine Ausschnitte des Systems zu betrachten.[343]

Das Kriterium wird mit *voll erfüllt* bewertet, wenn jede zu bewertende Alternative simulativ mit Hilfe einer DES untersucht und unter Berücksichtigung Gesamtsystems analysiert wurde. Wird die DES nur zu Trainingszwecken oder zum Aufbau eines Ersatzmodells genutzt, wird das Kriterium mit *teilweise erfüllt* bewertet, da die Einzelfallbewertung der Alternativen nicht durchgeführt wird.

Betrachtung von konkreten und realen Verbesserungsmaßnahmen

Eine Konkretisierung von allgemeingültigen Verbesserungsmaßnahmen zu tatsächlichen Parameterwerten einer spezifischen Produktionslinie und korrespondierender Kosten ist notwendig, um die Effektivität und die Wirtschaftlichkeit einer Verbesserungsmaßnahme zu beurteilen. Da die Bewertung von Kosten individuell je nach Unternehmen und Produktionslinie erfolgen muss, müssen die Verbesserungsmaßnahmen real bei einer existierenden Produktionslinie angewandt werden können und nicht hypothetisch formuliert sein.

Daher ist die Identifizierung konkreter und realer Verbesserungsmaßnahmen notwendig. Sind beide Merkmale erfüllt, wird das Kriterium mit *voll erfüllt* bewertet. Fehlt eines dieser Merkmale wird das Kriterium als *teilweise erfüllt* bewertet. Werden aus der Literatur bekannte und übliche Grenzwerte für allgemeingültige Verbesserungsmaßnahmen verwendet wird das Kriterium mit *kaum erfüllt* bewertet.

Kombinierte Betrachtung von Einzelmaßnahmen in Verbesserungstrajektorien

Die kombinierte Betrachtung von Einzelmaßnahmen in Verbesserungstrajektorien ist erfolgsversprechender als die Betrachtung von isolierten Verbesserungsmaßnahmen.[344] Dies ist auch darin begründet, Ingenieurinnen und Ingenieuren eine Verbesserungstrajektorie statt nur einer finalen Kombination von Verbesserungsmaßnah-

[342] Vgl. Verein Deutscher Ingenieure (2014) VDI 3633 Blatt 1, S. 5.
[343] Vgl. Longo, C./ Fantuzzi, C. (2018) Simulation and optimization, S. 1 ff.
[344] Vgl. Wu, K. et al. (2020) A generalization of, S. 4.

men aufgezeigt werden sollte, um die vorgeschlagene Lösung zu verstehen und so durch Integration in die Lösungsgenese Akzeptanz für diese zu schaffen.[345]

Als *voll erfüllt* wird das Kriterium bewertet, wenn Einzelmaßnahmen unter Berücksichtigung der Implementierungsreihenfolge zu Verbesserungstrajektorien kombiniert werden. Als *teilweise erfüllt* wird das Kriterium bewertet, wenn Maßnahmen zwar kombiniert werden, allerdings die Reihenfolge der Umsetzung der Maßnahmen nicht betrachtet wird oder die Kombination zwar vorgenommen wird, diese aber nicht im Fokus steht.

Integration von produktionsspezifischem (Simulations-)Wissen

Um die Lösungsqualität und gleichzeitig die Effizienz der Lösungsgenese zu erhöhen, ist die Integration von produktionsspezifischem Expertenwissen im Kontext von Materialflusssimulationen erforderlich, da produktionstechnisches Simulationswissen in Unternehmen häufig nicht in ausreichendem Maße zur Verfügung steht.

Die Integration von Domänenwissen in Methoden der Optimierung und des ML reduziert zudem die notwendigen Rechenzeiten und erhöht die Ergebnisqualität.[346]

Das Kriterium wird mit *voll erfüllt* bewertet, wenn solches Expertenwissen unternehmens- und anlagenspezifisch die Lösungsgenese verwendet wird und in der Methodik grundlegende Zusammenhänge von Produktionslinien modelliert sind. Wird nur eines der beiden Merkmale erfüllt, wird die *Bewertung teilweise erfüllt* vergeben. Wird nur für die Bewertung von Lösungen, nicht aber für deren Genese das geforderte Domänenwissen genutzt, wird das Kriterium mit *kaum erfüllt* bewertet.

3.1.3 Anforderungen aus dem Zielbereich

Die folgenden Anforderungen des Zielbereichs ergeben sich aus den in Kapitel 2.5 hergeleiteten Herausforderungen 8-9, siehe Abbildung 2-15.

[345] Vgl. Lauer, T. (2023) Quick Guide Change, S. 48 f.

[346] Vgl. Kuusisto, F. et al. (2015) Leveraging Expert Knowledge, S. 91; Rueden, L. v. et al. (2021) Informed Machine Learning, S. 1 ff.

Aufwandsgerechte Erstellung und Analyse von Experimenten

Eine Automatisierung sowohl der Genese als auch der Analyse der Verbesserungsalternativen muss vorgenommen werden, um den manuellen Aufwand zur Durchführung von Simulationsstudien zu reduzieren und somit Effizienz und Akzeptanz der Methodik sicherzustellen. Als *voll erfüllt* wird das Kriterium bewertet, wenn beide Merkmale voll zutreffen, als *teilweise erfüllt,* wenn eines der Merkmale voll zutrifft.

Unterstützung in der Auswahl aus Alternativen zur Verbesserung

Um eine Entscheidungsunterstützung bei der Verbesserung von Produktionslinien zu bieten und die Ableitung von Entscheidungen somit handhabbar zu gestalten, sind die Bewertung und der Vergleich von Entscheidungsalternativen notwendig.[347] Um gleichzeitig das Vertrauen in den Entscheidungsvorschlag zu erhöhen, sollten dabei Information über die Lösungsgenese gegeben werden und eine Absprungbasis für tiefergehende manuell durchgeführte Analysen bereitgestellt werden. Als *voll erfüllt* wird das Kriterium bewertet, wenn beide Merkmale voll zutreffen, als *teilweise erfüllt,* wenn eines der Merkmale voll zutrifft.

3.2 Vorstellung ausgewählter Ansätze

Nach der Definition der Anforderungen an Ansätze werden im Folgenden ausgewählte Ansätze zur Beantwortung der vorliegenden Fragestellung aufgeführt. Diese Ansätze bilden einen Querschnitt des aktuellen Stands der Forschung. Einen umfassenden Überblick über die Literatur zur Verbesserung von Produktionslinien in Form von systematischen Literaturrecherchen findet sich bspw. bei SOTSKOV, KANG ET AL., RAMLI UND AB RASHID oder TRIGUEIRO DE SOUSA ET AL.[348]

Die Ansätze werden im Folgenden in drei Gruppen unterteilt: Ansätze mit (Deep-) Reinforcement Learning, Ansätze mit (Meta-)heuristiken und Ansätze mit manuellen Analysen anhand von Fallstudien. Die Gruppierung basiert auf den laut GOSAVI geeigneten Optimierungsmethoden im Kontext simulationsbasierter Optimierung[349]

---

347 Vgl. von Nitzsch, R. (2021) Entscheidungslehre, S. 21 - 25.

348 Vgl. Trigueiro de Sousa Junior, W. et al. (2019) Discrete simulation-based optimization; Weichert, D. et al. (2019) A review of; Kang, Z. et al. (2020) Machine learning applications; Ramli, A./ Ab Rashid, M. (2022) A review of; Sotskov, Y. (2023) Assembly and Production.

349 Vgl. Tabelle 2-1.

und wurde um *manuelle Analysen und Fallstudien* ergänzt, da eine große Zahl entsprechender Ansätze existiert.

3.2.1 Ansätze mit (Deep) Reinforcement Learning

Im Folgenden werden Ansätze beschrieben, welche Methoden des (D)RL nutzen. Für eine Erklärung und Abgrenzung des Begriffs siehe Kapitel 2.4.1 und Kapitel 2.4.3.

3.2.1.1 Ansatz nach KUHNLE ET AL. (2021)

Ziel: Das Ziel des Ansatzes *Designing an adaptive production control system using reinforcement learning* von KUHNLE ET AL. ist die Entwicklung eines adaptiven Steuerungssystems für die Auftragsdisposition in einer Werkstattfertigung mithilfe von DRL.

Vorgehen: KUHNLE ET AL. nutzen eine DES, welche eine Werkstattfertigung repräsentiert, in der die Auftragsfreigabe und Maschinenzuordnung auf Grundlage von vordefinierten Wahrscheinlichkeitsverteilungen erfolgt, um anhand dieser einen DRL-Agenten zu trainieren. Die betrachteten Bearbeitungszeiten enthalten stochastisch verteilte Rüstzeiten und Maschinenausfälle. Der DRL-Agent bestimmt basierend auf dem aktuellen Produktionszustand jeweils die nächste Aktion des Disponenten. Er kann ebenso nicht-wertschöpfende Elemente, wie bspw. Wartezeiten, ausführen. Die betrachtete Auftragsdisposition inkludiert die Auftragssequenzierung sowie die Routenplanung. Ein Aktionsmodul sorgt dafür, dass der Agent lernt, zwischen gültigen und ungültigen Aktionen zu unterscheiden. Ungültige Aktionen werden nicht verboten, aber resultieren in einer nullwertigen Belohnung. Ein Zustandsmodul fasst die real verfügbaren, entscheidungsrelevanten Informationen zu einem Zustandsvektor zusammen, um die Übertragbarkeit des Modells auf die Realität zu gewährleisten. Ein Belohnungsmodul ermittelt die Belohnung für die durchgeführten Aktionen. Über das Agentenmodul werden verschiedene Algorithmen implementiert. KUHNE ET AL. validieren ihr Vorgehen mit Hilfe einer Simulation und zeigen, dass der trainierte DRL-Agent zu besseren Ergebnissen gelangt als verwendete regelbasierte Heuristiken.[350]

[350] Vgl. Kuhnle, A. et al. (2021) Designing an adaptive, S. 859 - 873.

Bewertung: Der Ansatz fokussiert keine Produktionslinien, sondern eine Werkstattfertigung und betrachtet die wirtschaftliche Leistungssteigerung nur implizit. Durch die Verwendung von DES wird der Systemkomplexität Rechnung getragen. Durch die Formulierung als MEP unter Berücksichtigung von Produktionswissen werden Simulationsexperimente für das Training automatisiert erzeugt und Einzelmaßnahmen kombiniert. Eine Analyse der Kombinationen erfolgt nicht. Ziel des Ansatzes ist die Automatisierung von Entscheidungen, weswegen keine Unterstützung in der Auswahl aus Alternativen gegeben wird.

3.2.1.2 Ansatz nach OVERBECK ET AL. (2021)

Ziel: Das Ziel des Ansatzes *Reinforcement Learning Based Production Control of Semi-automated Manufacturing Systems* von OVERBECK ET AL. ist die Entwicklung einer Methode zur effizienten Aufgabenzuweisung für eine semi-automatische Produktionslinie mithilfe von DRL.

Vorgehen: Ein semi-automatisches Produktionssystem besteht aus Maschinen, welche nur in Interaktion mit Werkern ihre Funktion erfüllen. Deshalb müssen diesen Werkern Aufgaben an den unterschiedlichen Maschinen zugewiesen werden. OVERBECK ET AL. simulieren eine solche Produktionslinie, bestehend aus Maschinen, Funktionsprinzipien und Werkern. Für die Aufgabenzuweisung wird ein PPO-Algorithmus verwendet, der lernt, den Werkern Aufgaben möglichst effizient zuzuweisen. Dem Agenten wird die Anzahl abgeschlossener Produktionsaufträge als Belohnung zurückgegeben. Dabei werden Aufgaben, die nicht ausgeführt werden konnten, weil die entsprechende Maschine bspw. mit einem anderen Auftrag beschäftigt ist, bestraft. So lernt der Agent den Produktionsoutput und die Produktivität der Werker zu erhöhen. OVERBECK et al. trainieren den Agenten mithilfe eines DES-Modells des Produktionssystems. In einem Validierungsbeispiel zeigen sie, dass die Aufgabenzuweisung ihres Vorgehens zu einer Steigerung der Ausbringung um 8 % führte.[351]

Bewertung: Der Ansatz betrachtet die Steigerung der Leistung von Produktionslinien, allerdings wird nicht die Konfiguration, sondern die Produktionssteuerung fokussiert. Durch die Verwendung von DES wird der Systemkomplexität Rechnung

[351] Vgl. Overbeck, L. et al. (2021) Reinforcement Learning Based, S. 171 - 174.

getragen und mit der Formulierung als MEP unter Berücksichtigung von Ingenieurswissen werden Simulationsexperimente für das Training automatisiert erzeugt und Einzelmaßnahmen kombiniert. Eine Analyse der Kombinationen erfolgt nicht. Ziel des Ansatzes ist die Automatisierung von Entscheidungen, weswegen keine Unterstützung in der Auswahl aus Alternativen gegeben wird.

3.2.1.3 Ansatz nach Rösch (2021)

Ziel: Das Ziel des Ansatzes *System zur energieorientierten und kostenbasierten Produktionssteuerung mittels Reinforcement Learning* von Rösch ist die Entwicklung einer energieorientierten, kostenbasierten Produktionssteuerung mithilfe von RL.

Vorgehen: Als Grundlage für das Produktionssteuerungssystem wählt Rösch einen Multi-Agent Reinforcement Learning (MARL) Ansatz, welcher zur Kategorie des HRL[352] zu zählen ist. Alle zu berücksichtigenden Einheiten des Systems werden durch individuelle Agenten repräsentiert. Der Strommarktagent handelt Strom kurzfristig am Markt und berücksichtigt dabei die Marktpreise und den aktuellen Zustand des Stromspeichers. Das Laden und Entladen des Speichers und damit die Leistung der Stromerzeugungsanlagen wird vom Speicheragenten gesteuert. Die einzelnen Ressourcenagenten, die jeweils eine Produktionsanlage repräsentieren, übernehmen die klassischen Aufgaben der Produktionssteuerung. Die RL-Agenten, werden anhand einer DES trainiert.[353] Die Produktionskosten ergeben sich zwar aus den Aktionen aller Agenten, allerdings ist die Belohnungsfunktion nicht einheitlich. Während die Stromkosten als globale Belohnung an alle Agenten zurückgegeben werden, erhalten die Ressourcenagenten zusätzlich die Produktionskosten, resultierend aus der Variation der Ressourcen.[354] Zur Evaluation nutzt Rösch das Anwendungsbeispiel eines mittelständischen Anlagenbauers. Er konnte zeigen, dass alle drei Agententypen zu einer Reduzierung der Gesamtkosten beitragen und eine Skalierung auf größere Anwendungsbeispiele möglich ist.[355]

---

[352] Vgl. Kapitel 2.4.4.
[353] Vgl. Rösch, M. (2021) System zur energieorientierten, S. 55 ff.
[354] Vgl. Rösch, M. (2021) System zur energieorientierten, S. 127.
[355] Vgl. Rösch, M. (2021) System zur energieorientierten, S. 145 f.

Bewertung: Der Ansatz fokussiert nicht die Konfiguration von Produktionslinien, allerdings werden durch optimierte Steuerung des Produktionssystems Produktionskosten gesenkt und so die Wirtschaftlichkeit adressiert. Durch die Verwendung von DES wird der Systemkomplexität Rechnung getragen und Ingenieurswissen in der Formulierung der Zielfunktion des MARL-Problems verwendet. Simulationsexperimente für das Training werden automatisiert erzeugt und Einzelmaßnahmen kombiniert. Eine Analyse der Kombinationen erfolgt nicht. Ziel des Ansatzes ist die Automatisierung von Entscheidungen, weswegen keine Unterstützung in der Auswahl aus Alternativen gegeben wird.

3.2.1.4 Ansatz nach Voß et al. (2021)

Ziel: Das Ziel des Ansatzes *Dynamische Losgrößenoptimierung mit bestärkendem Lernen* von Voß et al. ist die dynamische Losgrößenoptimierung von Abfüllanlagen bezüglich Produktionskosten im Zielkonflikt zwischen Lagerkosten und rüstinduzierten Auftragsauflagekosten mittels DRL.

Vorgehen: Zur optimalen Losgrößenbestimmung von Aufträgen, welche auf einer Abfülllinie der FMCG-Industrie produziert werden, schlagen Voß et al. eine Lösung mittels DRL-Agenten vor. Mit historischen Daten und Parametern des zu steuernden Abfüllprozesses wird ein Simulationsmodell erstellt, anhand dessen der Agent trainiert wird. Die Belohnungsfunktion summiert gewichtete Leistungsindikatoren wie bspw. die Stückkosten, den Gewinn oder die Erfüllung der Nachfrage. Voß et al. validieren ihr Vorgehen anhand historischer Daten. Sie zeigen, dass der Agent vergleichbare Gewinne zum historischen Programm erwirtschaftet, die Bestände und innerbetrieblichen Transportkosten dabei aber erheblich senkt. So werden 4 % der Gesamtkosten eingespart. Allerdings erzeugt der Agent um 36 % höhere Rüstkosten, da menschliche Planer ihr Hauptaugenmerk darauflegen, diese zu reduzieren und Folgekosten weniger fokussieren.[356]

Bewertung: Der Ansatz fokussiert die Losgrößenoptimierung für Aufträge von Produktionslinien und optimiert dabei Produktionskosten und so die Wirtschaftlichkeit. Leistung wird dabei betrachtet, aber nicht fokussiert. Durch die Verwendung von DES wird der Systemkomplexität Rechnung getragen. In die Formulierung

---

[356] Vgl. Voß, T. et al. (2021) Dynamische Losgrößenoptimierung mit, S. 816 - 822.

der Zielfunktion des MEP floss Domänenwissen ein. Simulationsexperimente für das Training werden automatisiert erzeugt und Einzelmaßnahmen kombiniert. Eine Analyse der Kombinationen erfolgt nicht. Ziel des Ansatzes ist die Entscheidungsunterstützung, weswegen Entscheidern ein einzelner Vorschlag angeboten wird, welcher von diesen angenommen werden kann, aber nicht muss.

3.2.1.5 Ansatz nach SHI ET AL. (2020)

Ziel: Das Ziel des Ansatzes *Intelligent scheduling of discrete automated production line via deep reinforcement learning* von SHI ET AL. ist die Entwicklung einer Methode zur Transportplanung in einer freiverketteten Produktionslinie[357] unter Berücksichtigung stochastischer Prozesszeiten mittels der Kombination von DRL und DES.

Vorgehen: Die betrachteten Produktionslinien bestehen aus verschiedenen Bearbeitungseinheiten und einem Roboter als Transfereinheit. Die Planung der Reihenfolge der Transporte wird durch einen DRL-Agenten umgesetzt. Die Bearbeitungszeiten der Bearbeitungseinheiten sind stochastisch verteilt. Wenn ein Bearbeitungsprozess beendet wird, beobachtet der Agent den Übergang des Zustandes des Produktionssystems und weißt den Roboter an, das Produkt an die nächste Verarbeitungseinheit weiterzuleiten. Der DRL-Agent wird mit Hilfe einer DES trainiert. Die Belohnung des Agenten erfolgt basierend auf der Anzahl an durchführbaren Entscheidungen und Produktfertigstellungen, Wartezeiten des Roboters werden hingegen bestraft.

SHI ET AL. validieren das Vorgehen anhand einer in einer DES abgebildeten experimentellen Produktionslinie. Sie zeigen, dass der DRL-Agent bei linearen, nicht parallelen Produktionslinien vergleichbare Ergebnisse wie bereits bestehende Heuristiken liefert und ausreichend robust gegenüber stochastisch verteilten Bearbeitungszeiten ist.[358]

Bewertung: Das Vorgehen von SHI ET AL. fokussiert die Leistungssteigerung einer frei verketteten Produktion durch Planung von Transportaufträgen, nicht die von Produktionslinien durch deren Konfiguration. Eine Betrachtung der Wirtschaftlichkeit wird nicht vorgenommen. Durch die Verwendung von DES wird der System-

[357] SHI ET AL. bezeichnen das betrachtete Produktionssystem zwar als Produktionslinie, allerdings unterscheidet sich diese Definition von der verwendeten im Rahmen dieser Dissertation, da sie freiverkettet ist, siehe Kapitel 2.1.

[358] Vgl. Shi, D. et al. (2020) Intelligent scheduling of, S. 2 - 8.

komplexität Rechnung getragen. In die Formulierung der Zielfunktion und in die Strukturierung des MEP floss Domänenwissen ein. Simulationsexperimente für das Training werden automatisiert erzeugt und Einzelmaßnahmen kombiniert. Eine Analyse der Kombinationen erfolgt nicht. Zur Bewertung der durch den Algorithmus gegebenen Entscheidungsunterstützung werden Gantt-Grafiken zur Verfügung gestellt. Eine weitere Unterstützung bei der Auswahl erfolgt nicht, da perspektivisch eine Automatisierung der Entscheidung angestrebt ist.

3.2.1.6 Ansatz nach He et al. (2020)

Ziel: Das Ziel des Ansatzes *A Deep Reinforcement Learning Based Multi-Criteria Decision Support System for Textile Manufacturing Process Optimization* von He et al. ist die Entwicklung eines Entscheidungsunterstützungssystems zur Optimierung von Textilherstellungsprozessen bzgl. Produktqualität, Prozesseffizienz und Umweltfragen durch die Kombination von DRL, SL und Bewertung durch Domänenexperten.

Vorgehen: Zur Erhöhung der Entscheidungsqualität und -geschwindigkeit in der Optimierung unterschiedlicher Parameter in Textilherstellungsprozessen entwickeln He et. al. ein Entscheidungsunterstützungssystem. Dabei fokussieren sie keine spezifischen Parameter, sondern entwickeln ein generalisiertes Entscheidungsunterstützungssystem. Der Ansatz kombiniert RL mit Random Forests[359], einer Methode des SL und einem Analytic Hierarchy Process[360], einer Methode zur Entscheidungsbewertung ähnlich der Nutzwertanalyse. Dabei werden Random Forests zur Vorhersage über die Wirkung der durch RL ausgewählten Aktionen auf die Herstellungsprozesse genutzt. Diese Vorhersagen werden mithilfe des Analytic Hierarchy Process durch Domänenexperten bewertet und bzgl. ihrer relativen Wichtigkeit eingeordnet, woraus die Belohnung für den Agenten abgeleitet wird. Der Agent lernt daher überwacht durch den Analytic Hierarchy Process und den Domänenexperten.

He et al. zeigen anhand einer Validierung mit vier zu optimierenden Parametern für einen textilen Farbwaschprozess, dass die Methode herkömmlichen Methoden der Entscheidungsfindung überlegen ist.[361]

---

[359] Für Informationen bzgl. der Methode vgl. bspw. Jo, T. (2021) Machine Learning Foundations, S. 160 f.
[360] Für Informationen bzgl. der Methode vgl. bspw. Saaty, T. (1996) Multicriteria decision making.
[361] Vgl. He, Z. et al. (2020) A Deep Reinforcement, S. 3 – 16.

Bewertung: Der Ansatz bleibt in seinen zu optimierenden Parametern generisch, fokussiert allerdings Prozesse der Textilindustrie. Es wird nicht explizit die Leistungssteigerung betrachtet, allerdings wäre dies möglich. Eine Wirtschaftlichkeitsbetrachtung bleibt außen vor. Es wird für das Training keine DES genutzt, sondern konkrete Maßnahmen mit Hilfe von Expertenfeedback evaluiert. So ist eine Integration von Expertenwissen zwar sichergestellt, Objektivität bzgl. komplexer Was-Wäre-Wenn-Fragestellungen ist allerdings fraglich.

3.2.1.7 Ansatz nach HUANG ET AL. (2020)

Ziel: Das Ziel des Ansatzes *Deep Reinforcement Learning Based Preventive Maintenance Policy for Serial Production Lines* von HUANG ET AL. ist die Entwicklung einer kosteneffizienten Handlungsstrategie für präventive Wartungsarbeiten von Produktionslinien mithilfe von DRL.

Vorgehen: HUANG ET AL. modellieren die Produktionslinie als Abfolge von Maschinen mit Speichern zwischen den Maschinen. Sobald eine Maschine gewartet wird, wird sich ihr vorgelagerter Speicher füllen und ihr nachgelagerter Speicher leeren. Die dadurch entstehenden Kosten entsprechen einem großen Teil der zu berücksichtigenden Wartungskosten. HUANG ET AL. nutzen einen DRL-Agenten, dessen Zustandsvektor aus dem Alter der Maschinen und damit zusammenhängend auch der Wahrscheinlichkeit eines zufälligen Ausfalls, den Zuständen der Speicher zwischen den Maschinen und den verbleibenden Zeiteinheiten einer eventuell laufenden Wartung besteht. Der Agent kann in jedem Zeitschritt entscheiden, ob eine Maschine gewartet werden soll oder nicht, die Entscheidung ist also binär. Die Belohnungsfunktion ist negativ und gibt dem Agenten die Kosten zurück, die durch präventive und reparierende Wartungen sowie den Produktionsausfall entstehen. Der Agent versucht demnach die Kosten zu minimieren, um seine Belohnung zu steigern.

Um ihren DRL-Algorithmus zu validieren, testen HUANG ET AL. ihren Algorithmus an einem mathematischen Experiment und zeigen, dass ihr Algorithmus bessere Ergebnisse liefert als eine heuristische Vorgehensweise der Wartungsplanung.[362]

[362] Vgl. Huang, J. et al. (2020) Deep reinforcement learning, S. 12 - 24.

Bewertung: Der Ansatz fokussiert die Planung von Wartungen in einer Produktionslinie und zielt dabei auf eine Kostensenkung und somit eine Wirtschaftlichkeitssteigerung. Leistungssteigerung wird nur indirekt betrachtet. Anstatt einer klassischen DES wird ein selbst entwickeltes mathematisches Modell genutzt, welches allerdings ähnlich einer DES verwendet wird. In die Formulierung von Modell, Zielfunktion und Aufbau des MEP floss Domänenwissen ein. Simulationsexperimente für das Training werden automatisiert erzeugt. Die Wahl der Aktionen des DRL-Agenten wird interpretiert, allerdings keine praktische Anwendbarkeit fokussiert.

3.2.1.8 Ansatz nach MAHADEVAN UND THEOCHAROUS (1998)

Ziel: Das Ziel des Ansatzes *Optimizing Production Manufacturing using Reinforcement Learning* von MAHADEVAN UND THEOCHAROUS ist die Entwicklung einer Methode zur Steigerung der Leistung von Produktionslinien[363] mittels RL, wobei gleichzeitig der Lagerbestand sowie die Anzahl der Störungen minimiert werden sollen.

Vorgehen: Der Ansatz verwendet den modellfreien und zeitkontinuierlichen RL-Algorithmus SMART (Semi-Markov Average Reward Technique). Das verwendete Simulationsmodell ermöglicht die Optimierung realer Produktionslinien mit einer großen Anzahl an Maschinen. Die Simulation wurde in CSIM, einer C++-basierten, prozessorientierten und ereignisdiskreten Simulationsbibliothek, implementiert. Es werden Bedarfs-, Ankunfts-, Produktions-, Reparatur-, Wartungsfertigstellungs- sowie Fehlerevents betrachtet und als Grundlage für Entscheidungen über die auszuführenden Aktionen des SMART-Agenten genutzt. Für die Belohnung des Agenten werden der Umsatz sowie die Reparatur- und Wartungskosten berücksichtigt. Um das Modell zu validieren, haben MAHADEVAN UND THEOCHAROUS anhand einer aus drei Maschinen bestehenden Produktionslinie die Optimierungsergebnisse des Algorithmus mit der Standardheuristik Kanban verglichen. Bei der Nutzung des Algorithmus war ein niedrigerer Lagerbestand möglich und Maschinenausfälle waren deutlich seltener, wodurch Umsatz und Wirtschaftlichkeit stiegen.[364]

---

[363] Der Ansatz fokussiert Transferstraßen. In der Betrachtung der vorliegenden Arbeit werden diese zu Produktionslinien verallgemeinert, siehe Kapitel 2.1.

[364] Vgl. Mahadevan, S./ Theocharous, G. (1998) Optimizing Production Manufacturing, S. 372 - 376.

Bewertung: MAHADEVAN UND THEOCHAROUS adressieren die Optimierung von Transferstraßen als Subkategorie von Produktionslinien. Als Ziel geben sie die Synchronisierung von Bedarf und Produktionsvolumen bei gleichzeitig minimalem Lagerbestand an, eine klare Fokussierung auf Leistungssteigerung besteht daher nicht. Eine Wirtschaftlichkeitsbetrachtung erfolgt nicht. Durch die Verwendung von DES wird der Systemkomplexität Rechnung getragen. In die Formulierung der Zielfunktion und die Strukturierung des MEP fließt Domänenwissen ein. Simulationsexperimente für das Training werden automatisiert erzeugt und Einzelmaßnahmen kombiniert. Eine Analyse der Kombinationen erfolgt nicht. Die Autoren prüfen die grundsätzliche Anwendbarkeit von RL im Kontext von Produktionslinien, weswegen keine praktische Entscheidungsunterstützung gegeben wird. Der Ansatz ist einer der ersten und wegweisendsten im Gebiet RL-basierter Optimierung von Produktionslinien.

3.2.2 Ansätze mit (Meta-)Heuristiken

Im Folgenden werden Ansätze beschrieben, welche (Meta-)Heuristiken nutzen. Für eine Erklärung und Abgrenzung des Begriffs siehe Kapitel 2.3.3.

3.2.2.1 Ansatz nach KRENCZYK UND PAPROCKA (2023)

Ziel: Das Ziel des Ansatzes *Integration of Discrete Simulation, Prediction, and Optimization Methods for a Production Line Digital Twin Design* von KRENCZYK UND PAPROCKA ist die Nutzung eines digitalen Zwillings einer Produktionslinie zur Vorhersage von Maschinenstörungen und zur Produktionsplanerstellung basierend auf Metaheuristiken.

Vorgehen: Der Ansatz von KRENCZYK UND PAPROCKA beruht auf der Nutzung eines digitalen Zwillings inkl. Simulationsmodell einer Produktionslinie. Damit dieses Simulationsmodell als digitaler Zwilling entscheidungsunterstützend wirksam ist, werden analytische und optimierende Module integriert. Unter dem Einsatz der Ant Colony Optimization werden Zuverlässigkeitskennzahlen für die einzelnen Maschinen in Abhängigkeit des jeweiligen Produktionszustands vorhergesagt. Neben dieser Zuverlässigkeitsprognose wird auch die Produktionsplanung sowie die Vorhersage von Störungen in dem Ansatz adressiert. Als Simulationswerkzeug nutzen KRENCZYK UND PAPROCKA die kommerzielle Software „FlexSim“.

Das Vorgehen wurde an einem Beispiel einer Produktionslinie für elektrische Lenkgetriebe in einer hybriden Fließfertigung validiert.[365]

Bewertung: Das Vorgehen adressiert Produktionslinien, allerdings nicht deren wirtschaftliche Leistungssteigerung durch Konfigurationsänderungen. Es werden isolierte Empfehlungen und Prognosen, keine Kombination von Einzelmaßnahmen gegeben. Durch den grundlagenorientierten Ansatz über die Nutzung eines digitalen Zwillings einer Produktionslinie ist die direkte praktische Anwendbarkeit nicht das Ziel des Vorhabens.

3.2.2.2 Ansatz nach YANG ET AL. (2023)

Ziel: Das Ziel des Ansatzes *A study on overall line efficiency (OLE) centered production line maintenance prioritization considering equipment operational reliability* von YANG ET AL. ist die Entwicklung eines Vorgehens zur Steigerung der OLE mittels Optimierung der Zuweisung von Instandhaltungsressourcen durch Priorisierung.

Vorgehen: YANG ET AL. widmen sich der Priorisierung von Instandhaltungsmaßnahmen zur Verbesserung der OLE[366]. Dazu wird die Wirkung der Parameter Mean Time Between Stops, Mean Time To Resume From Stops[367] und der Speichergröße auf die OLE bestimmt. Auf der Basis dieser Kennzahlen werden die begrenzten Instandhaltungsressourcen den kritischsten Anlagen hinsichtlich der Betriebszuverlässigkeit zugewiesen. Zur Analyse wird dazu eine nicht näher beschriebene Simulation der Produktionslinie sowie ein darauf basierendes mathematisch vereinfachtes Ersatzmodell (engl. surrogate model) genutzt. Dieses Ersatzmodell wird mit Hilfe einer Form eines Fourier-Amplituden-Sensitivitätstests bzgl. der Wirkung einzelner Parameter auf das Gesamtsystem analysiert.

Abschließend wurde die Vorgehensweise anhand einer Fallstudie validiert, in der eine höhere OLE bei niedrigeren Gesamtkosten erzielt werden konnte und die Wirkung des Prozesses wurde nachgewiesen.[368]

---

[365] Vgl. Krenczyk, D./ Paprocka, I. (2023) Integration of Discrete, S. 5 - 16.

[366] Vgl. Kapitel 2.2.2.

[367] Beide Größen sind im Kontext dieser Arbeit als äquivalent zu den Zuverlässigkeitskennzahlen MTBF und MTTR zu sehen, vgl. Kapitel 2.2.2.

[368] Vgl. Yang, Z. et al. (2023) A study on, S. 3786 - 3791.

Bewertung: Die OLE bewertet indirekt die Leistung einer Produktionslinie und die beschriebenen Anpassungen an dieser kommen dem Verständnis der Linienkonfiguration dieser Arbeit nahe, sind allerdings nicht vollständig. Es wird eine Simulation verwendet, allerdings ist durch das vereinfachte Ersatzmodell eine Reduktion der Abbildungsfähigkeit von Interdependenzen zu erwarten. Zwar wird eine Priorisierung der Maschinen ausgegeben, allerdings keine konkreten Maßnahmen. Produktionswissen wurde in der Abbildung und Definition der OLE verwendet, nicht aber für die Definition konkreter Maßnahmen.

3.2.2.3 Ansatz nach Li et al. (2021)

Ziel: Das Ziel des Ansatzes *Facility Layout Optimization in Fast Moving Consumer Goods (FMCG) Industry* von Li et al. ist die Entwicklung einer Methode zur Senkung von Materialtransportkosten durch Layoutoptimierung eines Produktionsbereichs der FMCG-Industrie mithilfe einer Metaheuristik.

Vorgehen: Mithilfe einer Distanz- und einer Flussmatrix werden die Entfernungen und die Quantität der Materialflüsse zwischen den Elementen eines Produktionssystems ausgedrückt. Die Summe der Produkte aus Distanz und Quantität bildet die zu minimierende Zielgröße. Da in der FMCG-Industrie die Produktionslayouts aufgrund der kurzen Produktlebenszyklen oft verändert werden müssen, werden zudem die Kosten für die Umstrukturierung in der Zielfunktion abgebildet.

Da die Lösung der Zielfunktion ein quadratisches Zuordnungsproblem und somit ein NP-schweres Problem darstellt, bedienen sich Li et al. zur Lösung der Metaheuristik Ant Colony Optimization[369]. So wird iterativ eine gegebene DES-Umgebung erkundet und schrittweise eine bessere Lösung für das Produktionslayout gefunden. Li et al. validieren das Vorgehen anhand einer Simulation und zeigen sowohl Kostensenkung als auch Leistungssteigerung im Vergleich zum Basisszenario auf.[370]

Bewertung: Li et al. fokussieren in ihrem Konzept Layoutoptimierungen der Peripherie von Produktionslinien, prüfen allerdings keine konkreten Maßnahmen. Durch diese Anpassungen werden unter Berücksichtigung der Produktionskosten und somit der Wirtschaftlichkeit die Leistung der Produktionslinie adressiert.

---

[369] Für Informationen bzgl. der Methode vgl. bspw. Luke, S. (2013) Essentials of metaheuristics, S. 152 f.

[370] Vgl. Li, W. et al. (2021) Facility Layout Optimization, S. 318 - 331.

Generierte Layouts bestehen aus mehreren isolierten Maßnahmen. Durch die Verwendung von genetischen Algorithmen werden Alternativen automatisiert erzeugt, aber nicht systematisch analysiert. Eine Methode zur Entscheidungsunterstützung wird nicht gegeben.

3.2.2.4 Ansatz nach MOTLAGH ET AL. (2019)

Ziel: Das Ziel des Ansatzes *An efficient simulation optimization methodology to solve a multi-objective problem in unreliable unbalanced production lines* von MOTLAGH ET AL. ist die Entwicklung eines Vorgehens zur Steigerung der Leistung einer Produktionslinie bei gleichzeitiger Minimierung der Speicherkapazitäten unter Berücksichtigung der Gesamtkosten mithilfe von DES und genetischer Algorithmen.

Vorgehen: Das Optimierungsproblem wird als multikriterielles Problem betrachtet. Die Zielfunktion beinhaltet drei Größen: die Maximierung der Leistung, die Minimierung der Stückkosten durch Reduktion der Bearbeitungszeiten und die Minimierung der Gesamtkapazität der Speicher. Dabei steht erstere in einem Zielkonflikt mit den anderen beiden. Das entwickelte Vorgehen berücksichtigt stochastisches Verhalten durch probabilistische Modellierung. Da die Leistung stark von zufälligem Systemverhalten abhängig ist, wird eine DES verwendet, welche auf statistischer Versuchsplanung[371] und der Response-Surface-Methode[372] basiert. Durch Regression wird so ein Modell für die Leistung erhalten. Anschließend werden durch einen genetischen Algorithmus potenzielle Lösungen generiert. Da die Stochastik bereits in der Simulation berücksichtigt und Ergebnisse entsprechend arithmetische gemittelt werden, bleiben die Bedingungen für das mathematische Modell linear und deterministisch, wodurch die Komplexität minimiert wird. Die Methode wird an einem Beispiel aus der Automobilbranche validiert und die Ergebnisse zweier verschiedener genetischer Algorithmen werden verglichen.[373]

Bewertung: Die Leistungssteigerung der Produktionslinie ist eines von mehreren Zielen von MOTLAGH ET AL. Eine Wirtschaftlichkeitsbetrachtung geschieht nicht. Zwar wird eine DES verwendet, allerdings nur um ein mathematisches Ersatzmodell

---

[371] Vgl. Kapitel 2.3.2.

[372] Für Informationen bzgl. der Methode vgl. bspw. Davim, J. (2015) Design of Experiments, S. 47.

[373] Vgl. Motlagh, M. et al. (2019) An efficient simulation, S. 8 - 19.

zur weiteren Verwendung aufzubauen. Es wird keine Entscheidungsunterstützung beschrieben.

3.2.2.5 Ansatz nach Zhou et al. (2019)

Ziel: Das Ziel des Ansatzes *Simulation Based Capacity Optimization of a General Assembly Line with Extremely Unbalanced Station Process Time* von Zhou et al. ist die Entwicklung eines Vorgehens zur Optimierung der Kapazität von Eingangsspeichern von Arbeitsplätzen mit schwankenden Bearbeitungszeiten in einer frei verketteten Montagelinie mithilfe von DES und genetischen Algorithmen.

Vorgehen: Zhou et al. betrachten die Dimensionierung der Speicher vor Arbeitsplätzen, wobei einer dieser Speicher eine bedeutend längere Bearbeitungszeit als die anderen aufweist. Dabei werden sowohl räumliche Randbedingungen als auch Restriktionen von Werkern und Maschinen berücksichtigt. Um die Leistung der gesamten Montagelinie zu erhöhen, wird eine Optimierung der Kapazitätskombination der einzelnen Arbeitsplätze angestrebt. Um diese zu erreichen, wird eine DES als Simulationsmodul mit einem genetischen Algorithmus als Optimierungsmodul gekoppelt. Ein initial zufallsgeneriertes Parameterset wird so lange durch den genetischen Algorithmus weiterentwickelt und erneut simuliert, bis ein Abbruchkriterium erfüllt ist und die beste Konfiguration der Arbeitsplätze gemessen an der Leistung ausgewählt wird. Der Algorithmus verwendet dabei eine selbstanpassende Bestrafungsfunktion, um nicht realisierbare Lösungen zu vermeiden und die Konvergenzgeschwindigkeit zu erhöhen. Die entwickelte Methode wurde anhand eines Beispiels aus der Luft- und Raumfahrtindustrie validiert und eine Erhöhung der Leistung nachgewiesen.[374]

Bewertung: Zhou et al. adressieren keine verketteten Produktionslinien, allerdings mit dem Fokus auf Speicherkapazitäten ein auch für Produktionslinien typisches Optimierungsproblem. Wirtschaftlichkeit wird nicht berücksichtigt. Es wird eine DES für die Bewertung jeder zu bewertenden Konfiguration verwendet, sodass der Systemkomplexität Rechnung getragen wird. Produktionswissen wird nur durch die Definition der Bewertungsfunktion integriert. Durch die Kopplung von genetischen Algorithmen und Simulation erfolgt die Lösungsgenese automatisiert und aufwands-

[374] Vgl. Zhou, W. et al. (2019) Simulation Based Capacity, S. 1246 - 1248.

gerecht. Es ist keine direkte Entscheidungsunterstützung beschrieben und es findet keine Analyse des Entscheidungsprozesses statt.

3.2.2.6 Ansatz nach BERNEDIXEN (2018)

Ziel: Das Ziel des Ansatzes *Automated Bottleneck Analysis of Production Systems – Increasing the applicability of simulation-based multi-objective optimization for bottleneck analysis within industry* von BERNEDIXEN ist die Leistungssteigerung eines Produktionssystems durch Beseitigung von Engpässen sowie Bewertung von potentiellen Maßnahmen mit Hilfe einer DES und evolutionärer Algorithmen.

Vorgehen: Die von BERNEDIXEN entwickelte Methode baut auf der SCORE-Methode (Simulation-based Constraint Removal) von PEHRSSON ET AL.[375] auf. Diese ermöglicht die Formulierung von Engpässen als multikriterielles Optimierungsproblem und verwendet eine DES zur Bewertung der Auswirkung verschiedener Verbesserungskombinationen.[376] Die konkurrierenden Zielfunktionen der Optimierung sind zum einen die Maximierung der Leistung und zum anderen die Minimierung der eingesetzten Verbesserungsaktivitäten. Die Erweiterungen durch BERNEDIXEN verbessern die Methodik und vereinfachen die Anwendbarkeit durch Reduktion der benötigten Rechenleistung, vereinfachte Einrichtung durch standardisierte Variablenbeschreibung sowie Verbesserung der Ergebnisqualität. Es wird eine wissensbasierte Optimierung verwendet, die zur Initialisierung der verwendeten evolutionären Algorithmen beiträgt, indem die Haupteffekte der Eingangsvariablen bestimmt und vielversprechende Lösungsregionen gefunden werden. In diesem Zusammenhang wird zusätzlich eine Reparaturstrategie implementiert, welche ungültige Lösungen des evolutionären Algorithmus vermeidet. Die Methodik wurde anhand realer Verbesserungsprojekte in der Automobilindustrie validiert und umfasst eine Priorisierung und Visualisierung der ermittelten Ergebnisse, um Entscheidungen zu unterstützen.[377]

Bewertung: BERNEDIXEN adressiert ein gesamtes Produktionssystem im Allgemeinen und keine Produktionslinie im Speziellen. Wirtschaftlichkeit wird nur sehr indirekt berücksichtigt. Es wird eine DES für die Bewertung jeder zu bewertenden Konfigu-

---

375 Vgl. Pehrsson, L. et al. (2016) Automatic identification of.
376 Vgl. Bernedixen, J. (2018) Automated bottleneck analysis, S. vii.
377 Vgl. Bernedixen, J. (2018) Automated bottleneck analysis, S. 55.

ration verwendet, sodass der Systemkomplexität Rechnung getragen wird. Produktionswissen wird nur durch die Definition der Bewertungsfunktion integriert, die Perspektive von BERNEDIXEN ist informationstechnisch und nicht ingenieurswissenschaftlich. Durch die Kopplung von genetischen Algorithmen und Simulation erfolgt die Lösungsgenese automatisiert und aufwandsgerecht. Es wird eine Entscheidungsunterstützung zur Nutzung in einem übergeordneten Entscheidungsprozess beschrieben.

3.2.2.7 Ansatz nach YEGUL ET AL. (2017)

Ziel: Das Ziel des Ansatzes *Improving configuration of complex production lines via simulation-based optimization* von YEGUL ET AL. ist der Vergleich unterschiedlicher Metaheuristiken zur Optimierung der Konfiguration von Produktionslinien mit Hilfe von DES.

Vorgehen: Ein DES- sowie ein Optimierungsmodul bilden die Grundlage für die von YEGUL ET AL. beschriebenen Experimente. Zu Beginn wird vom Optimierungsmodul ein Set von Variablenwerten auf Basis des gewählten Optimierungsalgorithmus erstellt. Diese werden an das Simulationsmodul übergeben, welches drei Replikationen durchführt und die Ergebnisse arithmetisch mittelt und anhand der Lösungsqualität und der benötigten Rechenzeit bewertet. Die Lösungsqualität wird anhand des durch die Anpassung der Konfiguration der Produktionslinie zu erwartenden Gewinns bemessen.

Als Optimierungsmodul bedienen sich YEGUL ET AL. dem kommerziellen Optimierungswerkzeug für Simulationen OPTQUEST unter Nutzung der Metaheuristiken Simulated Annealing, Ant-Colony Optimization, Response Surface Methodology, Fast Greedy Search und Greedy Search[378] sowie Kombinationen aus Ant Colony Optimization und genetischen Algorithmen beziehungsweise OPTQUEST.

Um die verschiedenen Optimierungsmethoden zu vergleichen, wendeten YEGUL ET AL. diese an einem realen Fertigungssystem aus der Automobilindustrie an. Dabei zeigte sich in den Experimenten, dass die effizienteste Lösungsstrategie eine

[378] Für Informationen bzgl. der Methoden vgl. bspw. Luke, S. (2013) Essentials of metaheuristics.

Kombination aus Ant Colony Optimization und genetischen Algorithmen darstellte.[379]

Bewertung: YEGUL ET AL. adressieren die Konfiguration von Produktionslinien in einem sehr ähnlichen Verständnis wie diese Arbeit. Dabei wird die Leistung der Produktionslinien optimiert und auch der sich daraus erwartete Profit betrachtet. Die entsprechenden Kosten für die Maßnahmen werden allerdings nicht berücksichtigt, wodurch eine Wirtschaftlichkeitsbetrachtung der Maßnahmen nicht möglich ist. Durch die Kopplung von Metaheuristiken und Simulation erfolgt die Lösungsgenese automatisiert und aufwandsgerecht. Es wird keine Entscheidungsunterstützung zur Implementierung der gefundenen Lösungen gegeben.

3.2.2.8 Ansatz nach PADHI ET AL. (2013)

Ziel: Das Ziel des Ansatzes *A simulation-based methodology to analyse production line disruptions* von PADHI ET AL. ist die Steigerung der OEE einer Produktionslinie durch diskrete Ereignissimulation unter Berücksichtigung von Störungen.

Vorgehen: PADHI ET AL. erstellen zunächst ein DES-Modell der zu betrachtenden Produktionslinie. Dazu werden die aufgezeichneten Daten eines automatischen Datenerfassungssystems sowie Informationen von Werkern und Fachexperten genutzt. Unter Verwendung einer statistischen Versuchsplanung[380] werden anschließend Szenarien analysiert, um daraus auf Prozessparameter zu schließen, anhand derer die Gesamteffizienz der Linie optimiert werden kann. Für die Optimierung werden Parameter ausgewählt, welche strategisch steuerbar sind. Diese werden in einem faktoriellen 2^k-Versuchsplan auf Wechselwirkungen untersucht. Das bedeutet, es werden k Faktoren in je zwei Ausprägungen berücksichtigt. Zudem wird eine Zielfunktion verwendet, welche die Berücksichtigung und Gewichtung mehrerer Parameterausprägungen ermöglicht. Dazu wird der Erfüllungsgrad der einzelnen Parameter in Bezug auf einen jeweiligen Zielwert bestimmt und anschließend gewichtet kombiniert. Das Ergebnis der Methode ist eine Aufstellung der erreichbaren OEE-Steigerung bei entsprechenden Kombinationen der untersuchten Parameter.[381]

---

379 Vgl. Yegul, M. et al. (2017) Improving configuration of, S. 296 - 307.
380 Vgl. Kapitel 2.3.2.
381 Vgl. Padhi, S. et al. (2013) A simulation-based methodology, S. 1885 - 1895.

Bewertung: PADHI ET AL. adressieren konkret die Leistungsverbesserung von Produktionslinien und entwickeln dabei ein allgemeingültiges Vorgehen. Wirtschaftlichkeit oder Verbesserungskosten werden allerdings nicht betrachtet. Mit Hilfe einer DES werden die Maßnahmen unter Berücksichtigung der Systemkomplexität bewertet. Es erfolgt eine Kombination von Maßnahmen. Dieser faktorielle Versuchsaufbau wird der realen Komplexität an möglichen Kombinationen von Verbesserungsmaßnahmen mit jeweils kontinuierlichen Stellbereichen allerdings nicht gerecht. Der vorgestellte Ansatz ist zu automatisieren, sodass eine aufwandsgerechte Erstellung der Simulationen möglich ist. Eine dedizierte Entscheidungsunterstützung wird nicht gegeben.

3.2.2.9 Ansatz nach AMIRI ET AL. (2012)

Ziel: Das Ziel des Ansatzes *Buffer Allocation in Unreliable Production Lines Based on Design of Experiments, Simulation and Genetic Algorithm* von AMIRI ET AL. ist die Entwicklung einer Methode zur Bestimmung der Speicherkapazität zwischen den Stationen einer Produktionslinie mit Hilfe einer Metaheuristik.

Vorgehen: Um das dynamische Verhalten von Produktionslinien abzubilden, nutzen AMIRI ET AL. eine DES, anhand derer ein mathematisches Ersatzmodell erstellt wird. Das Ersatzmodell wird aufgestellt, um den Zusammenhang zwischen den Eingangs- und Ausgangsvariablen ohne dedizierte Simulationsläufe zu untersuchen. Das zu optimierende Modell besitzt zwei gegenläufige Zielfunktionen: Zum einen soll die Leistung der Produktionslinie gesteigert werden. Da größere Speicher zu einer höheren durchschnittlichen Leistung aber auch zu höheren Kapitalbindungskosten durch Bestand und höhere DLZ führen, soll zum anderen die Gesamtspeichergröße der Produktionslinie minimiert werden. Da die Zielfunktionen und deren Kombination unter Umständen nichtlinear sind, wird zum Lösen des Problems ein GA[382] als Metaheuristik in Kombination mit einem Liniensuchverfahren[383] angewendet.[384]

In einem numerischen Beispiel zeigen AMIRI ET AL., dass ihre Methode das Optimierungsproblem löst, vergleichen dieser allerdings nicht mit alternativen Methoden.

---

[382] Für Informationen bzgl. der Methode vgl. bspw. Luke, S. (2013) Essentials of metaheuristics, S. 36 f.

[383] Für Informationen bzgl. der Methode vgl. bspw Papageōrgiu, M. et al. (2015) Optimierung, S. 43.

[384] Vgl. Amiri, M./ Mohtashami, A. (2012) Buffer allocation in, S. 373 - 375.

Bewertung: AMIRI ET AL. adressieren die Optimierung der Speichergröße von Produktionslinien und damit einen Teilaspekt der vorliegenden Arbeit. Dabei wird die Leistung der Produktionslinien unter der Nebenbedingung der Speichergrößen optimiert, so wird indirekt ein Teilaspekt der Wirtschaftlichkeit der Maßnahme untersucht. Die entsprechenden Kosten für die Maßnahmen werden allerdings nicht berücksichtigt, wodurch eine Wirtschaftlichkeitsbetrachtung der Maßnahmen dennoch nicht möglich ist. Durch die Kopplung von Metaheuristik und Simulation erfolgt die Lösungsgenese automatisiert und aufwandsgerecht. Es wird keine Entscheidungsunterstützung zur Implementierung der gefundenen Lösungen gegeben.

3.2.2.10 Ansatz nach SPINELLIS UND PAPADOPOULOS (2000)

Ziel: Das Ziel des Ansatzes *A simulated annealing approach for buffer allocation in reliable production lines* von SPINELLIS UND PAPADOPOULOS ist die Maximierung der Leistung einer Produktionslinie durch optimale Speicherallokation mit Hilfe der Metaheuristik Simulated Annealing.

Vorgehen: SPINELLIS UND PAPADOPOULOS modellieren eine Produktionslinie als ein Netzwerk aus Speichern. Die Verarbeitungszeiten der zwischen diesen Speichern liegenden Maschinen werden als unabhängige, exponentialverteilte Zufallsvariablen angenommen. Es werden zudem nur zuverlässige Linien betrachtet und daher angenommen, dass keine Störzeiten auftreten.

Das formulierte Optimierungsproblem der optimalen Allokation und Dimensionierung der Speicher wird mithilfe der Metaheuristik Simulated Annealing gelöst. So werden Linien mit immer neuen, zufällig verteilten Speichern generiert und bewertet, bis eine näherungsweise optimale Konfiguration gefunden wird. Die Optimierungsgröße stellt eine Zielfunktion dar, welche die durchschnittliche Leistung sowie den durchschnittlichen Bestand berücksichtigt. Zur Validierung der Methode vergleichen SPINELLIS UND PAPADOPOULOS die Ergebnisse des Algorithmus mit denen der vollständigen und reduzierten Aufzählung. Dabei wird festgestellt, dass insbesondere für große Produktionslinien ähnliche Ergebnisse auch bei reduzierter Anzahl an Iterationen erzielt werden.[385]

[385] Vgl. Spinellis, D./ Papadopoulos, C. (2000) A simulated annealing, S. 375 - 382.

Bewertung: SPINELLIS UND PAPADOPOULOS adressieren verkettete Produktionslinien, schließen aber explizit das Auftreten von ungeplanten Stillständen aus, berücksichtigen allerdings stochastisch gestreute Bearbeitungszeiten. Sie fokussieren die Leistungssteigerung durch Anpassung von Speicherkapazitäten. Eine Wirtschaftlichkeitsbetrachtung erfolgt nur indirekt und teilweise durch Betrachtung der Speichergröße. Es wird keine DES zur Modellierung der Systemkomplexität genutzt. Es wird keine Entscheidungsunterstützung zur Implementierung der gefundenen Lösungen gegeben. Der Ansatz von SPINELLIS UND PAPADOPOULOS war 2000 einer der ersten, der Produktionslinien erfolgreich mit Metaheuristiken optimiert.

3.2.3 Manuelle Analysen und Fallstudien

Im Folgenden werden Ansätze beschrieben, welche keine automatisierte, sondern eine manuelle Lösungsgenese unter Verwendung von Expertenwissen beinhalten und meist spezifische Produktionslinien im Sinne einer Fallstudie optimieren.

3.2.3.1 Ansatz nach GUO ET AL. (2023)

Ziel: Das Ziel des Ansatzes *Research on Production Process Optimization and Improvement Based on a Production Line of Y Company* von GUO ET AL. ist die Verbesserung einer spezifischen Produktionslinie durch die Anwendung verschiedener Methoden. Die daraus abgeleiteten Maßnahmen werden anhand eines Simulationsexperiments auf ihre Wirksamkeit überprüft.

Vorgehen: Aufgrund niedriger Montageeffizienz und Personalauslastung einer Produktionslinie wird diese von GUO ET AL. untersucht. Zunächst wird eine Wertstromanalyse durchgeführt. Außerdem wird ein Ursache-Wirkungs-Diagramm erstellt, um die Probleme hinsichtlich der Einflussfaktoren Mensch, Maschine, Material, Methode und Umwelt zu analysieren. Anschließend werden Prozesszeiten gemessen, um Engpässe zu identifizieren und mit Hilfe der 5W1H-Methode[386] werden Optimierungsansätze ermittelt. Diese beinhalten unter anderem die Standardisierung von Arbeitsabläufen und die Layout-Anpassung der Produktionslinie. Die Umsetzung der Maßnahmen wird simulativ untersucht, um die Ergebnisse zu

[386] Auch KIPLING-Methode genannt, beschreibt im angelsächsischen eine Fragetechnik, die Antworten auf folgende Fragen finden soll und somit mit der im deutschen verbreiteteren 6W-Methode vergleichbar ist: What?, Who?, Where?, When?, Why? und How?

überprüfen. Die Verfügbarkeit der Linie sowie die Produktionsgeschwindigkeit wird erhöht.[387]

Bewertung: GUO ET AL. adressieren die Verbesserung einer konkreten Produktionslinie und entwickeln daher kein allgemeingültiges und aufwandsgerechtes Vorgehen. Durch den offenen Ansatz werden allerdings alle in Frage kommenden Verbesserungsmaßnahmen beleuchtet. Eine klare zu optimierende Größe nennt der Ansatz nicht. Die Kosten der Maßnahmen werden dem erwarteten Gewinn gegenübergestellt, weswegen die Wirtschaftlichkeit adressiert wird. Mit Hilfe einer DES werden die Maßnahmen unter Berücksichtigung der Systemkomplexität bewertet. Durch die Verknüpfung von mit Kreativitätstechniken erarbeiteten Lösungsvorschlägen ist die konkrete Anwendung sowie die Maßnahmenkombination gegeben. Es werden unterschiedliche Verbesserungsalternativen miteinander verglichen und zur Entscheidungsunterstützung aufbereitet. Die Kombination dieser Maßnahmen zu Verbesserungstrajektorien erfolgt allerdings nicht.

3.2.3.2 Ansatz nach JAMALI ET AL. (2023)

Ziel: Das Ziel des Ansatzes *Improving Profitability of a Color Production Line by Breaking Down Bottlenecks: A Computer Simulation Approach* von JAMALI ET AL. ist die Steigerung der Wirtschaftlichkeit einer Produktionslinie durch Beseitigung von Engpässen mithilfe einer DES.

Vorgehen: Es wird zunächst ein Simulationsmodell der betrachteten Produktionslinie aufgebaut. Daraus werden Auswertungen über die Wirkung von Parametern auf die Wartezeiten, Speicherbestände oder Leerlaufzeiten ermittelt. Anschließend werden Maßnahmen entwickelt, die die Leistung der ermittelten Engpässe erhöhen sollen. Diese beinhalten die Neuanschaffung zum Aufbau von Redundanz von Maschinen, die Anpassung der Werkerallokation und die Veränderung des Layouts der Linie. Durch die getroffenen Maßnahmen konnte die Produktivität erhöht werden, während die Stückkosten sanken. Die Wirtschaftlichkeit der betrachteten Produktionslinie konnte daher erhöht werden.[388]

---

[387] Vgl. Guo, J. et al. (2023) Research on Production, S. 727 - 732.
[388] Vgl. Jamali, A. et al. (2023) Improving Profitability of, S. 5 - 9.

Bewertung: JAMALI ET AL. adressieren die Verbesserung einer konkreten Produktionslinie und entwickeln daher kein allgemeingültiges und aufwandsgerechtes Vorgehen. Durch den offenen Ansatz werden allerdings alle in Frage kommenden Verbesserungsmaßnahmen beleuchtet. Die Steigerung der Wirtschaftlichkeit wird klar als Ziel des Papers formuliert. Mit Hilfe einer DES werden die Maßnahmen unter Berücksichtigung der Systemkomplexität bewertet. Für diese Bewertung werden fünf zu untersuchende Problemfelder definiert, für welche a priori Maßnahmen festgelegt sind. Es werden keine Verbesserungsalternativen miteinander verglichen und zur Entscheidungsunterstützung aufbereitet. Die Kombination dieser Maßnahmen zu Verbesserungstrajektorien erfolgt ebenfalls nicht.

3.2.3.3 Ansatz nach LOROU ET AL. (2021)

Ziel: Das Ziel des Ansatzes *Performance Improvement of Truck Assembly Line through Modeling and Simulation Using Arena Software* von LOROU ET AL. ist die Bewertung der Leistung einer Produktionslinie, Analyse der Engpässe und die Entwicklung verschiedener Szenarien zur Leistungssteigerung mithilfe einer DES.

Vorgehen: Um den Prozessablauf der Produktionslinie darzustellen und Engpässe zu identifizieren, simulieren LOROU ET AL. die Endmontagelinie einer Fabrik für Lastkraftwagen mit Hilfe der kommerziellen Simulationsumgebung ARENA. Durch die Simulation ist es möglich, jeden Speicher zwischen den Stationen zu analysieren und darüber Rückschlüsse auf die nachfolgende Produktionseinheit zu ziehen. Die untersuchte Produktionslinie besteht aus fünf Hauptarbeitsplätzen, welche 16 Lastkraftwagen pro Tag montieren. In der Simulation der untersuchten Anlage fanden LOROU ET AL. vier Maschinen mit überdurchschnittlicher Wartezeit und untersuchten verschieden Szenarien, um diese zu verkürzen. Durch das Hinzufügen von je einer Maschine und jeweils einem Werker zu den Arbeitsstationen mit langen Wartezeiten, konnte die Ausbringung der Anlage auf 36 Lastkraftwagen pro Tag gesteigert werden.[389]

Bewertung: LOROU ET AL. adressieren die Verbesserung einer konkreten Produktionslinie und entwickeln daher kein allgemeingültiges und aufwandsgerechtes Vorgehen. Durch den offenen Ansatz werden allerdings alle in Frage kommenden

---

389 Vgl. Lorou, B.-F. et al. (2021) Performance Improvement of, S. 91 - 97.

Verbesserungsmaßnahmen beleuchtet. Die Leistungssteigerung wird klar als Ziel des Ansatzes formuliert. Mit Hilfe einer DES werden isoliert Maßnahmen bewertet, die Gesamtkomplexität des Systems allerdings nicht abgebildet. Es werden keine Verbesserungsalternativen miteinander verglichen und zur Entscheidungsunterstützung aufbereitet. Alle Maßnahmen werden manuell kombiniert.

3.2.3.4 Ansatz nach SCHUH ET AL. (2021)

Ziel: Das Ziel des Ansatzes *Erhöhung der Akzeptanz von Produktionssimulationen mit Hilfe der Gestaltung anwenderorientierter Benutzerschnittstellen* von SCHUH ET AL. ist die Entwicklung einer Benutzerschnittstelle zur Optimierung von Produktionslinien mithilfe von DES.

Vorgehen: Im Fokus des Ansatzes stehen hochautomatisierte Abfüll- und Verpackungsanlagen aus der FMCG-Industrie. Um die Akzeptanz für die Verwendung von DES zur Optimierung dieser Produktionslinien zu erhöhen, wurde eine Benutzerschnittstelle entworfen, welche aus vier Elementen besteht: dem Baukastensystem, dem Benutzerinterface, der Ergebnisdarstellung und der Schnittstelle zur Simulationssoftware. Das Baukastensystem enthält standardisierte Elemente wie Speicher und ermöglicht eine schnelle und anwenderfreundliche Konfiguration der Linien. Die Elemente aus dem Baukasten werden im Benutzerinterface ausgewählt, angeordnet und parametrisiert. Die erzeugten Modelle werden über die Schnittstelle automatisiert an die kommerzielle Simulationsumgebung SIEMENS PLANT SIMULATION übergeben. Die zurückgegebenen Ergebnisse werden über eine standardisierte Ergebnisdarstellung in einem MICROSOFT POWERPOINT-Dokument dargestellt. Die Ergebnisse lassen sich mit denen bereits erstellter Simulationsläufe vergleichen. Dadurch werden verschiedene Verbesserungsmaßnahmen gegeneinander abgewogen und die Linie schrittweise optimiert.[390]

Bewertung: SCHUH ET AL. adressieren nicht konkret die Verbesserung einer Produktionslinie, sondern entwickeln ein allgemeingültiges Softwaretool, um den Aufwand von simulationsgestützter Analyse zu reduzieren und die Akzeptanz der Ergebnisse zu erhöhen. Die Analyse selbst wird rein manuell durchgeführt. Durch den offenen Ansatz ist es möglich, alle in Frage kommenden Verbesserungsmaßnahmen zu

[390] Vgl. Schuh, G. et al. (2021) Erhöhung der Akzeptanz, S. 223 - 225.

beleuchten. Ein Optimierungsziel formuliert das Softwaretool nicht und die Wirtschaftlichkeit der Maßnahmen wird nicht adressiert. Mit Hilfe einer DES werden Maßnahmen unter Berücksichtigung der Systemkomplexität bewertet. Erarbeitete Verbesserungsalternativen werden grafisch miteinander verglichen und zur Entscheidungsunterstützung herangezogen. Die Kombination von Maßnahmen wird mit Hilfe eines manuell anzulegenden DOE-Ansatzes untersucht.

3.2.3.5 Ansatz nach García-Carrasco et al. (2020)

Ziel: Das Ziel des Ansatzes *Increase of the Production Lines' Performance in a Chewing Gum Confectionery* von García-Carrasco et al. ist die Leistungssteigerung einer spezifischen Produktionslinie durch Identifikation der Ursachen für Stillstandzeiten und Entwicklung von Strategien zur Beseitigung dieser mittels DMAIC-Zyklus.[391]

Vorgehen: Zur Betrachtung der Leistung einer Kaugummifabrik mit vier Produktionslinien, nutzen García-Carrasco et al. den Synthetic Performance Index, der in Prozent angibt, wie viele der geplanten Produktionsstunden Qualitätsprodukte erzielten. Ungeplanten Stillstände ergeben den größten Anteil, weswegen die Reduktion dieser fokussiert wird. Für die weitere Untersuchung der Stillstände, wird eine Pareto-Analyse an allen vier Produktionslinien durchgeführt. Um die Ursachen zu identifizieren, wird ein Ishikawa-Diagramm verwendet. Weiter wird die 5-Why-Analyse[392] zur Ursachenuntersuchung verwendet. Um Lösungen für die identifizierten Ursachen zu finden, werden Interviews und Brainstormings mit wechselnden Expertenkreisen durchgeführt. Die Ideen werden anschließend angelehnt an eine Aktions-Prioritäts-Matrix hinsichtlich der Umsetzungszeit, Durchführbarkeit und Ressourcen auf der y-Achse und ihrem Einfluss auf den Synthetic Performance Index auf der x-Achse bewertet. Daraus leiten García-Carrasco et al. Strategien ab, die implementiert werden und deren Effekt gemessen wird. Im Anwendungsfall ergibt sich eine Steigerung des Synthetic Performance Index von 9,45 %.[393]

---

[391] DMAIC steht für Define – Measure – Analyse – Improve – Control und ist der Kernprozess der Qualitätsmanagementmethode 6-Sigma. Vgl. Blackburn, T. (2022) Six Sigma, S. 10.

[392] Vergleichbar mit der 5W1H- oder der 6W-Methode

[393] Vgl. García-Carrasco, M. et al. (2020) Increase of the, S. 1450 - 1458.

Bewertung: GARCÍA-CARRASCO ET AL. adressieren die Verbesserung einer konkreten Produktionslinie und entwickeln daher kein allgemeingültiges und aufwandsgerechtes Vorgehen. Durch den offenen Ansatz werden allerdings alle in Frage kommenden Verbesserungsmaßnahmen beleuchtet. Die Leistungssteigerung wird klar als Ziel des Ansatzes formuliert, die Wirtschaftlichkeit von Maßnahmen allerdings nicht betrachtet. Der Einfluss der Maßnahmen auf das System wird mit Hilfe von Experteneinschätzungen und nicht objektiv mit Hilfe der Durchführung von Simulationsexperimenten bewertet. Es werden keine Verbesserungsalternativen miteinander verglichen und zur Entscheidungsunterstützung aufbereitet. Alle Maßnahmen werden kombiniert angewandt.

3.2.3.6 Ansatz nach ZENNARO ET AL. (2018)

Ziel: Das Ziel des Ansatzes *Micro Downtime – Data Collection, Analysis and Impact on Overall Equipment Effectiveness (OEE) in Bottling Lines the San Benedetto Case Study* von ZENARRO ET AL. ist die manuelle Identifikation von Schwachstellen einer Produktionslinie anhand einer Analyse der Störzeiten mit anschließender Erarbeitung von wirtschaftlichen Verbesserungsmaßnahmen.

Vorgehen: ZENNARO ET AL. betrachten in ihrer Arbeit ein Fallbeispiel einer spezifischen Getränkeabfülllinie der Mineralwasser-Marke SAN BENEDETTO. Eine Analyse der OEE zeigt, dass der größte Verlustfaktor auf Kurzzeitstörungen zurückzuführen ist. Es wird die Maschine mit dem größten Einfluss auf die Leistung der Produktionslinie identifiziert, um anschließend möglichst viele Daten über diese zu erheben. ZENNARO et al. setzten zur Identifikation möglicher Maßnahmen zur Verringerung der Verluste die Methode des Brainstormings ein, um gemeinsam mit Werkern, Technikern und Ingenieuren potentielle Lösungen zu generieren. Abschließend werden diese bezüglich ihrer Wirtschaftlichkeit untersucht, anhand derer das Management über die zu tätigenden Investitionen entscheiden soll.[394]

Bewertung: ZENNARO ET AL. adressieren die OEE-Steigerung einer konkreten Produktionslinie und entwickeln daher kein allgemeingültiges und aufwandsgerechtes Vorgehen, berücksichtigen allerdings indirekt die Leistungssteigerung. Die Kosten der Maßnahmen werden der erwarteten OEE-Steigerung gegenübergestellt,

---

[394] Vgl. Zennaro, I. et al. (2018) Micro Downtime: Data, S. 965 - 973.

wodurch die Wirtschaftlichkeit adressiert wird. Der Einfluss der Maßnahmen auf das System wurden mit Hilfe von Experteneinschätzungen und nicht objektiv mit Hilfe der Durchführung von Simulationsexperimenten bewertet. Es werden Verbesserungsalternativen miteinander verglichen und anhand ihres Verbesserungspotenzials in Bezug auf entstehende Kosten sortiert, wodurch eine Entscheidungsunterstützung gegeben ist. Alle Maßnahmen werden kombiniert angewandt.

3.2.3.7 Ansatz nach Jasiulewicz-Kaczmarek und Bartkowiak (2016)

Ziel: Das Ziel des Ansatzes *Improving the performance of a filling line based on simulation* von Jasiulewicz-Kaczmarek und Bartkowiak ist die Leistungssteigerung einer Abfülllinie mithilfe einer DES unter Verwendung der Daten eines Instandhaltungs-Datenerfassungssystems.

Vorgehen: Jasiulewicz-Kaczmarek und Bartkowiak verwenden die über drei Monate aufgenommenen Störungs- und Leistungsdaten einer Produktionslinie. Anhand dieser wird eine Pareto-Analyse erstellt und für die beiden Maschinen, die die meisten Störungen verursachten, wird eine detaillierte Ursachenanalyse durchgeführt. MTTR und MTBF der verschiedenen Aggregate werden ermittelt und aus der Analyse Maßnahmen zur Verbesserung der Leistung abgeleitet. Anschließend wird ein Modell für eine DES erstellt und anhand der OEE[395] der Anlage validiert. Auf Basis der simulierten Verbesserungsszenarien werden Investitionsrechnungen erstellt, die der Wirtschaftlichkeitsbewertung der Maßnahmen dienen. Jasiulewicz-Kaczmarek und Bartkowiak verwenden den internen Zinsfuß.[396]

Bewertung: Jasiulewicz-Kaczmarek und Bartkowiak adressieren die Verbesserung einer konkreten Produktionslinie und entwickeln daher kein allgemeingültiges und aufwandsgerechtes Vorgehen. Durch den offenen Ansatz werden allerdings alle in Frage kommenden Verbesserungsmaßnahmen beleuchtet. Die Steigerung der Leistung wird klar als Ziel des Papers formuliert, durch Investitionsrechnung auch der Forderung der Berücksichtigung der Wirtschaftlichkeit Rechnung getragen. Mit Hilfe einer DES werden die Maßnahmen unter Berücksichtigung der Systemkomplexität bewertet. Verbesserungsalternativen werden anhand einer Amortisations-

[395] Im Ansatz wird die Overall Asset Effectiveness (OAE) verwendet, welche aber mit der OEE vergleichbar ist.

[396] Vgl. Jasiulewicz-Kaczmarek, M./ Bartkowiak, T. (2016) Improving the performance, S. 6 - 11.

rechnung[397] miteinander verglichen und zur Entscheidungsunterstützung aufbereitet. Alle Maßnahmen werden kombiniert angewandt.

3.2.3.8 Ansatz nach DARAYI ET AL. (2013)

Ziel: Das Ziel des Ansatzes *Using Simulation-Based Optimization to Improve Performance at a Tire Manufacturing Company* von DARAYI ET AL. ist die Leistungssteigerung eines Produktionssystems durch Synchronisierung von Kundennachfrage und Produktion mit Hilfe von DES und Metaheuristiken.

Vorgehen: Basierend auf historischen Daten aus dem untersuchten Produktionsbetrieb erstellen DARAYI ET AL. in der kommerziellen Simulationsumgebung ARENA ein DES-Modell. Für die Synchronisierung von Produktion und Kundennachfrage nutzen DARAYI et al. ein Push/Pull-Produktionssystem unter Verwendung der Kanban-Methode und optimieren deren Parameter mit Hilfe der kommerziellen Software OPTQUEST sowie den Metaheuristiken Tabu Search und Scatter Search. Anschließend werden die Ergebnisse der Simulation des bestehenden, sowie des neu entwickelten Produktionssystems miteinander verglichen. Dabei werden Werte wie die Prozesszeiten, die Fehlerquoten und die Transportzeiten des spezifischen Produktionssystems zur Herstellung von Reifen bewertet.[398]

Bewertung: DARAYI ET AL. adressieren die Leistungssteigerung eines Produktionssystems mittels Optimierung von Kanban-Parametern. Sie fokussieren eine konkrete Produktionslinie und entwickeln daher kein allgemeingültiges und aufwandsgerechtes Vorgehen, auch wenn sie Metaheuristiken für die Optimierung spezifischer Parameter einsetzen. Durch den offenen Ansatz werden alle in Frage kommenden Verbesserungsmaßnahmen beleuchtet. Die Steigerung der Leistung wird klar als Ziel des Papers formuliert, durch den Vergleich von Kosten und erwartetem zusätzlichen Gewinn der Maßnahmen wird auch der Forderung der Berücksichtigung der Wirtschaftlichkeit Rechnung getragen. Mit Hilfe einer DES werden die Maßnahmen unter Berücksichtigung der Systemkomplexität bewertet. Verbesserungsalternativen werden nur anhand von nicht interpretierten Ergebnisdaten tabellarisch miteinander verglichen. Die Kombination dieser Maßnahmen zu Verbesserungstrajektorien erfolgt nicht.

---

[397] Vgl. Kapitel 2.1.

[398] Vgl. Darayi, M. et al. (2013) Using Simulation-Based Optimization, S. 5 - 10.

3.3 Diskussion und Bewertung der ausgewählten Ansätze

Die im vorherigen Kapitel vorgestellten Ansätze bieten einen Überblick über wissenschaftliche Arbeiten aus der Forschungslandschaft. Über 65 % dieser Ansätze entstanden zum Zeitpunkt der Erstellung dieser Arbeit in den letzten fünf Jahren, 42 % in den letzten drei Jahren. So ist die Aktualität der Ergebnisse gesichert. Der Anteil englischsprachiger Publikationen beträgt über 92 %, zwei Ansätze in deutscher Sprache wurden aufgeführt, 23 % der Ansätze stammen von deutschsprachigen Autoren.

Im Folgenden wird die Erfüllung der Anforderungen aus dem Objekt-, Methoden- und Zielbereich (s. Kapitel 3.1) diskutiert und in Abbildung 3-2 zusammengefasst. Handlungsbedarfe, welche sich im Vergleich zu den Handlungsbedarfen aus der Praxis aus der Analyse des Stands der Forschung neu ergeben, werden in *kursiv* dargstellt.

3.3.1 Zusammenfassung der Defizite aus dem Objektbereich

Kein Ansatz erfüllt die drei Anforderungen des Objektbereichs vollständig. Es zeigt sich allerdings, dass eine hohe Anzahl der Ansätze basierend auf manuellen Analysen dem Verständnis der Konfiguration von Produktionslinien und dem verfolgten Ziel dieser Arbeit sehr nahekommt, siehe bspw. JAMALI ET AL., ZENNARO ET AL. oder JASIULEWICZ-KACZMAREK UND BARTKOWIAK. Die Gruppe dieser Ansätze berücksichtigt im Gegensatz zu den anderen beiden Gruppen auch in großer Mehrheit eine Wirtschaftlichkeitsbetrachtung. Aus der Gruppe der Ansätze mit (Meta-)Heuristiken entspricht der Ansatz von YEGUL ET AL. am ehesten dem Verständnis der vorliegenden Arbeit. Die Ansätze basierend auf (D)RL fokussieren die im Rahmen dieser Arbeit geforderte Rekonfiguration unzureichend.[399] Ein Großteil der Ansätze in allen drei Gruppen fokussiert die Leistungssteigerung als solche nicht explizit, sondern optimiert verwandte Größen wie bspw. die OEE.[400]

[399] Vgl. Kapitel 2.1.

[400] Vgl. Kapitel 2.1 und Kapitel 2.2.2.

Somit fehlt ein Ansatz zur Konfiguration von Produktionslinien mit dem Ziel der wirtschaftlichen Leistungssteigerung. Am ehesten kommen dieser Forderung manuell durchgeführte konkrete Verbesserungsprojekte nahe.

3.3.2 Zusammenfassung der Defizite aus dem Methodenbereich

Der überwiegende Anteil der vorgestellten Ansätze nutzt Materialflusssimulationen zur Bewertung der Konfigurationsalternativen. Einzelne Ansätze nutzen DES nur, um ein mathematisches Ersatzmodell aufzubauen oder nur für das Training eines Agenten wie bspw. RÖSCH, HUANG ET AL. oder MOTLAGH ET AL. Festzuhalten ist, dass nur YEGUL ET AL. Aufschluss über die Anzahl genutzter Replikationen zur Sicherung der statistischen Sicherheit der Simulationsexperimente geben.[401] Es muss daher davon ausgegangen werden, dass andere Ansätze dieser Forderung nicht ausreichend nachgekommen sind. *Aus diesem Grund muss ein neuer Ansatz zur wirtschaftlichen Leistungssteigerung von Produktionslinien die Ergebnisqualität explizit durch die Berücksichtigung der statistischen Sicherheit absichern.*

Nur die manuellen Ansätze nutzen in der Mehrheit konkrete und reale Verbesserungsmaßnahmen, welche unternehmensindividuell zu festzulegen sind. Manche der (D)RL-Ansätze nutzen ebenfalls konkrete und reale Maßnahmen, wenn eine vollständige Entscheidungsautomatisierung der betreffenden Optimierung angestrebt ist, wie bspw. OVERBECK ET AL. oder RÖSCH.

BERNEDIXEN berücksichtigt als einziger Ansatz auch die Reihenfolge der Verbesserungsmaßnahmen. Alle Ansätze aus der Gruppe der Ansätze, die (D)RL verwenden, kombinieren Maßnahmen aufgrund der Lösung eines MEP prinzipbedingt[402]. Allerdings wird diese Kombination in keinem der Fälle aktiv aufgegriffen und als Vorteil ausgespielt. Ein großer Teil der manuellen Ansätze (LOROU ET AL., GARCIA-CARRASCO ET AL., ZENNARO ET AL. sowie JASIULEWICZ-KACZMAREK UND BARTKOWIAK) kombinieren zwar manuell einzelne identifizierte Maßnahmen, wenn diese isoliert zu einer positiven Wirtschaftlichkeit führten, vernachlässigen dabei allerdings die möglichen Wechselwirkungen dieser Einzelmaßnahmen.

---

401 Vgl. Kapitel 2.3.

402 Vgl. Kapitel 2.4.2.

- ○ nicht erfüllt
- ◔ kaum erfüllt
- ◑ teilweise erfüllt
- ◕ nahezu erfüllt
- ● voll erfüllt

		Bewertungsdimensionen *(Kapitel 3.1)*								
		Objektbereich			Methodenbereich				Zielbereich	
	Ansätze *(Kapitel 3.2)*	Dedizierter Bezug auf Produktionslinien	Betrachtung der Leistungssteigerung	Berücksichtigung der Wirtschaftlichkeit	Verwendung von Material-flusssimulationen	Konkrete und reale Verbesserungsmaßnahmen	Kombinierte Betrachtung von Einzelmaßnahmen in Verbesserungstrajektorien	Integration von produktionsspezifischem (Simulations-)Wissen	Aufwandsgerechte Erstellung und Analyse von Simulationsexperimenten	Entscheidungsunterstützung bei der Auswahl von Verbesserungsmaßnahmen
Ansätze mit (D)RL *(Kapitel 3.2.1)*	KUHNLE ET AL. (2021)	◔	◔	○	●	◕	◑	◔	◕	◔
	OVERBECK ET AL. (2021)	◑	◕	◔	●	●	◑	◔	◑	◔
	RÖSCH (2021)	◔	◑	◑	◑	●	◑	◔	◑	◔
	VOß ET AL. (2021)	◑	◔	◑	●	○	◑	◔	◑	◔
	SHI ET AL. (2020)	◔	●	○	●	◑	◑	◔	◑	◑
	HE ET AL. (2020)	◔	◔	○	◔	◕	◑	◕	◔	◕
	HUANG ET AL. (2020)	◑	◔	◑	◕	◑	◑	◔	◕	◔
	MAHADEVAN & THEOCHAROUS (1998)	◑	◔	○	●	○	◑	◔	◑	○
Ansätze mit (Meta-)Heuristiken *(Kapitel 3.2.2)*	KRENCZYK & PAPROCKA (2023)	◑	◔	○	●	◔	○	◔	◑	◔
	YANG ET AL. (2023)	◕	◑	○	◑	◔	○	◔	◔	◔
	LI ET AL. (2021)	◔	◕	◕	●	◔	◑	◔	◑	◔
	MOTLAGH ET AL. (2019)	◕	◕	○	◑	◔	◑	◔	◕	◔
	ZHOU ET AL. (2019)	◔	◕	○	●	◔	◔	◔	◕	◔
	BERNEDIXEN (2018)	◑	◕	◔	●	◕	●	◑	◕	◕
	YEGUL ET AL. (2017)	●	●	◑	●	◔	◔	◔	◕	◔
	PADHI ET AL. (2013)	●	◕	○	●	◑	◑	◑	◑	◔
	AMIRI ET AL. (2012)	◕	◕	◔	◑	◔	◔	◔	◕	○
	SPINELLIS & PAPADOPOULOS (2000)	◕	●	◔	◔	◔	◔	◔	◕	○
Manuelle Analysen und Fallstudien *(Kapitel 3.2.3)*	GUO ET AL. (2023)	●	◕	◕	●	●	◔	◕	◔	●
	JAMALI ET AL. (2023)	●	◕	●	●	◔	◔	◑	◔	◔
	LOROU ET AL. (2021)	◕	●	◕	◕	●	◔	◕	◔	◔
	SCHUH ET AL. (2021)	●	◔	○	●	◕	◔	◕	◑	●
	GARCÍA-CARRASCO ET AL. (2020)	●	●	○	◔	●	◔	◕	○	◔
	ZENNARO ET AL. (2018)	●	◕	●	◔	●	◔	◕	○	●
	JASIULEWICZ-K. & BARTKOWIAK (2016)	●	●	◕	●	●	◔	◕	○	●
	DARAYI ET AL. (2013)	◔	●	◕	●	◔	◔	◕	◑	◔

Abbildung 3-2: Bewertung relevanter Ansätze

Nur PADHI ET AL. und BERNEDIXEN kombinieren (Meta-)Heuristiken mit einer derart anwendungsfallspezifischen Definition der potentiellen Verbesserungsmaßnahmen. Die betrachteten Maßnahmen bleiben bei PADHI ET AL. allerdings rudimentär.

Die Ansätze aus der Gruppe der manuellen Analysen nutzen in großer Mehrzahl produktionstechnisches Wissen von Domänenexperten, um zu Erkenntnissen zu gelangen. Da es sich allerdings um einmalig durchgeführte Analysen handelt, wird dieses Wissen nicht formalisiert. Speziell Erfahrungswissen zur Durchführung von Simulationsstudien wird in der Durchführung benötigt, aber keinerlei Unterstützung geboten. Anders verhält es sich mit den Gruppen der Ansätze mit (D)RL und (Meta-)Heuristiken: In Beiden wird zumeist Domänenwissen nur für Problemverständnis und -formulierung genutzt, nicht aber aktiv in der Genese potentieller Lösungen integriert. HE ET AL., BERNEDIXEN und PADHI ET AL. stellen die Ausnahmen in diesen beiden Gruppen dar und nutzen explizit Domänenwissen in der Genese, indem bspw. bereits durch Experten formulierte Verbesserungsmaßnahmen durch den Agenten bewertet werden.

Somit fehlt ein Ansatz, welcher unter Einbezug von produktionsspezifischem Domänenwissen inkl. Wissen über Simulationsstudien konkrete und reale Verbesserungsmaßnahmen mit Hilfe von Materialflusssimulationen bewertet und zu Verbesserungstrajektorien kombiniert. Um diese Kombination anwendungs- und unternehmensspezifisch zu ermöglichen, ist eine generische und modulare Formulierung von zu verbessernden Parametern notwendig.

3.3.3 Zusammenfassung der Defizite aus dem Zielbereich

Die Ansätze aus den Gruppen mit (D)RL und (Meta-)Heuristiken bieten zu großen Teilen durch die Kombination eines Simulations- mit einem Optimierungsmodul eine automatisierte Erstellung und Analyse von Simulationsexperimenten, sodass diese aufwandsgerecht erzeugt und bewertet werden. Die Mehrheit der Ansätze der manuellen Analysen dagegen ist nicht automatisierbar und erfordert daher einen individuellen Aufwand, welcher gleichzeitig Simulationsexpertise voraussetzt.

Die Ansätze der Gruppen mit (D)RL und (Meta-)Heuristiken bieten in den meisten Fällen keine ausreichende Unterstützung des Anwenders, um basierend auf den Ergebnissen der Methoden Entscheidungen zu treffen. Eine Ausnahme stellt der Ansatz von BERNEDIXEN dar. Zwar fokussieren die Ansätze der manuellen Analysen jeweils nur ein spezifisches Problem, doch geben die meisten keine genauere Beschreibung, wie die Unterstützung zur Auswahl aus Verbesserungsalternativen gegeben werden muss. Ein gutes Beispiel stellen die Ansätze von ZENNARO ET AL. oder JASIULEWICZ-KACZMAREK UND BARTKOWIAK dar. Gleichzeitig sehen die meisten Ansätze das Optimierungsmodul als Blackbox an und versuchen nicht, die durch das Modul getroffenen Entscheidungen nachvollziehbar zu machen.

Es fehlt daher ein Ansatz, welcher Experimente aufwandsgerecht erstellt und analysiert und gleichzeitig eine Entscheidungsunterstützung basierend auf den Ergebnissen dieser Experimente anbietet und diese erklärbar macht.

Nur der Ansatz von SCHUH ET AL. bündelt in einem akzeptanzförderlichen integrierten Werkzeug die Ein- und Ausgaben der simulationsbasierten Optimierung. *Um die Akzeptanz und Praxistauglichkeit einer solchen Lösung zu gewährleisten, müssen neue Ansätze zur wirtschaftlichen Leistungssteigerung von Produktionslinien diesen Gedanken aufgreifen und ein integriertes Werkzeug zur Anwendung der Methoden inkl. Simulation und Optimierung bereitstellen.*

3.4 Zwischenfazit: Forschungsdefizit und Handlungsbedarf

In Kapitel 3.1 wurden basierend auf den Herausforderungen aus der Praxis (Kapitel 2.5) Anforderungen an Lösungsansätze für das in Kapitel 1.2 definierte Ziel dieser Arbeit hergeleitet. Darauf aufbauend wurden in Kapitel 3.2 relevante Ansätze vorgestellt und analysiert. Abbildung 3-2 verdeutlicht das Ergebnis dieser Analyse. Keiner der diskutierten Ansätze erfüllt die Anforderungen ausreichend.

Es zeigt sich, dass die Ansätze aus den drei definierten Gruppen jeweils andere Anforderungen überdurchschnittlich gut oder schlecht erfüllen, sodass eine Kombination der Vorteile der jeweiligen Ansätze vorzunehmen ist. Daraus folgt, dass einzelne Ansätze für Teilbereiche der geforderten Lösung eine gute Grundlage bilden. Es zeigt sich zudem, dass Methoden des (D)RL gut geeignet erscheinen, ähnliche Fragestellungen zu lösen.

Zusammenfassend wird die Entwicklung einer Methodik gefordert, welche den in Kapitel 3.1 genannten Anforderungen genügt, indem sie das in Kapitel 1.2 definierte Ziel dieser Arbeit erfüllt.

Die Analyse der vorgestellten Ansätze bestätigt die Notwendigkeit der Erfüllung der formulierten Anforderungen. Auch das Potenzial von RL als Werkzeug für die vorliegende Problemstellung wird durch den Erfolg in ähnlichen Anwendungsfällen bestätigt.

Es ergeben sich aus der Analyse folgende **weitere Handlungsbedarfe**, welche zuvor in Kapitel 3.3 *kursiv* hergeleitet wurden:

- Die statistische Sicherheit der Simulationsläufe muss zur Absicherung der Ergebnisqualität Berücksichtigung finden.
- Ein integriertes Werkzeug zur Anwendung der Methoden inkl. Simulation und Optimierung ist für eine praxistaugliche Anwendung notwendig.

Es bestätigt sich daher die Zielstellung dieser Arbeit (siehe Kapitel 1.2) und es besteht weiterhin der Handlungsbedarf, die wirtschaftliche Leistungssteigerung von Produktionslinien in produzierenden Unternehmen praxistauglich und aufwandsgerecht zu unterstützen.

4 Konzeption der Methodik

Im folgenden Kapitel wird eine Methodik zur wirtschaftlichen Leistungssteigerung von Produktionslinien mit Hilfe von Reinforcement Learning entwickelt. Eine Methodik bezeichnet nach EHRLENSPIEL eine „planmäßige Verfahrensweise zur Erreichung eines bestimmten Ziels“.[403] Zu diesem Zweck nutzt eine Methodik zusammengehörige Methoden, Modelle und Werkzeuge.[404]

Im Folgenden werden in Kapitel 4.1 zuerst sowohl inhaltliche als auch formale Anforderungen an die Methodik konsolidiert. Danach wird in Kapitel 4.2 die Kernidee dieser Arbeit erörtert. In Kapitel 4.3 wird der Lösungsansatz inkl. der Lösungsmodule konzipiert. In Kapitel 4.4 werden in einem Zwischenfazit die Potenziale der Methode zusammengefasst.

4.1 Anforderungen an die Methodik

Die erfolgreiche Entwicklung der Methodik bedarf der Erfüllung sowohl inhaltlicher als auch formaler Anforderungen. Beide Anforderungsarten werden im Folgenden erläutert. Die inhaltlichen Anforderungen ergeben sich aus dem Handlungsbedarf aus der Praxis (Kapitel 2.5) und dem identifizierten Forschungsdefizit (Kapitel 3.4). Die formalen Anforderungen ergeben sich aus der Forderung nach Richtigkeit und Anwendbarkeit der Methodik.

4.1.1 Inhaltliche Anforderungen

Das zentrale Ziel der vorliegenden Arbeit ist die Entwicklung einer Methodik zur wirtschaftlichen Leistungssteigerung von Produktionslinien. Zu diesem Zweck muss die folgende Konzeption der Arbeit die in den vorherigen Kapiteln erarbeiteten

---

403 Ehrlenspiel, K. (2009) Integrierte Produktentwicklung, S. 694.

404 Vgl. Laufenberg, L. (1996) Methodik zur integrierten, S. 6 f.

Handlungsbedarfe adressieren, welche sowohl aus der Praxis als auch aus dem Stand der Forschung stammen. Für eine detaillierte Begründung dieser Anforderungen sei auf die jeweils genannten Kapitel verwiesen.

Aus dem Praxisdefizit ergeben sich folgende Anforderungen:[405]

- Die Adressierung des spezifischen Objektbereichs der vorliegenden Arbeit mit *Produktionslinien* und deren *wirtschaftlicher Leistungssteigerung* definiert die ersten Anforderungen.
- Um der Komplexität von Produktionslinien gerecht zu werden, müssen *Materialflusssimulationen* verwendet werden, welche nicht nur zu Trainingszwecken von Ersatzmodellen, sondern für die tatsächliche Überprüfung von Alternativen genutzt werden.
- Nur die Betrachtung von *konkreten* (im zu betrachtenden System parametrisierten und mit Kosten bewerteten) und *realen* (im betrachteten System möglichen) *Verbesserungsmaßnahmen* ermöglicht eine zielgerichtete Verbesserung des Systems.
- Aufgrund der Wechselwirkungen von Maßnahmen und der Vorteilhaftigkeit von vielen kleineren Maßnahmen im Gegensatz zu wenigen größeren Maßnahmen, muss die *kombinierte Betrachtung von Einzelmaßnahmen in Verbesserungstrajektorien* unter der Berücksichtigung der Implementierungsreihenfolge betrachtet werden.
- Zur Steigerung der Lösungsqualität und -effizienz ist die Integration von *produktionsspezifischem (Simulations-)Wissen* notwendig. Dieses Wissen muss sowohl Zusammenhänge in Produktionslinien, Wissen über die simulative Optimierung unter Verwendung von RL sowie spezifisches Wissen über die konkret zu verbessernde Produktionslinie beinhalten.
- Um sowohl Akzeptanz sowie Effizienz der Methodik zu gewährleisten, muss die *Erstellung und Analyse der Simulationsexperimente aufwandsgerecht* erfolgen.
- Um Ingenieurinnen und Ingenieuren für das komplexe Problem eine handhabbare Unterstützung in der Entscheidungsfindung zu bieten, ist eine *Entscheidungsunterstützung bei der Auswahl von Verbesserungsmaßnahmen* notwendig.

[405] Vgl. Kapitel 3.1.

Aus dem Forschungsdefizit ergeben sich folgende Anforderungen:[406]

- Die *statistische Sicherheit* der Simulationsläufe muss zur Absicherung der Ergebnisqualität Berücksichtigung finden.
- Ein *integriertes Werkzeug* zur Anwendung der Methoden inkl. Simulation und RL ist für eine praxistaugliche Anwendung notwendig.

4.1.2 Formale Anforderungen

Laut PATZAK zeichnen sich gute Modelle (als Teile einer Methodik) durch die Erfüllung der folgenden Anforderungen aus. Diese werden im Rahmen dieser Arbeit als formale Anforderungen an eine Methodik verstanden:[407]

- *Empirische Richtigkeit*: Das der Methodik zugrundeliegende Modell soll einen möglichst hohen Realitätsbezug aufweisen, sodass das Modellverhalten mit Beobachtungen der Realität möglichst gut übereinstimmt.
- *Formale Richtigkeit*: Methodiken sollen in sich widerspruchsfrei und formal einwandfrei sein und Ergebnisse möglichst in quantitativer Form auf wiederholbare und somit nachprüfbare Art und Weise liefern.
- *Produktivität*: Die Methodik soll zweckbezogen sein und somit auf spezifisch gestellte Fragen inhaltlich und formal brauchbare Antworten liefern.
- *Handhabbar*: Die Methodik soll leicht anzuwenden und die Ergebnisse sollen leicht zu interpretieren sein.
- *Nicht aufwendig:* Der Aufwand der Anwendung der Methodik inkl. Modellerstellung sollte möglichst niedrig sein.

Die ersten drei Anforderungen stehen in Konkurrenz zu den übrigen. Daher sei auf die Hauptmerkmale von Modellen nach STACHOWIAK verwiesen, welche deutlich machen, dass Modelle und Methodiken immer einen Kompromiss darstellen:[408]

- *Abbildungsmerkmal*: Modelle sind immer Modelle *von etwas*, daher Abbildungen natürlicher oder künstlicher Originale.
- *Verkürzungsmerkmal*: Modelle erfassen nicht alle Attribute des abgebildeten Originals, sondern nur jene, die relevant erscheinen.

---

[406] Vgl. Kapitel 3.3.

[407] Vgl. Patzak, G. (1982) Systemtechnik - Planung komplexer, S. 309 f.

[408] Vgl. Stachowiak, H. (1973) Allgemeine Modelltheorie, S. 131 ff.

- *Pragmatisches Merkmal*: Modelle sind für bestimmte Adressaten innerhalb bestimmter Zeitintervalle für einen bestimmten Zweck bestimmt.

4.2 Kernidee der Methodik

Der Entwicklung der Methodik zur wirtschaftlichen Leistungssteigerung von Produktionslinien liegen folgende **Kernideen** zu Grunde:

- Die wirtschaftliche Leistungssteigerung von Produktionslinien wird als **Optimierungsproblem** aufgefasst.
- Das Optimierungsproblem wird als Markov-Entscheidungs-Problem (MEP) zur Lösung mit **Deep Reinforcement Learning (DRL)** formuliert.
- Die **Wirtschaftlichkeit** möglicher Verbesserungsmaßnahmen wird schon in der Erstellung technisch potenziell guter Lösungen **integriert betrachtet.**
- Um der Systemkomplexität von Produktionslinien Rechnung zu tragen, wird eine **Diskrete Ereignis Simulation (DES)** zur Bewertung von Verbesserungsmaßnahmen verwendet.
- Zur Sicherstellung einer hohen Lösungsqualität bei gleichzeitig vertretbarem Rechenaufwand wird **Domänenwissen formalisiert und in die Methoden integriert.**
- Um eine praktische Anwendbarkeit zu gewährleisten, werden zu ergreifende Verbesserungsmaßnahmen **konkret je Anwendungsfall** erfasst.
- Um eine sukzessive Verbesserung der Produktionslinie zu ermöglichen und Wechselwirkungen zwischen Maßnahmen zu berücksichtigen, werden einzelne Verbesserungsmaßnahmen zu **Verbesserungstrajektorien** kombiniert.
- Um Anwendbarkeit und Akzeptanz zu erhöhen, werden mehrere potentiell erfolgreiche Verbesserungstrajektorien erstellt und eine **Entscheidungsunterstützung durch Vergleich aus diesen Alternativen** gegeben.
- Zur Vereinfachung der Anwendung der Methodik wird ein geschlossenes Softwaretool konzipiert, für welches **kein Expertenwissen bzgl. Simulation oder DRL notwendig** ist.

Obigen Kernideen basieren auf den folgenden **Grundannahmen**:

- Es ist Unternehmen möglich, Produktionslinien in ausreichend hoher Qualität mit Hilfe von bestehenden Daten in einem Simulationsmodell abzubilden und im Detail zu parametrisieren.

- DRL verfügt über einen zur Lösung des betrachteten Problems notwendigen Reifegrad.
- Unternehmen sind unter Anleitung dazu in der Lage, Wissen über mögliche Verbesserungsmaßnahmen zu explizieren und verbundene Anpassungskosten hinreichend genau abzuschätzen.
- Unternehmen sind aufgrund von Konsolidierungseffekten in Produktionsnetzwerken und steigender Marktnachfrage dazu gezwungen, die Leistung von Produktionslinien zu steigern und nicht nur die Produktionskosten zu senken.

4.3 Grobkonzept der Methodik

Im Kernabschnitt dieses Kapitels wird das Grobkonzept einer Methodik zur wirtschaftlichen Leistungssteigerung von Produktionslinien beschrieben. Dazu wird die Lösungskonzeption strukturiert, bevor im Anschluss die einzelnen Lösungsmodule skizziert werden.[409]

Die Methodik adressiert die in Kapitel 4.1 beschriebenen Anforderungen und schafft daher ein bisher nicht existentes, aber in dieser Weise notwendiges, Werkzeug zur wirtschaftlichen Leistungssteigerung von Produktionslinien.

In der industriellen Praxis werden im Status Quo mit Hilfe von Simulationsmodellen von Produktionslinien in manuell angelegten und analysierten Simulationsexperimenten unter Einbezug von Domänenwissen versuchs- und irrtumsbasiert Alternativen zur wirtschaftlichen Leistungssteigerung von Produktionslinien erarbeitet.

Im Gegensatz dazu automatisiert die vorliegende Methodik die Genese der Verbesserungsalternativen und legt im Sinne einer Entscheidungsunterstützung die Grundlage für einen darauf aufbauenden rationalen Entscheidungsprozess. Dazu werden anfallende Umbaukosten sowie Änderungen der Betriebskosten der betrachteten Produktionslinie wie auch sich ergebende Gewinne oder Verluste integriert bewertet. Dazu werden bestehende Simulationsmodelle von Produktionslinien genutzt. Die Kombination von einzelnen Verbesserungsmaßnahmen zu Verbesserungstrajek-

[409] Folgende internationale Konferenzveröffentlichungen des Autors zeigen den Weg der Lösungskonzeption auf: Schuh, G. et al. (2021) Identification of superior; Schuh, G. et al. (2022) Towards A Methodology; Schuh, G. et al. (2023) Heuristic Guided Hierarchical. Abschlussarbeiten aus denen Erkenntnisse in dieser Arbeit einflossen, sind in Anhang 9.7 aufgeführt.

torien unter Berücksichtigung der Interdependenz der Einzelmaßnahmen ermöglicht die sukzessive Umsetzung der Maßnahmen und sichert gleichzeitig die gewinnbringende Vereinbarkeit der Einzelmaßnahmen ab. Um wirtschaftlich geeignete Maßnahmen zu identifizieren, werden zuerst wirksame Stellhebel identifiziert, an denen diese ansetzen.

Die konzeptionierte Methodik nutzt für diese Automatisierung der Generierung von Entscheidungsalternativen die Methode des RL[410], indem ein Simulationswerkzeug als Umgebung genutzt und sukzessive durch einen Agenten bzgl. der Leistung optimiert wird. Die Methode wird gewählt, da sich eine Vielzahl an erfolgreichen Anwendungsbeispielen in vergleichbaren Problemstellungen der Produktionstechnik präsentiert.[411] So wird der Argumentation von bspw. GOSAVI gefolgt, der (D)RL als Heuristiken überlegene Methode zur simulationsbasierten Optimierung versteht.[412]

Abbildung 4-1 zeigt das Konzeptbild der erarbeiteten Methodik und verdeutlicht den Einsatz im Gesamtverbesserungsprozess von Produktionslinien.

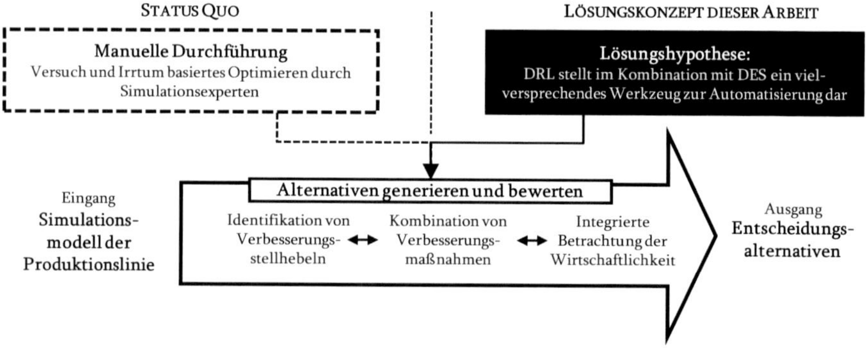

Abbildung 4-1: Konzeptbild der Methodik

Um diese Automatisierung mit Hilfe von RL umzusetzen, muss das vorliegende Problem als MEP formalisiert werden. Durch diese Formalisierung ergeben sich

410 Es handelt sich im Rahmen dieser Methodik um eine Umsetzung mit Hilfe eines DRL-Agenten. Zur Vereinfachung wird im Folgenden allerdings immer RL genannt.

411 Vgl. Kapitel 2.4.3 und Kapitel 3.4.

412 Vgl. Gosavi, A. (2015) Simulation-Based Optimization, S. 200.

Lösungsmodule, welche detailliert werden.[413] Die Lösungsmodule lehnen sich an die definierten Module eines RL-Problems nach SUTTON UND BARTO an.[414]

Im ersten Lösungsmodul (Kapitel 4.3.1) wird das Vorgehen zur automatisierten Kombination von Einzelmaßnahmen erarbeitet und die Aufgabenstellung als RL-Problem interpretiert, sodass ein **Agent** sukzessive lernt, seine Umgebung zu optimieren. Diese **Umgebung** wird durch ein DES-Modell der zu betrachtenden Produktionslinie dargestellt. Das Simulationsmodell wird im Rahmen dieser Arbeit als gegeben betrachtet, weswegen nur Anforderungen an ein Simulationsmodell beschrieben werden. Das zweite Lösungsmodul (Kapitel 4.3.2) beschreibt die Identifikation generischer Verbesserungsmaßnahmen basierend auf der Externalisierung und Formalisierung von Expertenwissen und den Übertrag auf konkrete Verbesserungsmaßnahmen für den gegebenen Zustand einer Produktionslinie. So werden für den Agenten wählbare **Aktionen** hergeleitet. Im dritten Lösungsmodul (Kapitel 4.3.3) wird beschrieben, wie basierend auf den Simulationsergebnissen der DES, welche die **Beobachtung** des aktuellen Zustands beschreiben, potenzielle Stellhebel zur Verbesserung der Produktionslinie identifiziert werden. Im vierten Lösungsmodul (Kapitel 4.3.4) wird beschrieben, wie die Wirtschaftlichkeit gewählter Verbesserungsmaßnahmen integriert bewertet wird. Diese Bewertung bildet die **Belohnung** für den Agenten und bildet sich ebenfalls aus den Simulationsergebnissen. Das letzte und fünfte Lösungsmodul (Kapitel 4.3.5) beschreibt eine **Entscheidungsunterstützung** in welchem basierend auf den Erfahrungen des Agenten automatisiert Entscheidungsalternativen zur wirtschaftlichen Leistungssteigerung von Produktionslinien abgeleitet werden.

In Abbildung 4-2 sind die dieser Arbeit zugrundeliegenden Forschungsfragen[415] den beschriebenen Lösungsmodulen in Form der für RL-Probleme typischen Visualisierung nach SUTTON UND BARTO zugeordnet.

Inhaltliche Anforderungen (Kapitel 4.1.1), welche von dem jeweiligen Lösungsmodul adressiert werden, sind im Folgenden *kursiv* und zusammenfassend in Abbildung 4-8 dargestellt.

---

[413] Vgl. Kapitel 2.4.2.

[414] Vgl. Sutton, R./ Barto, A. (2018) Reinforcement learning, S. 48.

[415] Vgl. Kapitel 1.3.

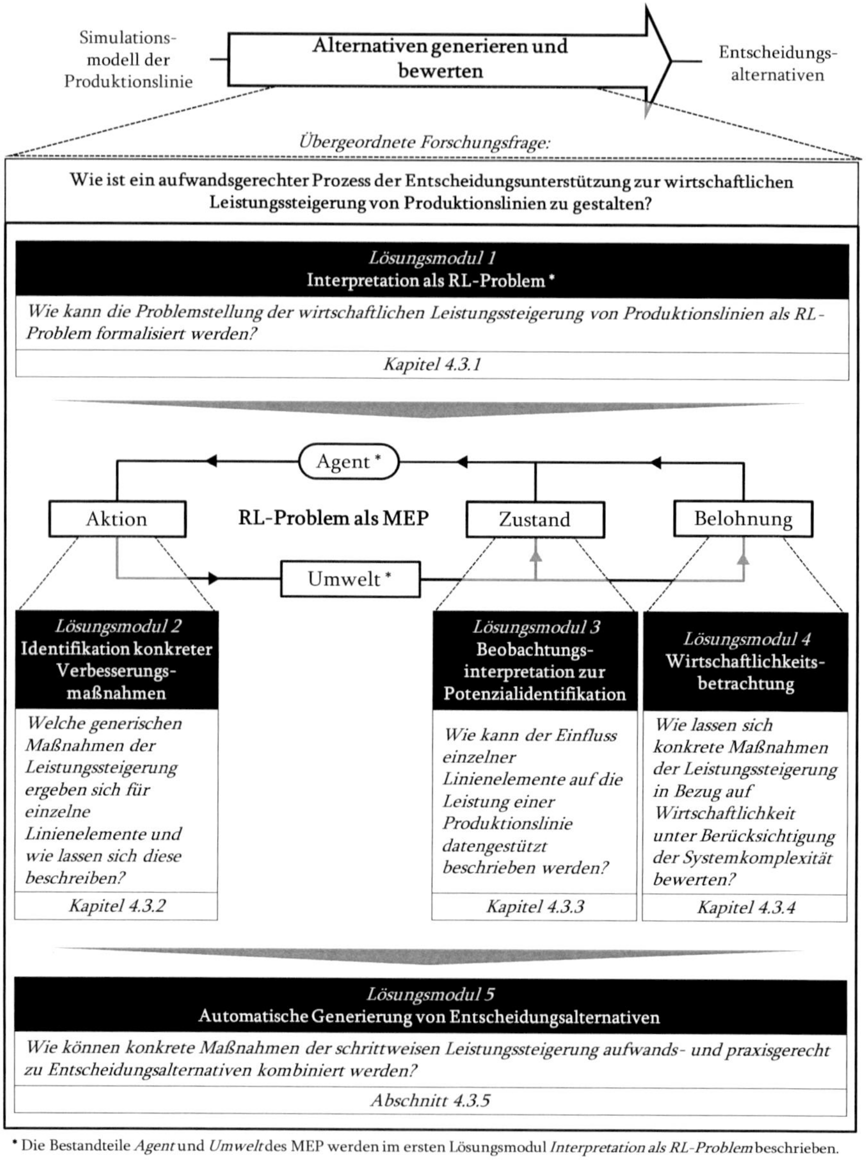

Abbildung 4-2: Konzipierte Methodik inkl. zugehöriger Forschungsfragen

4.3.1 Interpretation als RL-Problem

Lösungskonzeption: Im ersten Lösungsmodul wird zuerst das übergeordnete Funktionsprinzip für die folgenden Lösungsmodule erarbeitet, indem die vorliegende Problemstellung als RL-Problem interpretiert und daher als MEP formalisiert wird (Kapitel 5.1.1).

Um die *Integration von produktionsspezifischem Expertenwissen* sicherzustellen und gleichzeitig eine *aufwandsgerechte Erstellung und Analyse zur Lösung des Problems* zu ermöglichen, wird die Formulierung als heuristisch geleitetes und hierarchisches RL-Problem mit spezialisierten untergeordneten Parameteragenten sowie einem übergeordneten Maßnahmenagenten definiert. Ein validiertes und verifiziertes *Materialflusssimulationsmodell* einer konkret zu verbessernden Produktionslinie ist notwendiger Eingang des Lösungsmoduls. Die Integration des ausführbaren Simulationsmodells in das formulierte RL-Problem wird in Kapitel 5.1.2 unter Beachtung der *statistischen Sicherheit* erarbeitet. In Kapitel 5.1.3 wird ein Vorgehen erarbeitet, um das formulierte RL-Problem mit Hilfe von RL zu lösen und somit überlegene *Verbesserungstrajektorien* zu erzeugen. Dazu wird in drei konsekutiven Phasen vorgegangen, um die Stärken der erarbeiteten Problemhierarchie zu nutzen.

Benötigte Grundlagen: Zur Erarbeitung des Lösungsmoduls wird Wissen über Produktionslinien[416], deren simulativer Optimierung[417], wie auch über die Formulierung[418] und Lösung[419] von RL-Problemen benötigt.

Ergebnis: Das Ergebnis des Moduls stellt die Interpretation der Problemstellung als RL-Problem, d.h. als MEP mit einem Simulationswerkzeug als Umgebung, dar. Die folgenden Lösungsmodule ordnen sich in dieses MEP ein. Abbildung 4-3 fasst das erste Lösungsmodul zusammen.

---

[416] Vgl. Kapitel 2.2.

[417] Vgl. Kapitel 2.3.3.

[418] Vgl. Kapitel 2.4.2 für Allgemeines und Kapitel 2.4.4 für heuristisches und hierarchisches RL.

[419] Vgl. Kapitel 2.4.3.

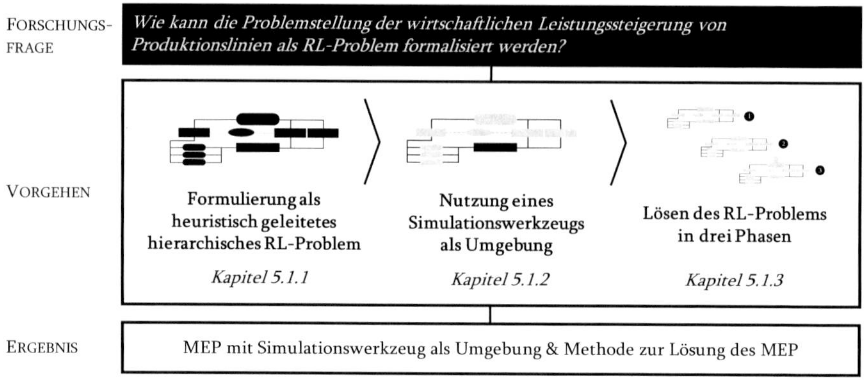

Abbildung 4-3: Interpretation als RL-Problem

4.3.2 Identifikation konkreter Verbesserungsmaßnahmen

Lösungskonzeption: Das zweite Lösungsmodul widmet sich den durchzuführenden Aktionen im zuvor definierten RL-Problem, d.h. den Verbesserungsmaßnahmen an einer Produktionslinie. Zuerst wird eine Kategorisierung und Beschreibung für generische Verbesserungsmaßnahmen erarbeitet und entsprechend *produktionsspezifisches Wissen in der Methodik integriert* (Kapitel 5.2.1).

Diese generischen Verbesserungsmaßnahmen bilden die Basis für die daraus entwickelten konkreten Verbesserungsmaßnahmen an spezifischen Produktionslinien, da es der *Konkretisierung der generischen Maßnahmen auf die spezifisch zu verbessernde reale Produktionslinie* bedarf. In diesem Schritt wird der Maßnahmenkategorisierung in einen mehrdimensionalen Aktionsraum überführt und sich die Hierarchie des formulierten RL-Problems zu Nutze gemacht (Kapitel 5.2.2). Dafür ist die Formulierung des MEP der hierarchisch untergeordneten Parameteragenten inkl. einer Trainingsstrategie notwendig (Kapitel 5.2.3).

Benötigte Grundlagen: Das Lösungsmodul baut auf dem gesetzten Rahmen des ersten Lösungsmoduls auf und benötigt Expertenwissen über Produktionslinien[420] und

---

[420] Vgl. Kapitel 2.2.

deren Abbildung in Materialflusssimulationen[421], sowie über die hierarchische Formulierung von RL-Problemen[422] zur Erstellung.

Ergebnis: Das Ergebnis des zweiten Lösungsmoduls ist eine Kategorisierung generischer Verbesserungsmaßnahmen und die Ableitung eines entsprechenden Aktionsraums sowie ein Vorgehen zur Konkretisierung der Verbesserungsmaßnahmen mit Hilfe einer Trainingsstrategie für die untergeordneten Parameteragenten. Einen Überblick über das Lösungsmodul gibt Abbildung 4-4.

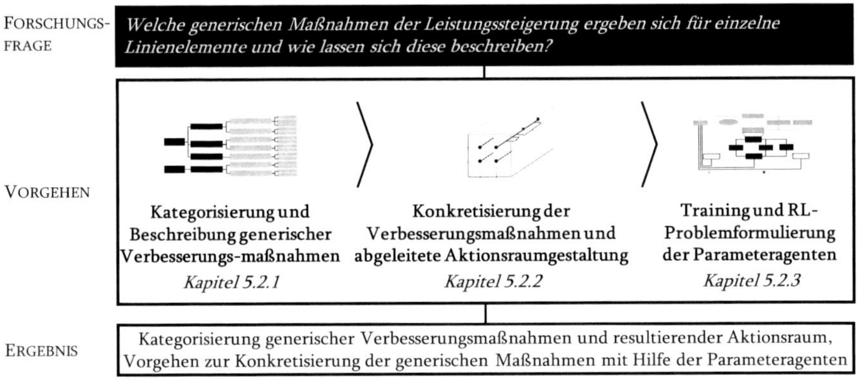

Abbildung 4-4: Identifikation konkreter Verbesserungsmaßnahmen

4.3.3 Beobachtungsinterpretation zur Potenzialidentifikation

Lösungskonzeption: Das dritte Lösungsmodul bildet die Interpretation der Beobachtungen der Simulationsergebnisse und somit die Grundlage, zur Identifizierung von *Leistungssteigerungspotenzialen* von Produktionslinien. Dazu wird basierend auf *produktionstechnischem (Simulations-)Wissen* ein Vorgehen entwickelt, welches den Einfluss einzelner Elemente auf die Gesamtleistung der Produktionslinie basierend auf der Beobachtung der Simulationsergebnisse ausweist. Diese Bewertung der Beobachtung des Zustands der Produktionslinie wird auf zwei unterschiedliche Arten in die Lösungsgenese integriert: Auf der einen Seite wird eine Form der Dimensionsreduktion des beobachteten Betriebsverhalten der simulierten Produkti-

---

421 Vgl. Kapitel 2.3.2.

422 Vgl. Kapitel 2.4.4.

onslinie in Form eines Beobachtungsvektors als Eingang für den Maßnahmenagenten erarbeitet. (Kapitel 5.3.1) Auf der anderen Seite wird basierend auf dem Beobachtungsvektor die Aktionsauswahl des Agenten durch heuristische Aktionsmaskierung beeinflusst, um den Lernfortschritt des Maßnahmenagenten zu beschleunigen (Kapitel 5.3.2).

Benötigte Grundlagen: Das dritte Lösungsmodul integriert sich in das im ersten Lösungsmodul konzipierte MEP und benötigt Expertenwissen über Produktionslinien[423] und deren inhärenter Komplexität[424] zur Erstellung. Zur Überführung in einen Beobachtungsvektor ist Wissen über die Formulierung von RL-Problemen[425] notwendig.

Ergebnis: Das Ergebnis des Lösungsmoduls stellt eine Heuristik zur Beeinflussung des Agenten in Form der Maskierung von Aktionen auf Basis eines Beobachtungsvektors dar. Einen Überblick über das Lösungsmodul gibt Abbildung 4-5.

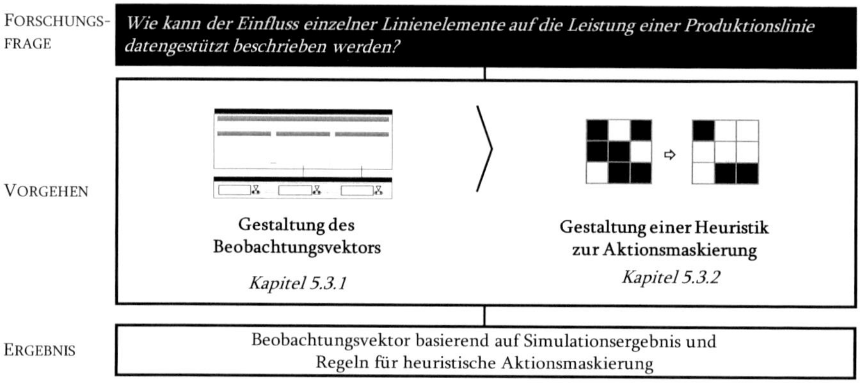

Abbildung 4-5: Beobachtungsinterpretation zur Potentialidentifikation

[423] Vgl. Kapitel 2.2.1.
[424] Vgl. Kapitel 2.2.2.
[425] Vgl. Kapitel 2.4.2 für Allgemeines und Kapitel 2.4.4 für heuristisches und hierarchisches RL

4.3.4 Wirtschaftlichkeitsbewertung konkreter Verbesserungsmaßnahmen

Lösungskonzeption: Das vierte Lösungsmodul bildet die integrierte Wirtschaftlichkeitsbewertung der gewählten Aktionen des Maßnahmenagenten. Dafür wird im ersten Schritt ein Vergleich der mit einer *konkreten und realen Verbesserungsmaßnahme* verbundenen Anpassungskosten mit dem erwarteten Gewinn aufgrund der resultierenden Leistungssteigerung in Form einer Kapitalwertberechnung angestellt, um die *Wirtschaftlichkeit* einer solchen Maßnahme zu bewerten (Kapitel 5.4.1). Im folgenden Schritt wird diese Bewertung in eine Belohnungsfunktion für den Maßnahmenagenten überführt, damit dieser in die Lage versetzt wird, die Leistung der Produktionslinie wirtschaftlich sukzessive zu steigern. (Kapitel 5.4.2).

Benötigte Grundlagen: Den Eingang des Moduls stellt somit das bereits konzipierte MEP, sowie Wissen über Investitionsrechnung[426] und Betriebskosten[427] von Produktionslinien dar.

Ergebnis: Das Ergebnis ist eine Belohnungsfunktion zur Nutzung im vorliegenden MEP. Einen Überblick über das Modul gibt Abbildung 4-6.

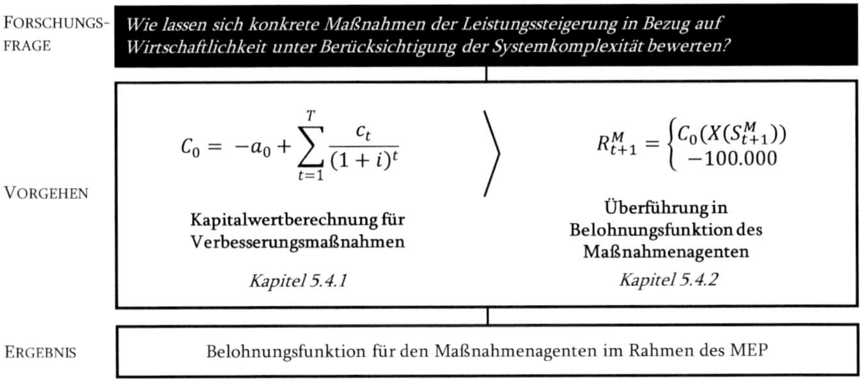

Abbildung 4-6: Wirtschaftlichkeitsbewertung von Verbesserungsmaßnahmen

---

[426] Vgl. Kapitel 2.1.

[427] Vgl. Kapitel 2.2.3.

4.3.5 Automatisierte Generierung von Entscheidungsalternativen

Lösungskonzeption: Das fünfte und letzte Lösungsmodul bildet die Entscheidungsunterstützungskomponente des erarbeiteten Vorgehens und nutzt dazu die oben beschriebenen Lösungsmodule als Eingang. Basierend auf den Erfahrungen der Agenten werden Verbesserungstrajektorien inkl. Parameterwerte gebildet. Diese automatisch generierten Entscheidungsalternativen bilden die Grundlage, um Ingenieurinnen und Ingenieuren bei der Optimierungsentscheidung behilflich zu sein. So wird die entwickelte Methodik in einen rationalen Entscheidungsprozess eingebettet.

Hierbei wird die Akzeptanz der Entscheidungsunterstützung durch die Anwendenden explizit adressiert, indem ein Spezialsystem für den spezifischen Anwendungsbereich entwickelt wird.[428]

Zum Zwecke der *Unterstützung in der Auswahl aus Alternativen zur Verbesserung* wird zuerst ein Vorgehen zur Identifikation überlegener Verbesserungstrajektorien inkl. Vergleichskriterien erarbeitet (Kapitel 5.5.1). Darauf aufbauend wird eine Software als *integriertes Werkzeug* konzipiert, welches die Durchführung der gesamten Methodik unterstützt und somit zur *aufwandsgerechten Erstellung und Analyse von Experimenten* beiträgt. (Kapitel 5.5.2). Abschließend wird ein Gesamtvorgehen der Methodik beschrieben, indem die zentralen Schritte zur Durchführung zusammengefasst werden, um die Anwendbarkeit der Methodik zu erhöhen (Kapitel 5.5.3).

Benötigte Grundlagen: Zur Erarbeitung des letzten Lösungsmoduls ist Wissen über Produktionslinien[429], deren Beschreibung in Simulationsstudien[430], wie auch über die Formulierung[431] und Lösung[432] von RL-Problemen benötigt.

Ergebnis: Das Ergebnis des Lösungsmoduls stellt eine Methodik inkl. Software zur Entscheidungsunterstützung bei der wirtschaftlichen Leistungssteigerung von Produktionslinien dar. Einen Überblick über das Lösungsmodul gibt Abbildung 4-7.

---

[428] D.h. Simulationswerkzeuge der Ebene 3 und 4, vgl. Kapitel 2.3.1.

[429] Vgl. Kapitel 2.2.1.

[430] Vgl. Kapitel 2.2 und Kapitel 2.3.

[431] Vgl. Kapitel 2.4.2.

[432] Vgl. Kapitel 2.4.3.

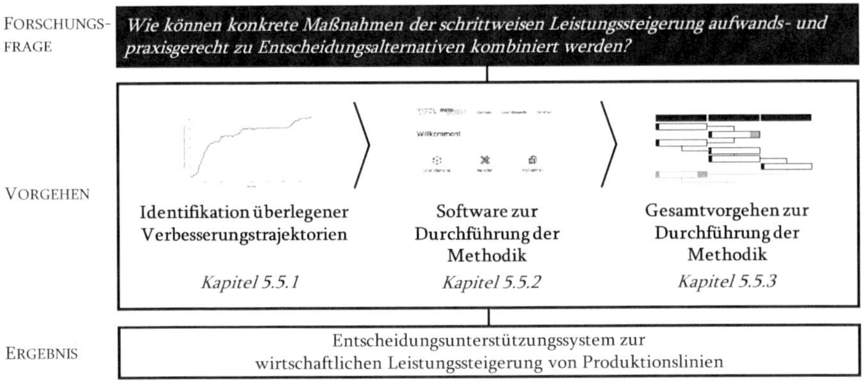

Abbildung 4-7: Identifikation überlegener Verbesserungstrajektorien

4.4 Zwischenfazit: Potenziale der Methodik

In diesem Kapitel wurde eine Methodik skizziert, welche Ingenieurinnen und Ingenieuren eine Entscheidungsunterstützung durch automatisierte Erstellung von Handlungsalternativen zur wirtschaftlichen Leistungssteigerung von Produktionslinien bietet.

Die skizzierte Methodik adressiert die in Kapitel 4.1 aufgezeigten inhaltlichen Anforderungen und bietet somit das Potenzial, die in Kapitel 2.6 und Kapitel 3.4 identifizierten Handlungsbedarfe zu decken. Abbildung 4-8 zeigt die Zuordnung der Anforderungen zu den jeweils aufgreifenden Lösungsmodulen.

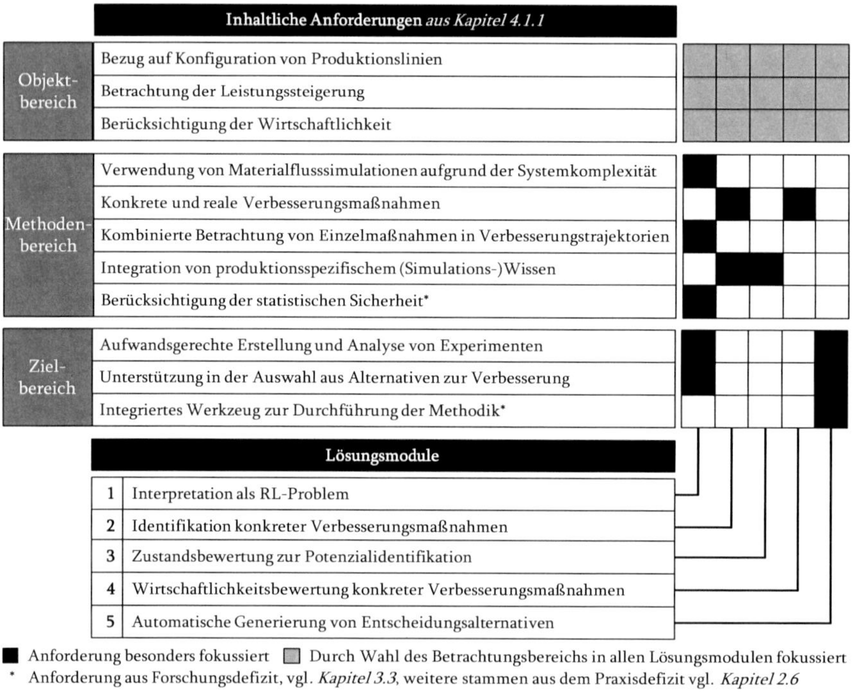

Abbildung 4-8: Übersicht adressierter Anforderungen je Lösungsmodul

5 Detaillierung der Methodik

In diesem Kapitel wird das in Kapitel 4.3 entwickelte Grobkonzept detailliert. Dazu ist jedem der fünf Lösungsmodule im Folgenden ein Kapitel gewidmet. In Kapitel 5.1 wird das übergeordnete Lösungsprinzip für die vorliegende Arbeit beschrieben, indem das zu lösende Problem, unter Nutzung einer DES in der Rolle als Umgebung, als RL-Problem formuliert und gelöst wird. Die folgenden Lösungsmodule werden in dieses übergeordnete Lösungsmodul als Bausteine integriert: In Kapitel 5.2 wird das zweite Lösungsmodul beschrieben, welches konkrete Verbesserungsmaßnahmen identifiziert. Folgend wird in Kapitel 5.3 das dritte Lösungsmodul detailliert, in welchem die Zustandsbewertung zur Potenzialidentifikation vorgenommen wird. Anschließend wird in Kapitel 5.4 das vierte Lösungsmodul beschrieben, in dem die Wirtschaftlichkeitsbewertung konkreter Verbesserungsmaßnahmen beschrieben wird. Abschließend wird in Kapitel 5.5 das letzte Lösungsmodul zur Entscheidungsunterstützung detailliert, bevor in Kapitel 5.6 das Kapitel in einem Zwischenfazit resümiert wird.

5.1 Interpretation als Reinforcement Learning-Problem

Die in Kapitel 4.2 skizzierte Lösungsidee entspricht einer simulationsbasierten Optimierung mit hierarchischer Verknüpfung, d.h. es wird ein Simulationswerkzeug als Bewertungsfunktion für eine übergeordnete Optimierung im Sinne der Alternativensuche genutzt.[433] Die Notwendigkeit der Nutzung eines Simulationswerkzeugs innerhalb der Optimierung ergibt sich aus der Anforderung der Berücksichtigung der Systemkomplexität von Produktionslinien. Wie in Kapitel 2.5 beschrieben, erfolgt diese Optimierung im Status Quo durch Versuch und Irrtum von menschlichen Entscheidenden unter Berücksichtigung ihres Erfahrungswissens. Die Optimie-

[433] Dies entspricht der Kategorie D nach VDI 3633, siehe Verein Deutscher Ingenieure (2020) VDI 3633 Blatt 12, S. 142 oder Kapitel 2.3.3

rung und speziell das Herstellen von Ursache-Wirkungsbeziehungen während dieser, ist daher durch die kognitiven Fähigkeiten der Entscheidenden begrenzt. Durch die Nutzung von tiefen KNN mit DRL wird die Abbildung komplexer Beziehungen zwischen Ein- und Ausgangsgrößen ermöglicht, solange eine ausreichend hohe Datenmenge mit entsprechenden Informationen zur Verfügung steht. Um diese Datenmenge zu reduzieren und die Ergebnisqualität der generierten Alternativen zu erhöhen, wird im Rahmen dieser Arbeit zur Problemstrukturierung und -lösung auf das Expertenwissen der Anwendenden zurückgegriffen. Zunächst muss das vorliegende Problem als RL-Problem formalisiert werden.

5.1.1 Formulierung als heuristisch geleitetes hierarchisches RL-Problem

Die Grundlage der entwickelten Methodik stellt die Formulierung des Optimierungsproblems als RL-Problem und somit als MEP dar. In Abbildung 5-1 wird die grundlegende Interpretation des vorliegenden Optimierungsproblems als MEP entsprechend der Visualisierung nach SUTTON UND BARTO dargestellt.[434] Die tatsächlich genutzte Form des RL-Problems wird im Laufe des Kapitels hergeleitet, die Abbildung zeigt zunächst eine vereinfachte Version.

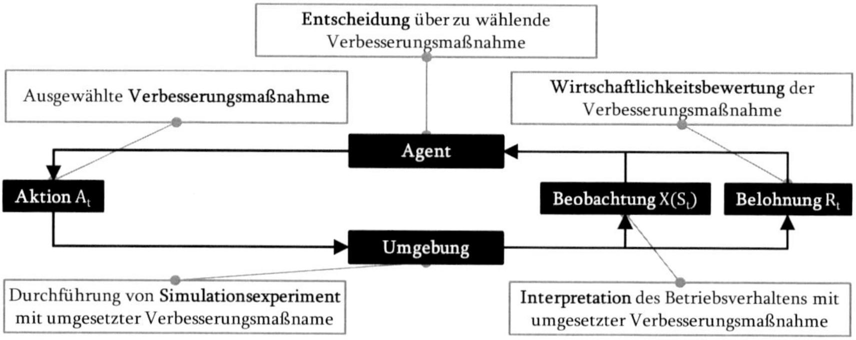

Abbildung 5-1: Grundinterpretation des Optimierungsproblems als MEP

[434] i.A.a. Sutton, R./ Barto, A. (2018) Reinforcement learning, S. 48.

Folgende Aufzählung enthält die Elemente des formulierten MEP sowie eine kurze Beschreibung. Die Elemente werden im Folgenden dieser Arbeit sukzessive detailliert.

- **Agent:** Der Agent nimmt die Rolle des Entscheidenden ein, der Verbesserungsmaßnahmen A_t aus einem Katalog von generischen Verbesserungsmaßnahmen basierend auf der Beobachtung des Zustands $X(S_t)$ der Produktionslinie und deren Betriebsverhalten auswählt. Dabei wird jede Entscheidung anhand der Wirtschaftlichkeit bewertet und in Form einer Belohnung $R(X((S_t))$ an den Agenten kommuniziert.
- **Umgebung:** Die Umgebung, mit welcher der Agent interagiert, stellt ein verifiziertes und validiertes, ausführbares Simulationsmodell der zu verbessernden Produktionslinie dar. Die Aktion A_t des Agenten führt zu einer Veränderung der Parameter des Simulationsmodells. Das Resultat der Veränderung S_{t+1} ist aufgrund der Systemkomplexität erst nach der Simulation des neuen Modellzustandes bekannt. Die Beobachtung dieses Zustands wird als $X(S_t)$ dem Agenten präsentiert.
- **Aktion A_t:** Der Agent wählt aus einem Katalog ($\mathcal{A}(s)$) mit generischen Verbesserungsmaßnahmen, welche im Vorhinein definiert wurden. Um diese Auswahl zu ermöglichen, müssen die Verbesserungsmaßnahmen in eine für den Agenten geeignete Form überführt werden.
- **Beobachtung $X(S_{t+1})$:** Die dem Agenten präsentierte Beobachtung des Zustands $X(S_{t+1})$ des Simulationsmodells fasst sowohl die aktualisierten Modellparameter als auch für das Lernen einer Strategie des Agenten relevante Ergebnisse der Simulationsexperimente zusammen. Diese Zustandsinterpretation erfolgt basierend auf formalisiertem Expertenwissen über das Betriebsverhalten von Produktionslinien.
- **Belohnung $R_t(S_{t+1})$:** Das Ziel des Agenten besteht in der Identifikation von Kombinationen von Verbesserungsmaßnahmen, die dem höchsten wirtschaftlichen Nutzen für das Unternehmen entsprechen. Daher wird der Belohnungswert des Agenten basierend auf einer Wirtschaftlichkeitsbewertung gebildet, in der die Kosten der gewählten Verbesserungsmaßnahme mit dem resultierenden Betriebsverhalten der Produktionslinie in Verbindung gebracht wird.

Je größer der Aktionsraum $\mathcal{A}(s)$ ist, desto größer wird die benötigte Rechenleistung des RL-Agenten, sodass auch die notwendige Berechnungszeit steigt, da die entstehenden Rechenoperationen exponentiell wachsen.[435] Um die Lerngeschwindigkeit des Agenten zu erhöhen und die Ergebnisqualität zu verbessern, wird der zur Verfügung stehende Aktionsraum $\mathcal{A}(s)$ zustandsspezifisch basierend auf formalisiertem Expertenwissen mit Hilfe einer Heuristik maskiert, d.h. ein- und ausgeblendet.[436] So wird sichergestellt, dass keine Aktionen gewählt werden, die zum entsprechenden Zustand aus produktionstechnischen Gesichtspunkten keine Verbesserung zu erwarten lassen. Somit interpretiert die Heuristik die Beobachtung des Zustands $X(S_{t+1})$ und bestimmt die dem Agenten im Aktionsraum $\mathcal{A}(s)$ zur Verfügung stehenden generischen Verbesserungsmaßnahmen, siehe Abbildung 5-2. Die Formulierung dieser Heuristik wird in *Kapitel 5.3.2* basierend auf der Gestaltung der Beobachtung in *Kapitel 5.3.1* vorgenommen.

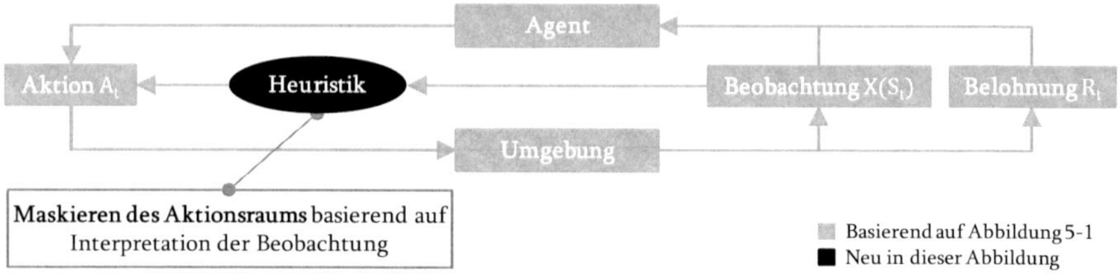

Abbildung 5-2: Erweiterung der Grundinterpretation um Heuristik

Das vorliegende Optimierungsproblem wird je Optimierungsschritt als zwei sequenziellen Aufgaben interpretiert: Die erste Aufgabe stellt die Wahl einer Maßnahme inkl. des betreffenden Elements dar. Diese Auswahl entspricht einer Auswahl aus unterschiedlichen Verbesserungsmaßnahmen im *diskreten* Aktionsraum (bspw. Anpassung der Länge des Förderers zwischen Element A und B). Diese Maßnahmen müssen allerdings in der folgenden zweiten Aufgabe an den aktuellen Zustand der Produktionslinie angepasst werden, um tatsächlich eine Leistungssteigerung zu erwirken (bspw. Festlegung der Länge eines Förderers). Diese Festlegung des spezifischen Parameterwerts entspricht der Auswahl in einem *kontinuierlichen* Aktionsraum, siehe Abbildung 5-3.

Die notwendigen Informationen und probleminhärenten Zusammenhänge zur Festlegung eines optimalen Parameterwerts unterscheiden sich von Maßnahme zu

[435] Vgl. Cheng, C.-A. et al. (2021) Heuristic-Guided Reinforcement Learning, S. 1.
[436] Vgl. Kapitel 2.4.4

Maßnahme und von Parameter zu Parameter, weswegen mehrere spezialisierte Agenten notwendig sind.

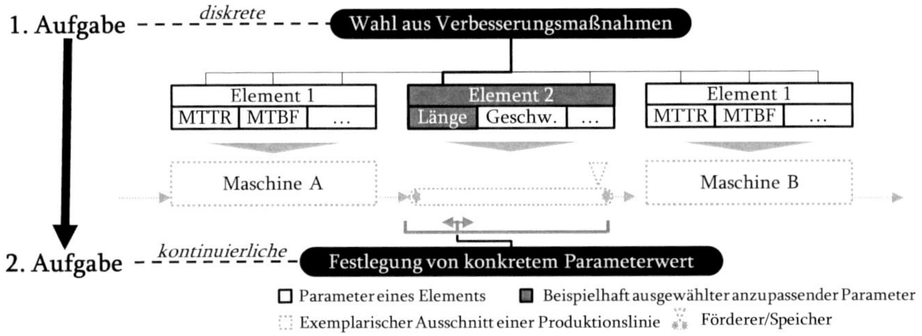

Abbildung 5-3: Beispiel der sequenziellen Aufgaben der Optimierungsschritte

Im Rahmen dieser Arbeit wird das RL-Problem daher hierarchisch aufgebaut und in kleinere RL-Teilprobleme dekomponiert, siehe Abbildung 5-4:

- **1. Aufgabe: Maßnahmenagent (Übergeordnetes MEP):**
  In einem RL-Problem, welches der grundlegenden Formalisierung aus Abbildung 5-1 entspricht, wird eine Verbesserungsmaßnahme inkl. betreffendem Element A_t^M gewählt. Die Auswahl erfolgt dabei aus dem Maßnahmenaktionsraum $\mathcal{A}^M(s)$ und unter Maßgabe der Wirtschaftlichkeit. Die Gestaltung des Aktionsraums wird in *Kapitel 5.2.2* detailliert.
- **2. Aufgabe: Parameteragenten (Untergeordnete MEP):**
  Je nach gewählter Verbesserungsmaßnahme wird zur Konkretisierung der gewählten Maßnahme $\mathcal{A}^M(s)$ ein korrespondierender Parameteragent aufgerufen. Dieser erhält die Verbesserungsmaßnahme inkl. betreffendem Element und sucht den optimalen Einstellwert für den entsprechenden Parameter im aktuellen Zustand der Produktionslinie. Dies entspricht der Wahl eines konkreten Parameterwerts A_t^P aus kontinuierlichen Aktionsräumen $\mathcal{A}^P$. Dabei wird der den Parameteragenten zur Verfügung stehende Aktionsraum durch die Wahl des Maßnahmenagenten festgelegt, sodass $\mathcal{A}^P(\mathcal{A}^M)$. Die Parameteragenten agieren ohne Berücksichtigung der Kosten, da es möglich ist, dass unterschiedliche Verbesserungsmaßnahmen bei gleichem Parameterwert zu unterschiedlichen Kosten führen und die Wahl der Verbesserungsmaßnahme somit die Kosten beeinflusst. Die Wirtschaftlichkeit liegt daher allein im Gestaltungsbereich des Maßnahmenagenten.

Das untergeordnete MEP für die Parameteragenten wird in *Kapitel 5.2.3* näher definiert.

Erst die Kombination der gewählten Aktionen der Agenten beider Problemlösungshierarchien $A_t^M + A_t^P = A_t^{MP}$ ergibt die vollständig parametrisierte Übergabe an die DES der Umgebung, welche den neuen Zustand bewertet. Eine Detaillierung dieser Konkretisierung der Verbesserungsmaßnahmen aus generischen Verbesserungsmaßnahmen mit Hilfe der Parameteragenten findet sich in *Kapitel 5.2.2.* Falls eine generische Verbesserungsmaßnahme keinen Parameterstellbereich enthält, sondern nur einen fixen Parameterwert beschreibt, ist die Konkretisierung durch einen Parameteragenten nicht nötig.

Der Vorteil der Dekomposition des Problems in Teilprobleme, welche mit Hilfe eines Maßnahmenagenten und mehreren Parameteragenten im Zusammenspiel gelöst werden, liegt darin, das Lernen von teilproblemspezifischen Strategien zu ermöglichen. Jeder Parameteragent führt dediziert die Feinjustage eines Parametertyps über alle Elemente der Produktionslinie aus, solange diese ein vergleichbares Betriebsverhalten aufweisen.

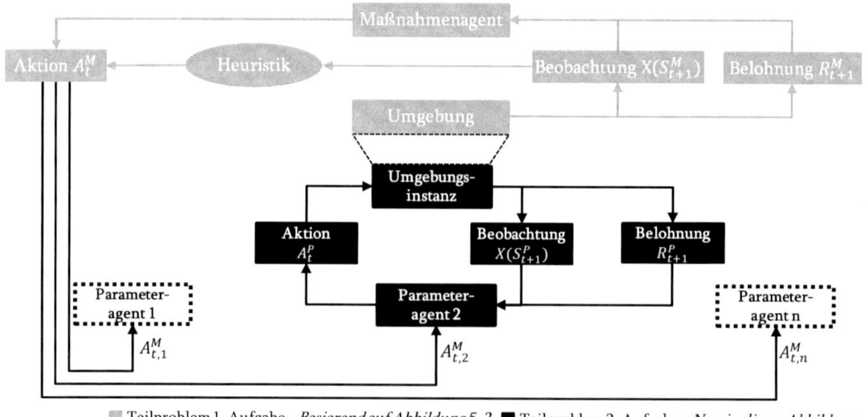

Abbildung 5-4: Erweiterung der Grundinterpretation um Teilprobleme

Die Dekomposition in Teilprobleme ermöglicht die gleichzeitige Erkundung von duplizierten Umgebungsinstanzen der Umgebung durch mehrere Agenten, sodass das Agententraining parallelisiert werden kann.

Diese Dekomposition zur Parallelisierung setzt voraus, dass die Produktionslinie inkl. ihrer Elemente in einer generalisierten Linienstruktur abgebildet werden und somit eine Vergleichbarkeit von Elementen geschaffen wird, damit eine Übertragbarkeit der Strategien von einem Element auf das andere möglich ist. Im Zuge dieser Generalisierung wird die Produktionslinie in einzelne sog. **Kofferelemente**, die jeweils strukturell identisch aufgebaut, allerdings individuell parametrisiert sind, unterteilt. Kofferelemente werden im folgenden *Kapitel 5.1.2* detailliert. Die einheitliche Beschreibung der Produktionslinie ermöglicht die Übertragung gelernter Strategien der Parameteragenten auf andere Kofferelemente, da sich diese aus wiederholenden, standardisierten Elementen zusammensetzen.

In folgender Abbildung 5-5 ist das Zusammenspiel von Heuristik, Maßnahmenagent und Parameteragenten dargestellt.

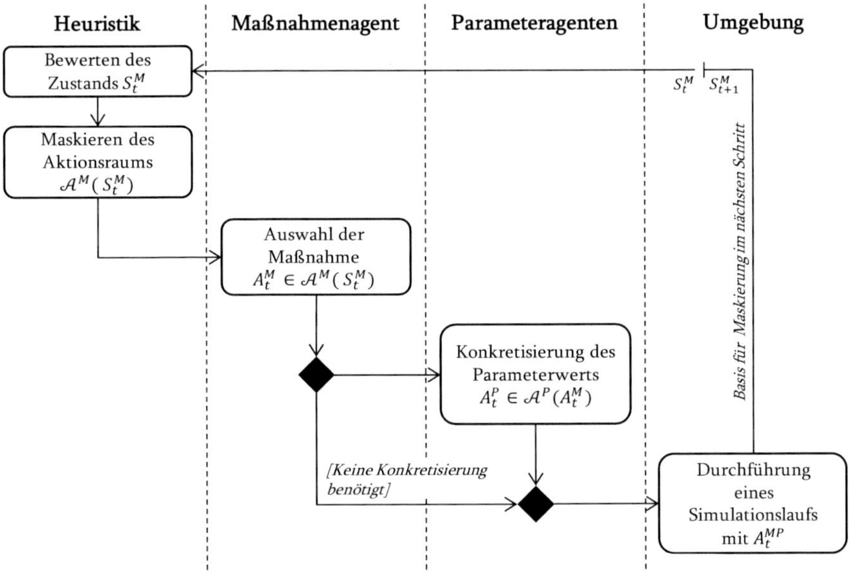

Abbildung 5-5: Sukzessive Festlegung der Verbesserungsmaßnahmen

Um einem Unternehmen eine praxistaugliche Verbesserungstrajektorie anzubieten, muss die Episodenlänge mit realistischen Verbesserungsinitiativen im umzusetzenden Unternehmen übereinstimmen: Diese Episodenlänge muss unternehmensindividuell festgesetzt und so gewählt werden, dass zwar die Vorteilhaftigkeit der Kombination von Einzelmaßnahmen zum Tragen kommt, die Gesamtlänge der Verbesserungstrajektorie allerdings eine abbildbare physische Änderung der Produktionslinie nach sich zieht. Im Rahmen der Arbeit wurde eine **Episodenlänge** von fünf gewählt, andere Episodenlängen sind möglich. Die Episodenlänge gibt keinen Aufschluss über die zeitliche Dauer der Umsetzung. Um diese Zeit zwischen den Maßnahmen zu betrachten, muss eine **Umsetzungszeit** zwischen den Maßnahmen angenommen werden, welche einer zeitlichen Dauer einer Episode entspricht.[437]

Das vollständige Lösungsvorgehen inkl. Heuristik und Parameteragenten ist abschließend in Abbildung 5-6 dargestellt. Die Umgebungsinstanzen je Parameteragent sind zur verbesserten Übersicht nicht abgebildet. Die Abbildung dient im Folgenden zur Einordnung der weiter detaillierten Bestandteile des RL-Problems am Ende jedes Kapitels.

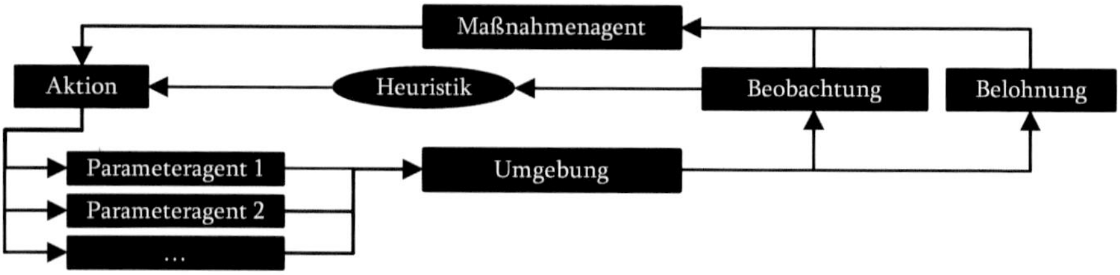

Abbildung 5-6: Heuristisch geleitetes hierarchisches RL-Problem

Im folgenden Kapitel 5.1.2 wird die Verwendung eines Simulationswerkzeugs als Umgebung des MEP beschrieben.

5.1.2 Nutzung eines Simulationswerkzeugs als Umgebung

Eingebettet in das heuristisch geleitete hierarchische RL-Problem kommt dem Simulationswerkzeug die Funktion der Umgebung zu. So wird das Simulationswerkzeug als Bewertungsfunktion für eine Optimierung im Sinne der Alternativensuche genutzt.

Die simulative Untersuchung neukonfigurierter Varianten der Produktionslinie bietet dem RL-Agenten die Möglichkeit, die Auswirkungen der gewählten Verbesse-

---

437 Mit dieser Annahme bietet sich für den Diskontinuierungsfaktor aufgrund der monetären Bewertung des Erfolgs von Verbesserungsmaßnahmen durch die Belohnungsfunktion die Verwendung des Kalkulationszinssatzes unter Normierung auf die Umsetzungszeit an, vgl. Kapitel 5.4.

rungsmaßnahmen auf die Produktionslinie zu beobachten. Aus der Interpretation der Simulationsergebnisse werden der Beobachtungsvektor (vgl. Kapitel 5.3.1), die heuristische Aktionsmaskierung (vgl. Kapitel 5.3.2) und die Belohnungsfunktion (vgl. Kapitel 5.4.2) abgeleitet.

Die hier erörterte Methodik baut auf einem jeweils für die zu verbessernde Produktionslinie erstellten Simulationsmodell auf, welches die Dynamik dieser Linie ausreichend genau beschreiben und somit verifiziert und validiert sein muss.[438] Ein entsprechendes Modell, welches sich mit leichten Anpassungen für die hier beschriebene Methodik einsetzen lässt, beschreiben bspw. SCHUH ET AL. In vielen Unternehmen bestehen bereits entsprechende Simulationsmodelle für Produktionslinien, welche auch mit der hier vorgestellten Methodik genutzt werden können.[439] Für typische Produktionslinien bietet die in Kapitel 5.5.2 vorgestellte Software die Möglichkeit der Erstellung eines Simulationsmodells.

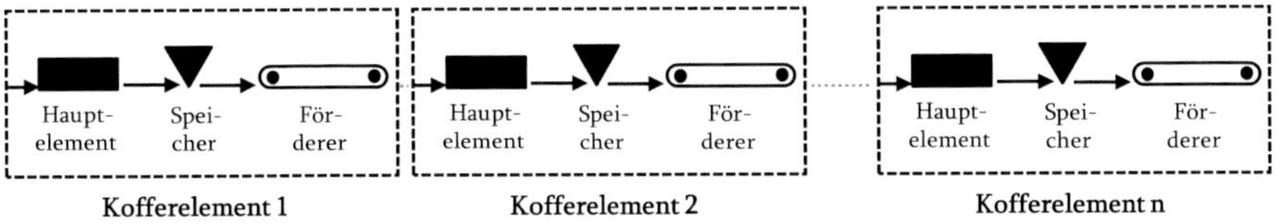

Abbildung 5-7: Generalisierte Linienstruktur mit Kofferelementen

Bei der Modellierung muss sichergestellt werden, dass der Modellaufbau konform mit der in Kapitel 5.1.1 bereits angesprochenen generalisierten Linienstruktur erfolgt, damit die Kommunikation mit den Agenten gelingt. Dazu werden **Kofferelemente** gebildet, welche aus der festen Abfolge von Hauptelement, Speicher und Förderer bestehen, siehe Abbildung 5-7.[440] Existieren Bestandteile der Kofferelemente in der realen Linie an dieser Position nicht, werden sie als Dummyelemente modelliert. **Dummylelemente** sind Elemente der Kategorie Hauptelement, Speicher oder Förderer mit Parameterwerten, welche keine Auswirkungen auf das Betriebsverhalten der Linie ergeben. Eine Änderung dieser Werte durch die Agenten ist

[438] Vgl. für Aufbau eines Simulationsmodells und entsprechende V&V bspw. Verein Deutscher Ingenieure (2014) VDI 3633 Blatt 1, S. 18 ff.

[439] Vgl. Schuh, G. et al. (2021) Erhöhung der Akzeptanz, S. 222 ff.

[440] Alternative Strukturen sind möglich, beispielsweise die Betrachtung der Folge *Förderer – Hauptelement – Speicher – Förderer* als ein Kofferelement. Die Verkettung des Gutstroms wird implizit durch Verkettung von Kofferelementen modelliert.

somit nicht zielführend und wird daher mit Hilfe von Aktionsmaskierung verhindert.

So werden aus Kofferelementen als Grundbausteine Produktionslinien aufgebaut, indem die jeweils zur Realisierung der jeweiligen Verarbeitungsaufgabe notwendige Hauptelemente, Förderer oder Speicher eingesetzt werden. Dabei weist ein Kofferelement jeweils entweder genau einen oder mehrere Ein- und Ausgänge auf, um Nebenströme abzubilden. In diesem Zusammenhang ist auf die Besonderheit von sammelnden Hauptelementen hinzuweisen, welche mehrere Produkte in ein Gebinde sammeln, wie bspw. ein Kartonpacker. Da sich diese Elemente aufgrund der Bündelung mehrerer Eingangsströme anders verhalten als nicht-sammelnde Hauptelemente, müssen diese mit einer binären Variable als solche klassifiziert und der entsprechende **Sammelfaktor** angegeben werden.

Die hier entwickelte Methodik ist bezüglich der beschreibenden Parameter grundsätzlich allgemeingültig und kann daher den konkreten Gegebenheiten einer zu verbessernden Produktionslinie adaptiert, indem auch die betrachteten Parameter angepasst werden. Die wichtigsten und typischen beschreibenden **Parameter** einer Produktionslinie sind laut Erfahrung des Autors allerdings verallgemeinerbar und in folgender Abbildung 5-8 dargestellt. Im Laufe der Arbeit wird sich beispielhaft immer auf diese Parameter bezogen.

Element	Parameter mit Einheit		Beispielhafte Maschinen
 Hauptelemente	MTTR MTBF Nennleistung Kapazität Sammelfaktor	[min] [min] [Stk./min] [Stk.] [#]	Kartonaufrichter, Packer, Etikettierer, Füller, Flaschenaufsteller, Verschließer, Packer, Drucker, ...
 Speicher	Kapazität	[Stk.]	Speichertisch, variable Speicher, ...
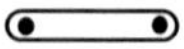 Förderer	Nennleistung Länge	[m/min] [m]	Förderband, Kühlband, Turmspeicher...

Abbildung 5-8: Beschreibende Parameter je Element

Jedem der in Abbildung 5-8 aufgeführten Parameter ist zur Feinjustage dediziert ein Parameteragent zugeordnet, solange die zugehörigen Elemente ein vergleichbares Betriebsverhalten aufweisen.

Aufgrund der Tatsache, dass Speicher und Förderer häufig in einem kombinierten Anlagenelement physisch realisiert werden, werden diese in dieser Arbeit ebenfalls zusammengefasst. Da Fördertechnik im Vergleich zu Hauptelementen bzgl. der Zuverlässigkeit überdimensioniert ausgelegt wird, wird deren Zuverlässigkeit zu 100 % angenommen. Damit wird sich der Annahme von RÖMISCH ET AL. angeschlossen.[441] Hauptelemente werden entsprechend ihrer beschreibenden Zuverlässigkeitsparameter mit Stillständen beaufschlagt.

Um Wechselwirkungen aufzudecken wird für jede durch die Agenten vorgeschlagene Parameterkonfiguration ein dedizierter **Simulationslauf** durchgeführt. Um den für den Trainingsprozess von RL-Agenten hohen Rechenaufwand nicht durch hohe Simulationsaufwände weiter zu erhöhen, wird im ersten Schritt eine deterministische Simulation mit nur einer **Replikation** durchlaufen und stochastische Einflüsse werden nicht betrachtet. Dies ergibt sich aus der Tatsache, dass schon die Durchführung von zwei Replikationen den Rechenaufwand für das Training der Agenten verdoppelt. Spätestens sobald das Training der Agenten allerdings weiter vorangeschritten ist und ca. die Hälfte der zu erwartenden maximalen Belohnung durch die Agenten erwirtschaftet wird, sollte die Anzahl der Replikationen erhöht werden, wenn die zur Verfügung stehende Rechenkapazität dies zulässt.

Alle final identifizierten Maßnahmenkombinationen werden in jedem Fall zur Wahrung der **statistischen Sicherheit** und zur Begegnung stochastischer Effekte in Produktionslinien vor der Ausgabe an die Anwendenden mit ausreichender Anzahl an Replikationen und Simulationsdauer wiederholt.[442] Dieses Vorgehen ist an GUTENSCHWAGER ET AL. angelehnt, welche dies zur Einsparung von Rechenzeit vorschlagen.[443]

Bei diesem Vorgehen ist es dennoch notwendig, dass die **Simulationsdauer** so gewählt wird, dass alle potentiell relevanten Ereignisse mehrmals innerhalb des Simulationslaufs aufgetreten sind, da nur so der Einfluss der Parameter zur Geltung kommt. Bei Simulationslinien muss daher laut Erfahrung des Autors eine Zeit von mindestens sechs Schichten (d.h. 48 h) gewählt werden.

Die spätere Zustandsbewertung und Belohnungsfunktion fußen auf dem **Simulationsergebnis** und auf der Dokumentation der relevanten Prozessgrößen während der

---

441 Vgl. Römisch, P./ Weiß, M. (2014) Projektierungspraxis Verarbeitungsanlagen, S. 85.
442 Vgl. Kapitel 5.5.1.
443 Vgl. Gutenschwager, K. et al. (2017) Simulation in Produktion, S. 187 und 244.

Simulationsläufe. Es ist deswegen sicherzustellen, dass alle notwendigen Größen für eine Bewertung während jeder der Simulationsläufe in einer **Spur** (engl. trace) mitgeschrieben werden und nicht nur die finalen Ergebnisse zum Simulationszeitende dokumentiert werden. Abbildung 5-9 zeigt die zu dokumentierenden Größen. Bei in der Spur zu dokumentierenden Zeiten handelt es sich jeweils um Einträge je Ereignis mit Start- und Endzeitpunkt bezogen auf die Simulationszeit. Es werden daher Listen mit Zeitpunkten, keine einzelnen Zeiten gespeichert.

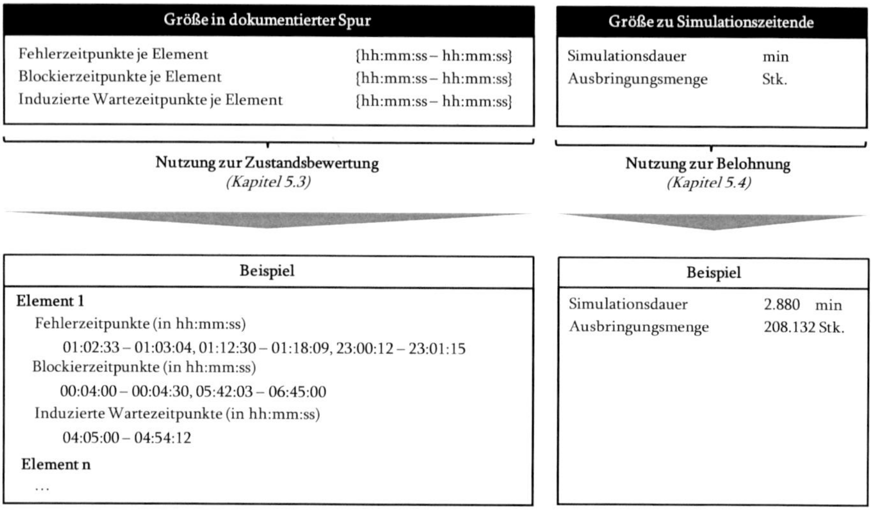

Abbildung 5-9: Simulationsergebnis mit Größen und Beispielen

Das Simulationsmodell berücksichtigt während der Laufzeit keine Kosten, erst durch die nachgelagerten Bewertungsmodule werden diese berechnet. Es handelt sich daher um eine nachgelagerte Kostensimulation nach HIRSCH ET AL.[444]

Die folgenden Schritte charakterisieren die **Interaktion der Agenten** mit dem Simulationswerkzeug. Diese wird bei jedem Aufruf der Simulationskomponente durchlaufen. Je nachdem, ob eine Maßnahme der Konkretisierung durch einen Parameteragenten bedarf, wird die Simulationskomponente direkt nach dem Maßnahmenagenten oder erst nach der Konkretisierung durch den Parameteragenten aufgerufen.

---

[444] Vgl. Hirsch, C. et al. (2019) Grundlagen der Kostensimulation, S. 92.

1. **Anpassung der Parameter des Simulationsmodells:** Der Linienzustand des Simulationsmodells muss entsprechend der festgelegten Parameterwerte der ausgewählten Verbesserungsmaßnahme verändert werden. Die Parametrisierung des Simulationsmodells wird daher dynamisch für jeden Schritt durch den Agenten vorgenommen.
2. **Durchführen eines Simulationslaufs:** Nachdem die Parameterwerte geändert wurden, wird ein Simulationslauf gestartet. Bei ausreichend zur Verfügung stehender Rechenkapazität wird dieser stochastisch mit mehreren Replikationen, andernfalls deterministisch ausgeführt.[445] Während des Simulationslaufs werden die in Abbildung 5-9 links dargestellten Größen der Spur dokumentiert.
3. **Auslesen der Simulationsergebnisse**: Nach Ende der Simulationsdauer, werden die in Abbildung 5-9 rechts dargestellten Größen ausgelesen. Zu diesem Zeitpunkt wird die Simulation vollständig zurückgesetzt, sodass ein neuer Simulationslauf entkoppelt von bisherigen Simulationsläufen stattfindet.

Während der Durchführung der oben beschriebenen Schritte findet die Kommunikation der Agenten mit der Simulationsumgebung automatisiert statt.

Neben den oben beschriebenen Simulationsgrößen sind je nach Anwendungsfall spezifische weitere Informationen je Element benötigt, welche initial definiert werden müssen. Beispielhaft zu nennen sind die geometrischen Abmaße der zu produzierenden Produkte oder die Produktmenge je Karton für ein sammelndes Hauptelement.

Die folgende Abbildung 5-10 ordnet abschließend die beschriebene Simulationskomponente in das Gesamtvorgehen ein.

[445] Bei der deterministischen Durchführung muss immer derselbe Startwert für die Zufallsgeneratoren genutzt werden, damit die Ergebnisse tatsächlich untereinander vergleichbar und deterministisch sind.

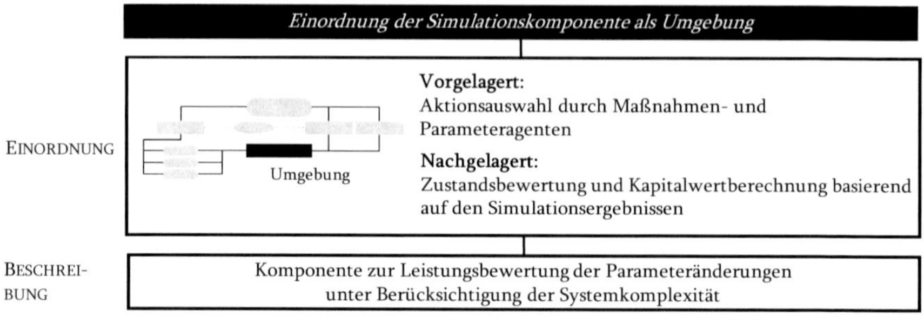

Abbildung 5-10: Einordnung des Kapitels 5.1.2 in das Gesamtvorgehen

5.1.3 Lösung des RL-Problems in drei Phasen

In Kapitel 5.1.1 wurde das Problem der wirtschaftlichen Leistungssteigerung von Produktionslinien als RL-Problem formuliert. In diesem Kapitel wird erörtert, wie dieses formalisierte Problem gelöst wird.

Um der Problemkomplexität gerecht zu werden, wird sich zur Lösung eines DRL-Algorithmus bedient. Diese eignen sich aufgrund der Nutzung tiefer KNN für derartige Problemstellungen. Zur Reduktion des Implementierungsaufwands wird ein Algorithmus verwendet, der sowohl kontinuierliche Aktionsräume (Parameteragenten) als auch diskrete Aktionsräume (Maßnahmenagent) bedienen kann. Die Wahl fällt daher auf den **PPO-Algorithmus**[446] nach SCHULMANN ET AL. Dieser verspricht aufgrund guter Ergebnisse in vergleichbaren produktionstechnischen Anwendungen ein hohes Potenzial.[447] Eine detaillierte Beschreibung zur prototypischen Implementierung findet sich in Kapitel 6.1.

Die in Kapitel 5.1.1 beschriebene Dekomposition des RL-Problems in hierarchische Teilprobleme ermöglicht die zeitliche Entkopplung und gleichzeitig die Parallelisierung des Trainings der unterschiedlichen Parameteragenten. Der Maßnahmenagent kann daher in seiner Trainingsphase auf Parameteragenten in ihrer Inferenzphase, daher bereits trainierte und daher das Teilproblem lösende Parameteragenten, zugreifen.

---

[446] Vgl. Schulman, J. et al. (2017) Proximal Policy Optimization.

[447] Vgl. Kapitel 2.4.3.

Daraus ergeben sich drei Lösungsphasen der Methodik, welche im Folgenden beschrieben werden und in Abbildung 5-11 dargestellt sind.

In der **ersten Phase** wird zunächst die zu optimierende Linie ohne Parameteränderungen als Referenzlinie an die Simulationsumgebung übergeben und simuliert, um die Ausbringungsmenge M_{ref} im Initialzustand zu ermitteln und später mit den Auswirkung geänderter Parameterwerten auf die Ausbringungsmenge vergleichen zu können. Anschließend werden die Parameteragenten trainiert, der Maßnahmenagent wird zunächst nicht verwendet. Das Ziel ist das Finden von Strategien für jeden benötigten Parameteragenten., sodass diese bei späterem Aufruf durch den Maßnahmenagenten den für den aktuellen Zustand der Produktionslinie passenden Parameterwert zurückgeben. Für das Training der Parameteragenten werden als Umgebung eine Vielzahl an ähnlichen Varianten der zu optimierenden Produktionslinie genutzt. Die erste Phase ist beendet, wenn sich jeweils keine Verbesserung der Belohnung für 30 konsekutive Episoden ergibt, also die Lernkurve ein Plateau erreicht und das Lernverhalten konvergiert. Das Training der Parameteragenten wird in Kapitel 5.2.3 detailliert beleuchtet.

In der **zweiten Phase** wird der Maßnahmenagent trainiert. Es wird sich der in der ersten Phase trainierten Parameteragenten bedient und diese in ihrer Inferenzphase genutzt. In dieser Phase wird somit das bereits in Kapitel 5.1.1 beschriebene übergeordnete RL-Problem ausgeführt. Als Umgebung für diese Phase wird der Referenzzustand, also der Ausgangszustand der konkret zu optimierenden Produktionslinie vor der Anwendung von Verbesserungsmaßnahmen genutzt. Die zweite Phase ist beendet, wenn der Gewinn des Agenten über 30 konsekutive Episoden nicht gesteigert werden konnte, also die Lernkurve ein Plateau erreicht und das Lernverhalten konvergiert.

In der **dritten Phase** befinden sich beide Agententypen in der Inferenzphase, sodass die erlernten Strategien beider Agenten angewandt werden. Die so erzeugten Episoden, d.h. Kombinationen von Verbesserungsmaßnahmen ergeben die Verbesserungstrajektorien und somit Projekte zur Anpassung der Produktionslinie. Da in Phase eins und zwei bei niedriger zur Verfügung stehender Rechenkapazität die stochastische Charakteristik von Produktionslinien nicht ausreichend berücksichtigt wurde, müssen die finalen Parameterkombinationen der jeweiligen Trajektorien nochmals unter Berücksichtigung der stochastischen Effekte und daher mit längeren

Simulationsdauern und höherer Replikationszahl erneut simuliert. Eine generalisierte Aussage über eine notwendige Anzahl an Replikationen kann nicht gegeben werden und es sollte eine anwendungsfallspezifische Empfehlung durch den das Simulationsmodell aufbauenden Simulationsexperten eingeholt werden.

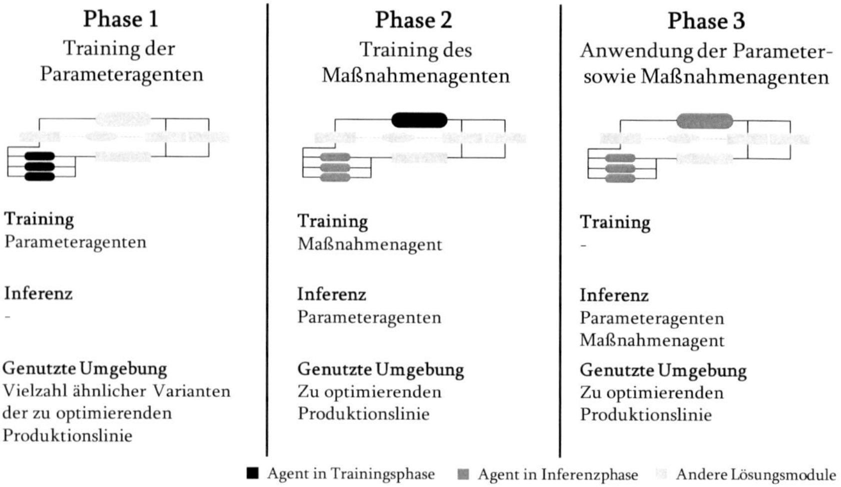

Abbildung 5-11: Lösung des RL-Problems in drei Phasen

Diese erneute Simulation aktualisiert die zu dieser Trajektorie bisher gespeicherte Ausbringungsmenge. Erst nach dieser Aktualisierung werden die Trajektorien entsprechend des sich mit aktualisierter Ausbringungsmenge ergebenden Gewinns absteigend sortiert. Diese sortierte Liste mit Verbesserungstrajektorien bildet den Eingang für das Entscheidungsunterstützungsmodul, welches in Kapitel 5.5.1 beschrieben wird.

Abbildung 5-12 ordnet dieses Kapitel in das Gesamtkonzept ein.

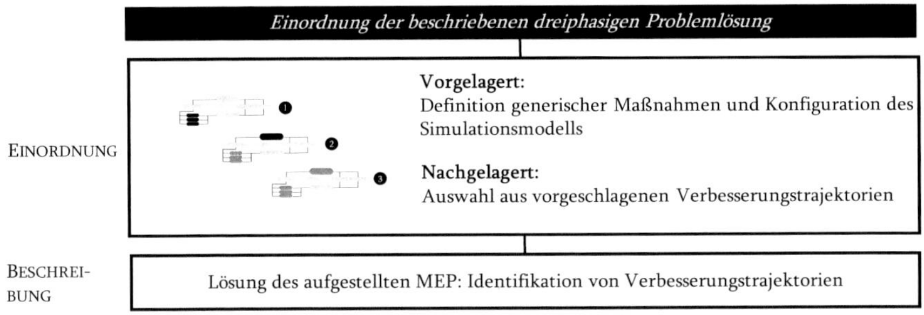

Abbildung 5-12: Einordnung des Kapitels 5.1.3 in das Gesamtvorgehen

5.2 Identifikation konkreter Verbesserungsmaßnahmen

Als **Verbesserungsmaßnahmen** werden in dieser Arbeit konkrete Handlungen verstanden, welche eine Änderung am Betriebsverhalten der Produktionslinie bewirken und das Potential besitzen, die Leistung wirtschaftlich zu steigern. Eine Maßnahme zielt immer auf eine spezifische Änderung des Zustands der Produktionslinie ab. Eine Maßnahme ist entweder einem spezifischen Element zuzuordnen oder betrifft alle Elemente der Produktionslinie mit demselben Parametertyp. Ein Beispiel für eine solche Maßnahme ist die Erhöhung der Anzahl der Mitarbeitenden, welche für alle Elemente der Produktionslinie zu schnelleren Reaktionszeiten bei Stillständen und somit zur Senkung der MTTR der Elemente führt.

Aufgrund der Komplexität von Produktionslinien ist zunächst nicht bekannt, ob eine Verbesserungsmaßnahme auch tatsächlich zu einer Verbesserung des Betriebsverhaltens führt, weswegen für jede Verbesserungsmaßnahme ein Simulationslauf zur Bewertung durchgeführt werden muss. Daraus ergeben sich zwei Schlussfolgerungen:

- Eine Notwendigkeit für die zu bewertenden Verbesserungsmaßnahme ist, dass sich die bewirkte Veränderung des Linienzustandes in Parametern des Simulationsmodells ausdrücken lässt. Dies lässt sich auf der einen Seite als Anforderung sowohl an die Formulierung von Verbesserungsmaßnahmen als auch and die Modellierung der Produktionslinie verstehen. Auf der anderen Seite stellt dies eine Einschränkung, der zu betrachtenden Verbesserungsmaßnamen dar, da nicht alle Verbesserungsmaßnahmen in Form von quantitativen Simulationsparametern beschreibbar sind.

- Eine Verbesserungsmaßnahme muss so konkret formuliert sein, dass sie in einen Intervall für spezifische Simulationsparameter überführt werden kann. Aufgrund der Komplexität ist der tatsächlich optimale Wert innerhalb dieses Intervalls für den aktuellen Linienzustand aber zuerst unbekannt, sodass dieser zustandsspezifisch bestimmt werden muss.

Verbesserungsmaßnahmen sind durch konkrete Werte für die Änderung der Parameter oder ein Intervall als Parameterstellbereich definiert, aus dem der konkrete Parameterwert gewählt wird. Es existiert daher ein optimaler Parameterwert innerhalb des Parameterstellbereichs der Maßnahme abhängig vom aktuellen Linienzustand. Die in Kapitel 5.1.1 erläuterte hierarchische Problemformulierung in zwei konsekutive Schritte nutzt diesen Zusammenhang: Der Maßnahmenagent wählt eine auszuführende generische Verbesserungsmaßnahme inkl. dem betreffenden Element. Für Verbesserungsmaßnahmen mit Parameterstellbereich konkretisieren die Parameteragenten diese Maßnahme folgend zu einer konkreten Maßnahme inkl. Parameterwert. Daher wird im Folgenden zuerst eine Kategorisierung generischer Verbesserungsmaßnahmen erarbeitet, auf deren Grundlage fallspezifisch ein Katalog an Verbesserungsmaßnahmen erarbeitet wird. (Kapitel 5.2.1). Im Anschluss wird erörtert, wie dieser Katalog als Aktionsraum dient und wie die Parameteragenten diese generischen Maßnahmen konkretisieren (Kapitel 5.2.2). Abschließend wird dargelegt, wie die Formulierung als MEP und ein angepasstes Training dieses Vorgehen der Parameteragenten ermöglicht (Kapitel 5.2.3).

5.2.1 Kategorisierung und Beschreibung generischer Verbesserungsmaßnahmen

Vor Anwendung der Optimierungsmethode müssen Maßnahmen für die spezifisch zu untersuchende Produktionslinie erarbeitet und dem Maßnahmenagenten zur Verfügung gestellt werden. Diese Maßnahmen müssen alle umsetzbaren Möglichkeiten der Anpassung beinhalten und daher für alle Elemente der Produktionslinie gesammelt werden. Eine Konzentration der Maßnahmensuche auf Elemente mit bereits bekannten Schwachstellen ist nicht zielführend, da die Produktionslinie immer holistisch betrachtet und verbessert werden muss und ursächliche Schwachstellen ohne simulative Untersuchung ggf. nicht sichtbar sind.

Für das initiative Finden der generischen Maßnahmen werden Kreativtechniken, bspw. Brainstorming, in Kombination mit intuitiv-heuristischen Verfahren wie der 5W-Methode eingesetzt.[448] Dazu sollten Mitarbeitende mit unterschiedlichen Perspektiven auf die Produktionslinie eingebunden werden. So wird sichergestellt, dass sowohl praktisches als auch strategisches Wissen berücksichtigt wird. Letzteres ist notwendig, damit alle identifizierten Maßnahmen entsprechend der übergeordneten Produktionsstrategie des Unternehmens formuliert werden.[449]

Das Ziel ist die Externalisierung des Wissens über *potentiell* durchzuführende Maßnahmen, nicht von *sinnvollen* Maßnahmen, da die Bewertung der Maßnahmen im Anschluss durch die Optimierungsmethode geschieht. Es ist perspektivisch möglich, diesen Prozess durch das Anlegen einer unternehmensweiten Datenbank, in der Maßnahmen generalisiert gesammelt und bei Bedarf für eine Produktionslinie spezifiziert werden können, zu unterstützen.

Inspiration für die Identifikation möglicher Verbesserungsmaßnahmen von Produktionslinien mit Hilfe von Ursache-Wirkungs-Analysen bieten adaptierte OEE-Verlustbäume, wie bspw. von Focke und Steinbeck.[450] Die simulative Untersuchung der Maßnahmen ist nur mit direktem Bezug der Maßnahme zu beschreibenden Simulationsparametern möglich. Daher muss schon bei der Sammlung möglicher Verbesserungsmaßnahmen dieser Bezug hergestellt werden. Es bietet sich an, das Prinzip der OEE-Verlustbäume aufgrund der hohen Verbreitung zu adaptieren und um eine Ergänzung von beschreibenden Simulationsparametern zu ergänzen. Abbildung 5-13 zeigt eine Zuordnung von Elementtypen, beschreibenden Simulationsparametern und einer **Verbesserungsmaßnahmenkategorie**.

Diese Verbesserungsmaßnahmenkategorisierung stellt als Strukturierungshilfe ein Hilfsmittel im kreativen Prozess der Maßnahmensammlung dar. Es wird in maschinenspezifische Maßnahmen zur Verringerung der MTTR, Maßnahmen zur Erhöhung der MTBF sowie zur Erhöhung der Nennleistung oder Kapazität unterschieden. Maßnahmen sind dabei technischer oder organisatorischer Natur. Letztere beinhalten personalbezogene Maßnahmen, beispielsweise die Erhöhung der Anzahl

[448] Damit orientiert sich dieser Ansatz an einem Großteil der vorgestellten manuellen Ansätze in Kapitel 3.2.3 wie bspw. Zennaro, I. et al. (2018) Micro Downtime: Data.

[449] Vgl. Wu, K. et al. (2020) A generalization of, S. 11.

[450] Vgl. Focke, M./ Steinbeck, J. (2018) Steigerung der Anlagenproduktivität, S. 43.

der eingesetzten Mitarbeitenden oder die gezielte Durchführung von Qualifikationsmaßnahmen.

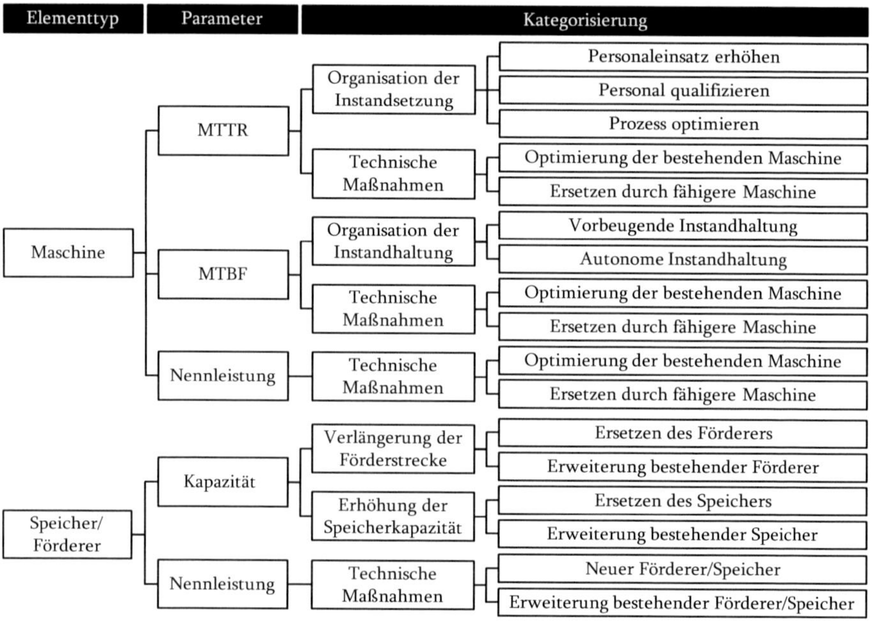

Abbildung 5-13: Kategorisierung generischer Verbesserungsmaßnahmen[451]

Diese werden von Maßnahmen unterscheiden, welche den Instandsetzungs- und Instandhaltungsprozess selbst betreffen. Technische Maßnahmen umfassen dagegen jegliche Änderungen an den Elementen und auch das Ersetzen dieser durch alternative Elemente, die eine bessere Leistungsfähigkeit versprechen. Eine weitere Kategorie von Maßnahmen zielt auf die verbesserte Entkopplung der Elemente ab, um Blockieren und induziertes Warten benachbarter Elemente zu reduzieren.

Die Kategorisierung der möglichen Maßnahmen hilft dabei, einen Übertrag von möglichen Maßnahmen für ein Element auf ein weiteres zu bilden. Diese maßnahmenübergreifende Beschreibung von Ähnlichkeiten verbessert das Lern- und

[451] i.A.a. Hopp, W. et al. (2007) A Diagnostic Tree, S. 91; Focke, M./ Steinbeck, J. (2018) Steigerung der Anlagenproduktivität, S. 43; Dobra, P./ Jósvai, J. (2022) Assembly Line Overall, S. 3 – Die hier beschriebenen Verbesserungskategorien beziehen sich auf die in Abbildung 5-8 definierten betrachteten Simulationsparameter.

Transferverhalten des Maßnahmenagenten. Dies ermöglicht dem Agenten ähnliche Maßnahmen bei ähnlichen Zuständen an unterschiedlichen Anlagenelementen zu wählen.[452] Gleichzeitig unterstützt die Kategorisierung die menschliche Kognition im Erstellungsprozess. Mit der Hilfe der Kategorisierung und unter Verwendung des unternehmensindividuellen Domänenwissens werden somit produktionslinienindividuelle generische Maßnahmen definiert.

In Abbildung 5-14 werden beispielhafte Maßnahmen in die Kategorisierung aus Abbildung 5-13 eingeordnet. Es wird deutlich, dass Maßnahmen entweder verschiedene Parameter desselben Elementes *(b)* oder alle Elemente eines Parametertyps *(c)* verändern. Gleichzeitig ist ersichtlich, dass unterschiedliche Maßnahmen mit demselben Verbesserungsziel existieren *(a)*. Dies ist bspw. der Fall, wenn unterschiedliche Leistungssteigerungsklassen mit jeweils unterschiedlichen verbundenen Kosten zur Verfügung stehen. Kombinationen der Fälle *(a)*, *(b)* und *(c)* sind möglich.

Damit ergibt sich die Forderung, dass eine Verbesserungsidee immer dann in einer eigenen Verbesserungsmaßnahme formuliert werden muss, wenn sich der mögliche Parameterstellbereich oder die mit diesem Stellbereich verbundenen Kostenverläufe zu anderen Verbesserungsideen unterscheiden. Verbesserungsmaßnahmen dürfen entsprechend keine Diskontinuitäten oder Wendepunkte bzgl. des Kostenverlaufs beinhalten.[453] Diese Forderung schränkt auch die Formulierung von Fall *(c)* in obiger Abbildung ein, da die Formulierung einer Maßnahme für mehrere Elemente nur dann erlaubt ist, wenn diese exakt gleich sind. Daraus ergibt sich eine Vielzahl an Maßnahmen, welche eine hohe Ähnlichkeit zu anderen aufweisen und sich nur marginal unterscheiden. In diesen Fällen hilft die Verbesserungsmaßnahmenkategorisierung, um ähnliche Maßnahmen auch über Elemente hinweg als solche zu erkennen.

---

[452] Vgl. Konidaris, G. et al. (2012) Transfer in reinforcement, S. 1333 - 1340.

[453] Bspw. müssen zwei Maßnahmen definiert werden, wenn ein Element durch Option A im Stellbereich [1;6] für 1.000€ und durch Option B im Stellbereich [4;7] für 800€ verbessert werden kann. Auch ist dann eine zweite Maßnahmendefinition notwendig, wenn in Option A von einem linearen Zusammenhang von Parameterstellbereich zu Kosten und in Option B von einem bspw. exponentiellen Zusammenhang ausgegangen werden muss.

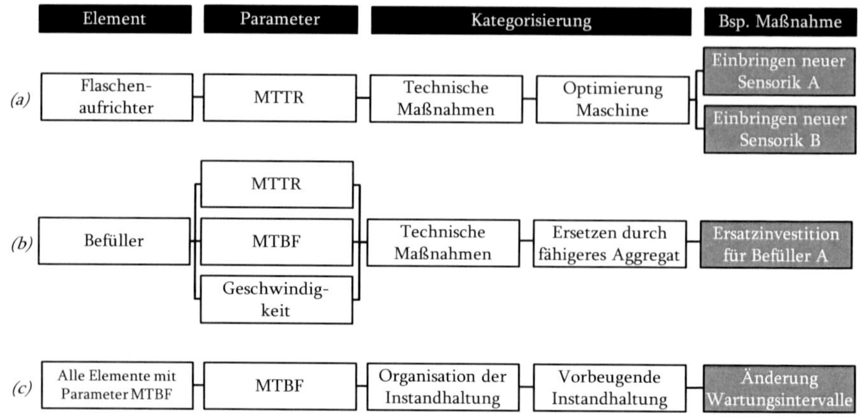

Abbildung 5-14: Beispielhafte Zuordnung generischer Maßnahmen zu Elementen

Es wird bei der Formulierung der generischen Verbesserungsmaßnahmen in **Leistungs-, Kosten- und Beschreibungsvariablen** unterschieden. Dabei ist es möglich, dass Leistungsparameter Einfluss auf Kosten nehmen, Kostenvariablen nehmen aber keinen Einfluss auf die Leistung der Produktionslinie. Beschreibungsvariablen sind für spätere Leistungs- und Kostenberechnungen irrelevant. Die Variablen werden wie folgt charakterisiert:

- **Leistungsvariablen** beschreiben mit der Maßnahme verbundene Parameteränderungen im Simulationsmodell. Dabei ist der Bezug auf mindestens einen Parameter notwendig. Da die Maßnahmen generisch formuliert sind und einer späteren Konkretisierung bedürfen, kann für Maßnahmen neben einem konkreten Wert auch ein Stellbereich für Parameter angegeben werden. Dieser Stellbereich muss sich im Intervall zuvor definierter technischer Grenzen bewegen. Im Rahmen dieser Arbeit werden nur absolut definierte Maßnahmen und keine Beschreibung relativer Änderungen betrachtet.
- **Kostenvariablen:** Die Umsetzung jeder Maßnahme ist mit Kosten verbunden. Die entstehenden Kosten werden in Festkosten mit zugehöriger Abschreibungsdauer, jährliche Fixkosten und variable Kosten gegliedert.[454] Für den Fall, dass ein Parameterstellbereich angegeben ist, verändern sich

[454] Vgl. Kapitel 2.2.3.

die entstehenden Kosten in Abhängigkeit des eingestellten Parameters und werden daher entsprechend des zu definierenden Kostentreibers interpoliert. Es muss daher eine Kostenfunktion angenommen werden, die auf dem Intervall des Parameterstellbereichs jedem Wert einen Kostenwert zuordnet. Im Rahmen dieser Arbeit werden entweder lineare oder exponentielle Kostenfunktionen betrachtet, andere stetige Funktionen sind möglich. Die Berechnung der mit Maßnahmen verbundenen Kosten wird in Anschluss an die Durchführung des Simulationslaufs als Basis für die Belohnung des Maßnahmenagenten vorgenommen. Die Berechnung wird in Kapitel 5.4 detailliert.

- **Beschreibungsvariablen:** Jede Maßnahme wird neben einem Namen mit einem beschreibenden Text versehen, um die Interpretation für Anwendende zu verbessern. Gleichzeitig bezieht sich eine Maßnahme immer auf konkrete Elemente der Produktionslinie oder auf alle Elemente mit einem bestimmten Parametertyp. Zusätzlich wird eine standardisierte Verbesserungsmaßnahmenkategorie vergeben, welche die Maßnahme hinsichtlich ihrer qualitativen Eigenschaften charakterisiert. So werden bspw. personalintensive Maßnahmen mit der Kategorie „Personal" beschrieben.[455]

Fixe und variable Kosten sind bei der Maßnahmendefinition als die Differenzkosten zum Referenzzustand aufzufassen. Besteht eine Maßnahme beispielsweise im Ersetzen einer alten Maschine durch eine neue, wird lediglich die Differenz der Stückkosten von neuer und alter Maschine betrachtet, da die Stückkosten der alten Maschine entfallen. Dies kann auch in Maßnahmen mit negativen fixen oder variablen Kosten resultieren, zum Beispiel, wenn eine neue Maschine deutlich energieeffizienter produziert als die ersetzte Maschine. Zum Zeitpunkt der Maßnahmensammlung sollten die Kosten zwar so genau wie möglich angegeben werden, doch sind erfahrungsbasierte Schätzungen und Richtwerte zu den Maßnahmen zu diesem Zeitpunkt ausreichend. Vor der physischen Umsetzung von Verbesserungsmaßnahmen sollten die geschätzten Kosten allerdings durch konkrete Angebote von Lieferanten ersetzt und die Feinabstimmung der Maßnahmen mit Hilfe von Parame-

---

[455] Eine solche Kategorisierung wird im Kontext von maschinellem Lernen häufig als *(Shared) Feature* bezeichnet. Diese Features müssen daher *geteilt* über mehrere Maßnahmen sein, sodass ähnliche Maßnahmen tatsächlich der gleichen Kategorie zugeordnet sind und die Kategorien nicht zu feingranular gegliedert werden, sodass eine Kategorie nur einzelne Maßnahmen umfasst.

terstudien in enger Zusammenarbeit mit den Lieferanten konkretisiert werden, vgl. Kapitel 5.5.3.

Da die spätere Wirtschaftlichkeitsbetrachtung basierend auf einem Kapitalwert vorgenommen wird, ist die Betrachtung von Abschreibungsdauern irrelevant und muss daher nicht betrachtet werden. Stattdessen wird eine für alle Verbesserungsmaßnahmen geforderte Amortisationsdauer festgelegt, vgl. Kapitel 5.4.1.

Für gewöhnlich sollte je Parameter (Geschwindigkeit, MTBF, etc.) ein Parameteragent genutzt werden. Es ist möglich, dass Modellierungen von Produktionslinien und Verbesserungsprojekte existieren, in denen davon abgewichen werden und es dezidiertere Agenten bspw. für ähnliche Maschinen geben muss. Falls eine Maßnahme bereits so formuliert ist, dass diese keiner Konkretisierung durch einen Maßnahmenagenten bedarf, wird entsprechend kein Maßnahmenagent verknüpft. Abbildung 5-15 zeigt die Zusammenfassung der Variablen, welche für jede einzelne Verbesserungsmaßnahme erfasst wird. Diese Variablen müssen je Verbesserungsmaßnahme produktionslinienindividuell erhoben werden.

Beschreibungsvariablen	Leistungsvariablen	Kostenvariablen
• Name • Beschreibung • Betreffendes Element • Verbesserungsmaßnahmen-kategorie	• Liste der betreffenden Simulationsparameter • Liste der Grenzen des *unteren* Stellbereichs je Simulationsparameter • Liste der Grenzen des *oberen* Stellbereichs je Simulationsparameter	• Kostentreiber • (Festkosten/variable Kosten/Fixkosten) für *untere* Grenze des Stellbereichs des Kostentreibers • (Festkosten/variable Kosten/Fixkosten) für *obere* Grenze des Stellbereichs des Kostentreibers • Erlös in erster Periode • Kostenfunktion (linear/exp.)

Abbildung 5-15: Variablen je Verbesserungsmaßnahme

Die Summe aller Maßnahmen bildet die Basis für die Aktionsräume $\mathcal{A}^M$ des Maßnahmenagenten sowie $\mathcal{A}^P$ der Parameteragenten. Die Konkretisierung der generischen Maßnahmen durch die Parameteragenten wird im folgenden Kapitel detailliert. Der Aktionsraum des Maßnahmenagenten wird durch eine Heuristik vor der Auswahl auf Grundlage des aktuellen Linienzustands eingeschränkt. Die Maßnahmenheuristik wird in Kapitel 5.3.2 detailliert. Abbildung 5-16 ordnet die Kategorisierung generischer Verbesserungsmaßnahmen in das Gesamtvorgehen ein.

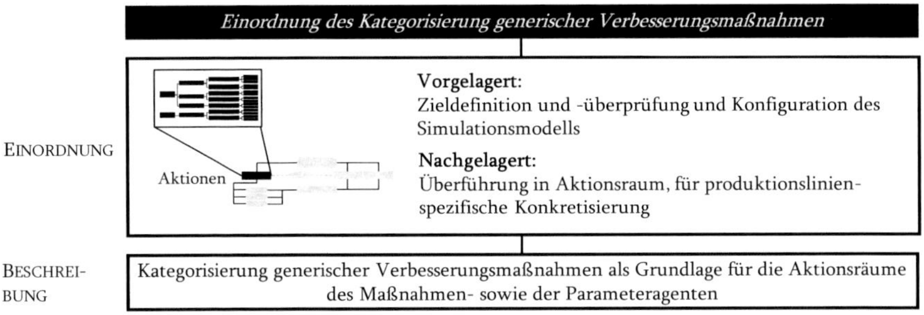

Abbildung 5-16: Einordnung des Kapitels 5.2.1 in das Gesamtvorgehen

5.2.2 Konkretisierung der Verbesserungsmaßnahmen und abgeleitete Aktionsraumgestaltung

Die Gestaltung des Aktionsraums des Maßnahmenagenten erfolgt mit dem Ziel, die in Kapitel 5.2.1 beschriebenen charakteristischen Merkmale in der Maßnahmenauswahl zu berücksichtigen. Des Weiteren bestimmt die Wahl des Aktionsraumes sowohl das Lernverhalten als auch die allgemeine Anwendbarkeit und Übertragbarkeit der Methodik.

Eine intuitive Möglichkeit den Aktionsraum zu bilden, stellt eine eindimensionale Liste mit den generischen Maßnahmen dar, aus welcher der Maßnahmenagent in jedem Schritt genau eine Maßnahme wählt. Ein solcher Aktionsraum ist als ein Ganzzahlenbereich definiert, dessen Werte mit den Positionen der Maßnahmen in der Liste korrespondieren. Aus der Liste werden alle Informationen über die generischen Maßnahmen, wie Element und Parameter nach der Wahl zur Durchführung eines Simulationslaufs genutzt. Der Nachteil der beschriebenen Lösung liegt in der begrenzten Übertragbarkeit der vom RL-Agenten gewonnenen Erkenntnisse, da strukturierende Informationen zu den Maßnahmen im Aktionsraum nicht abgebildet sind. Der Agent versteht jeden Ganzzahlenwert als eigenständige, von den restlichen Aktionen unabhängige Aktion und Ähnlichkeiten zwischen diesen Aktionen werden erst durch die mit der Zeit gemachten Beobachtungen aufgedeckt. Im Verlauf der Optimierung wird der Agent daher jede Aktion unabhängig erforschen müssen, wodurch der Lernprozess mit steigender Anzahl der Maßnahmen erschwert wird.

Abhilfe schafft die mehrdimensionale Strukturierung des Aktionsraums anhand des adressierten Stellhebels einer Verbesserungsmaßnahme, sodass ein zweidimensionaler Raum aus Parametertyp und Kofferelementen aufgespannt wird.

Somit spannt die Kombination aus einem Parametertyp und einem Kofferelement ein **Maßnahmenbündel** auf. Diesem Maßnahmenbündel werden alle Verbesserungsmaßnahmen zugeordnet, welche der Kombination aus Parametertyp und Kofferelement entsprechen.[456] So ergibt sich, dass der Aktionsraum sortiert ist und Maßnahmen mit ähnlichen Stellhebeln räumlich nahe beieinanderliegen.

Die Maßnahmen innerhalb des Maßnahmenbündels werden entsprechend ihren möglichen Parameterstellbereichen auf einer kontinuierlichen Skala **Ausprägung** a_a abgetragen. Diese kontinuierliche Skala bildet die dritte Dimension des Aktionsraums des Maßnahmenagenten. Die Ausprägung a_a beschreibt auf einer kombinierten Skala mit dem Intervall [0; 1] alle Maßnahmen des Maßnahmenbündels. Die untere Grenze der Skala repräsentiert den Parameterwert der unteren technischen, die obere Grenze der Skala bildet der Parameterwert der oberen technischen Grenze, siehe beispielhaft in Abbildung 5-17. Es ist möglich, dass einer Maßnahme nur genau ein Parameterwert anstatt eines Intervalls an Werten zugeordnet ist. In diesem Fall wird diese Maßnahme durch einen Punkt auf der Skala beschrieben.

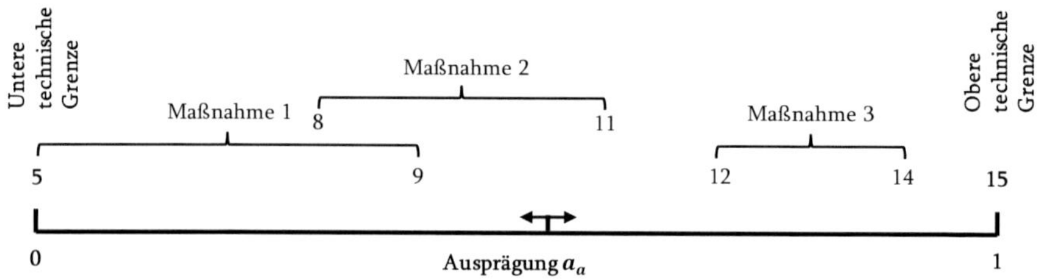

Abbildung 5-17: Beispielhafte Darstellung der Dimension Ausprägung

[456] Wenn Verbesserungsmaßnahmen mehrere Parameter adressieren, wird diese Maßnahme mehreren Maßnahmenbündeln zugeteilt. Dies entspricht Fall *(c)* in Abbildung 5-14.

Es ergibt sich ein Tupel A^M welches jede zu wählende Aktion des Maßnahmenagenten beschreibt, siehe Formel 5-1. Dabei enthält jedes Kofferelement dieselbe Struktur an Parametern.

Formel 5-1: Indizierung von Aktionen des Maßnahmenagenten

$$A^M = (a_e, a_p, a_a)$$

mit
- A^M Aktion des Maßnahmenagenten
- a_e Index des betroffenen Kofferelements
- a_p Index des betroffenen Parameters
- a_a Ausprägung des betroffenen Parameters mit $a_a \subset [0; 1]$

Nach der Wahl des Tupels muss die kontinuierliche Ausprägung in eine diskrete Maßnahmenwahl überführt werden. Es wird die Maßnahme ausgewählt, in deren Intervall a_a liegt. Wie in Abbildung 5-17 ersichtlich ergeben sich zwei Sonderfälle. Erstens können sich Intervalle der Maßnahmen überlappen. Zweitens kann sich ein Bereich der Skala ergeben, für welchen keine korrespondierende Maßnahme definiert ist. Beide Sonderfälle sind als $a_{a,1}$ *und* $a_{a,2}$ in folgender Abbildung 5-18 für das schon bekannte Beispiel aus Abbildung 5-17 dargestellt.

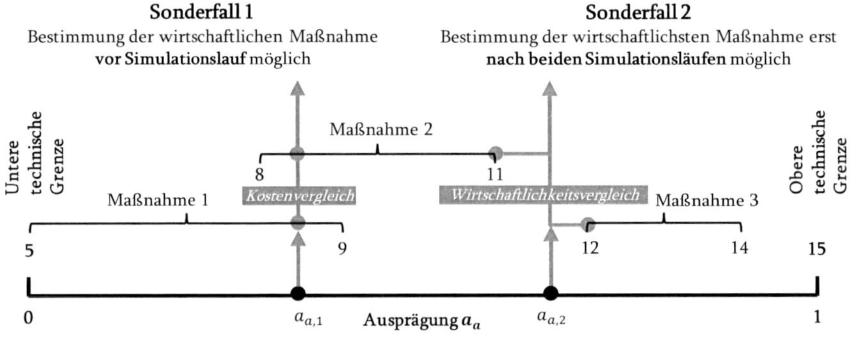

Abbildung 5-18: Sonderfälle der Zuordnung von a_a zu Verbesserungsmaßnahmen

In **Sonderfall 1** existieren zwei Maßnahmen für die gewählte Ausprägung $a_{a,1}$. Da beide Maßnahmen die Einstellung des gewünschten Parameters ermöglichen, ist auch das Simulationsergebnis für beide Maßnahmen identisch. Somit ist bei gleicher resultierender Leistungssteigerung für beide Maßnahmen die Wirtschaftlichkeit der Maßnahmen nur von den Kosten abhängig. Es wird daher vor der Durchführung des

Simulationsergebnisses berechnet, welche der Maßnahmen die kostengünstigste ist und somit ausgewählt werden muss. In **Sonderfall 2** ist die gewünschte Ausprägung $a_{a,2}$ nicht mit zur Verfügung stehenden Verbesserungsmaßnahmen zu erreichen. Stattdessen wird die Verbesserungsmaßnahme ausgewählt, die für die Grenzwerte der beiden einrahmenden Verbesserungsmaßnahmen wirtschaftlicher ist. Da sich diese beiden Grenzwerte unterscheiden ist auch eine andere Leistung der Produktionslinie bei entsprechend eingestelltem Parameterwert zu erwarten. Aus diesem Grund müssen für beide resultierende Parameterwerte der Verbesserungsmaßnahmen Simulationsläufe durchgeführt und deren Leistungssteigerung ermittelt werden. In Kombination mit der Kostenrechnung für beide Verbesserungsmaßnahmen kann folgend die Wirtschaftlichkeit der beiden Optionen berechnet und die Verbesserungsmaßnahme mit der höheren Wirtschaftlichkeit gewählt werden. Für die Durchführung der Kosten- und Wirtschaftlichkeitsberechnung sei auf Kapitel 5.4.1 verwiesen.

In Abbildung 5-19 ist der dreidimensionale Aktionsraum des Maßnahmenagenten dargestellt. Es wird deutlich, dass der Aktionsraum zwei diskrete Dimensionen und eine kontinuierliche Dimension aufweist und somit diskret-kontinuierlicher Natur ist.

Grundsätzlich ist auch ein vollständig diskreter Aktionsraum denkbar, in welchem in dritter Dimension die einzelnen Maßnahmen angeordnet sind. Es ergäbe sich allerdings dasselbe Problem, wie im oben geschilderten Beispiel einer eindimensionalen Liste, dass die Beziehung der Maßnahmen zueinander nicht abgebildet ist und somit höhere Trainingszeiten zu erwarten wären. In diesem Fall ergäbe sich zudem eine Abhängigkeit des Aktionsraums von der Maßnahmendefinition. Im gewählten Aktionsraumdesign ist die Aktionsraumgröße nur von der gewählten Produktionslinie und abgebildeter Parametertypen, nicht von den in Frage kommenden Verbesserungsmaßnahmen abhängig.

Nach der Wahl einer Verbesserungsmaßnahme wird der tatsächlich einzustellende Parameterwert vom korrespondierenden Parameteragenten spezifiziert. Dieser wählt folglich auf einem kontinuierlichen Aktionsraum mit den Grenzen des Parameterstellbereichs der spezifischen Verbesserungsmaßnahme den einzustellenden Parameterwert. Auch in diesem Fall ist der skalare Aktionsraum der Parameteragenten normalisiert auf $[0; 1]$ repräsentativ zu den Intervallgrenzen der technischen Grenzen aller Verbesserungsmaßnahmen. Die Nutzung des auf die technischen Grenzen normierten Stellbereichs ermöglicht den Parameteragenten die verbesserungsmaßnahmenübergreifend optimale Strategie zu erlernen. So erlernt der Parameteragent trotz unterschiedlicher Parameterstellbereiche der verschiedenen Verbesserungsmaßnahmen einen optimierten Wert für den gesamten Stellbereich zu finden.

Falls der Parameteragent einen Parameterwert auswählt, welcher nicht im Stellbereich der vom Maßnahmenagenten ausgewählten Verbesserungsmaßnahme liegt (vgl. grau in Abbildung 5-19, rechts), wird die untere oder obere Grenze mit der jeweils niedrigsten Distanz des Parameterstellbereichs als Einstellwert gewählt. Dieses Vorgehen ist möglich, da von einem Verhalten der Leistung ohne Wendepunkte in der Nähe der Parametereinstellgrenzen der Verbesserungsmaßnahmen ausgegangen wird. Dies ist auch als Anforderung an die Definition der Größe der Intervalle der Verbesserungsmaßnahmen zu verstehen. Es wird deutlich, dass die hierarchische Problemlösung nur zur Steigerung der Qualität und der Lerngeschwindigkeit implementiert ist, da auch in dieser hierarchischen Struktur der Maßnahmenagent bereits einen *Vorschlag* für einen Parameterwert in Form der Ausprägung macht, welcher lediglich von den Parameteragenten *überschrieben* wird.

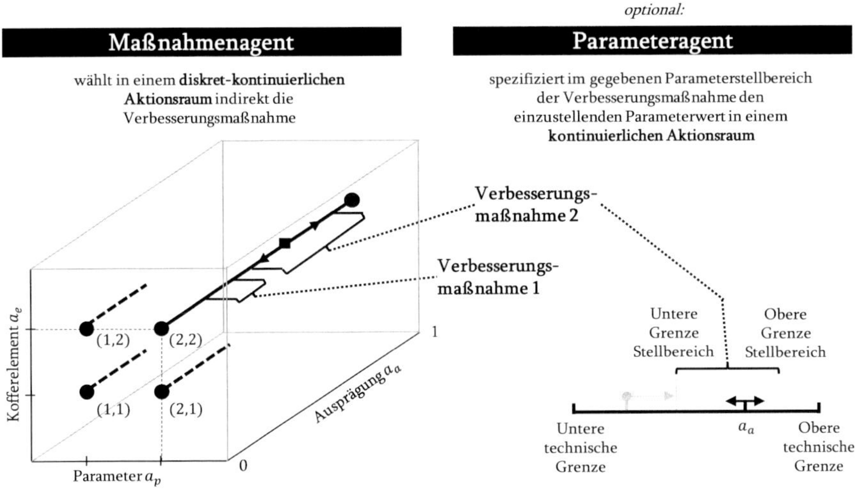

Abbildung 5-19: Aktionsraumgestaltung von Maßnahmen- und Parameteragent

Wie in Kapitel 5.2.1 zur Beschreibung der generischen Verbesserungsmaßnahmen bereits erwähnt, ist die Konkretisierung nicht für jede Verbesserungsmaßnahme notwendig. Die Konkretisierung geschieht lediglich, falls die gewählte Verbesserungsmaßnahme einen Parameterstellbereich umfasst. Sollte die gewählte Maßnahme bereits einen konkreten Parameterwert anstatt eines -stellbereichs beinhalten, werden eben diese Parametereinstellungen an die Simulationsumgebung übergeben.

Es existieren allerdings Parameter für welche die Verwendung von Parameteragenten zur Konkretisierung der Verbesserungsmaßnamen keinen Vorteil bietet. Im Falle der im Rahmen dieser Arbeit untersuchten typischen Parameter einer Produktionslinie[457] gilt dies für die Parameter MTTR und MTBF. Dies ist auf die Annahme zurückzuführen, dass die Wahl der Extremwerte einer Verbesserungsmaßnahme für MTTR und MTBF langfristig zu optimalen Ergebnissen führen: eine niedrigere MTTR sowie eine höhere MTBF sind immer vorteilhaft für die Leistung einer Produktionslinie.[458]. Die Wirtschaftlichkeit der Anpassung von MTBF und MTTR ergibt sich daher nur aus den sich ergebenen Kosten, nicht aus dem konkreten Einstellwert. Die Parameteragenten optimieren allerdings nicht nach Wirtschaftlichkeit, sondern nur nach Leistung. Somit werden die Parameteragenten nicht benötigt und es kann der Aufruf dieser und somit Rechenzeit eingespart werden. Diese Vereinfachung ist nur möglich, da in Kapitel 5.2.1 angenommen wurde, dass Maßnahmen kleinschrittig definiert werden. Es wird dabei weiter angenommen, dass sich bei MTTR und MTBF-Anpassungen Diskontinuitäten im Kosten-Einstellwert-Verhältnis ergeben und somit die Definition mehrerer Maßnahmen statt der Skalierung der Kosten innerhalb der Maßnahmen notwendig ist.

Für alle anderen zur Verfügung stehenden Parameter wird der jeweilige Parameteragent aufgerufen, um eine optimierte Parametrisierung der Aktion zu erhalten, da diese im Unterschied zu MTTR und MTBF direkt vom Betriebsverhalten der umliegenden Anlagenelemente abhängig ist. Die im Rahmen dieser Arbeit betrachteten typischen Parameter führen daher zur drei unterschiedlichen Parameteragenten: ein Agent je Parameter *Geschwindigkeit*, *Länge* und *Kapazität*.

---

[457] Vgl. Abbildung 5-8.

[458] In einer Simulationsstudie auf Grundlage der zu Validierungszwecken genutzten Produktionslinie (vgl. Kapitel 6.2) wurde gezeigt, dass eine Optimierung von MTTR und MTBF unabhängig von anderen Anpassungen oder dem aktuellen Anlagenzustand zu einer langfristigen Verbesserung der Ausbringungsmenge der Produktionslinie führen, vgl. Anhang 9.1.

Auch bei Maßnahmen, welche die Änderung mehrerer Parameter an einem Element verursachen (Fall *(b)* in Abbildung 5-14), wählt der Maßnahmenagent immer einen der Parameter als zu ändernden Parameter aus. So lange die anderen Parameterwerte des Elements der Produktionslinie innerhalb des jeweiligen Parameterstellbereichs der gewählten Verbesserungsmaßnahme liegen, werden diese nicht verändert. Falls einer der aktuellen Parameterwerte des Elements der Produktionslinie außerhalb des jeweiligen Parameterstellbereichs der gewählten Verbesserungsmaßnahme liegt, wird dieser Parameterwert auf den nächstgelegenen Grenzwert der gewählten Verbesserungsmaßnahme festgelegt.

Betrifft eine Maßnahme nicht nur ein, sondern alle Anlagenelemente in gleichem Maße (Fall *(c)* in Abbildung 5-14), wird für diese Maßnahme eine zusätzliche Dimension in der Matrix des Aktionsraums als virtuelles Anlagenelement mit Auswirkung auf die gesamte Produktionslinie eingeführt. Insbesondere bei organisatorischen Veränderungen wie der Veränderung der Mitarbeiterzahl an der betreffenden Produktionslinie kann dies der Fall sein.

Abbildung 5-20 ordnet das Kapitel in das Gesamtvorgehen der Methodik ein.

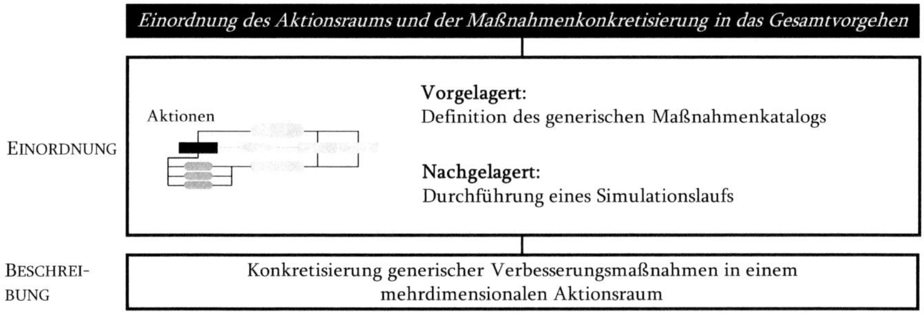

Abbildung 5-20: Einordnung des Kapitels 5.2.2 in das Gesamtvorgehen

Im folgenden Kapitel wird beschrieben, wie das untergeordnete RL-Problem für die Parameteragenten formuliert werden muss, damit die oben beschriebene Konkretisierung der generischen Verbesserungsmaßnahmen möglich ist.

5.2.3 Training und RL-Problemformulierung der Parameteragenten

Zum Training der Parameteragenten in Phase 1 wird eine im Vergleich zum bereits beschriebenen RL-Problem des Maßnahmenagenten angepasste Umgebung, Zustandsbeobachtung sowie Belohnung benötigt. Dies ergibt sich aus der Tatsache, dass das Finden des optimalen Parameterwerts zunächst ohne Betrachtung der Wirtschaftlichkeit vorgenommen wird, da die Kostenbetrachtung in Zusammenhang mit den jeweiligen Maßnahmen steht und somit durch den Maßnahmenagenten abgedeckt wird. Informationen über die Wirtschaftlichkeit liegen daher während des Trainings der Parameteragenten nicht vor.

Deshalb richtet sich die **Belohnung** der Parameteragenten nach der relativen Leistungssteigerung der angepassten Produktionslinie im Vergleich zur Ausbringung der Referenzlinie, siehe Formel 5-2. Der Quotient wird um eins vermindert, damit die Belohnung negativ wird, wenn die Ausbringungsmenge durch die Anpassung sank. Für die zeitliche Normierung auf eine Periode wird die gewählte Simulationsdauer angenommen.

Formel 5-2: Belohnungsfunktion der Parameteragenten

$$R_t^P = \frac{M_{t,m}}{M_{ref,m}} - 1$$

mit R_t^P Belohnung für Parameteragenten zu Schritt t

$M_{t,m}$ Ausbringungsmenge zu Schritt t normiert auf eine Periode

$M_{ref,m}$ Ausbringungsmenge der Referenzlinie normiert auf eine Periode

Die Parameteragenten wählen ihre Aktionen, wie schon beschrieben, aus einem kontinuierlichen **Aktionsraum** [0;1], welcher linear auf den tatsächlichen Parameterstellbereich der Verbesserungsmaßnahme interpoliert und an die Umgebung weitergegeben wird.

Als **Umgebung** wird für die Parameteragenten jeweils dasselbe Simulationsmodell der Produktionslinie genutzt. Die Umgebung entspricht der in Kapitel 5.1.2 beschriebenen Umgebung des übergeordneten RL-Problems des Maßnahmenagenten.

Die Maßnahmenagenten für die einzelnen Parameter unterscheiden sich in Bezug auf Aktionsraum und Belohnungsfunktion nicht. Je nach Parameter werden den Agenten allerdings unterschiedliche **Beobachtungen** des aktuellen Linienzustands präsentiert. Mit der Anpassung der Beobachtungen wird sichergestellt, dass sich bei möglichst kleiner Dimension des Beobachtungsvektors ein möglichst hoher Informationsgehalt zur Bewertung des Linienzustands in Bezug auf die Verbesserung des entsprechenden Parameters ergibt. Die Auswahl der Variablen für den Beobachtungsvektor erfolgt daher auf Basis von Produktionswissen.

Basierend auf den in Abbildung 5-8 genannten typischen Parametern einer Produktionslinie werden im Folgenden die Beobachtungen für die drei Agenten für die Parametertypen *Geschwindigkeit*, *Länge* und *Kapazität* aufgezählt.

Parameteragent für Parametertyp *Geschwindigkeit*

Beobachtungen

- Geschwindigkeit des langsamsten Elements der Linie
- Geschwindigkeit des schnellsten Elements der Linie
- Geschwindigkeit des betrachten Elements
- Geschwindigkeit des vorgelagerten Elements [459]
- Geschwindigkeit des nachfolgenden Elements [460]

Es ergibt sich daher die Dimension des Beobachtungsvektors für einen Parameteragenten des Typs Geschwindigkeit zu $\dim\left(X(S_t^{P,v})\right) = 5$. Das Ziel der Geschwindigkeitseinstellung ist es, den reibungslosen Materialfluss durch die Produktionslinie zu gewährleisten. Daher sollte die Geschwindigkeit des Förderers nicht deutlich langsamer sein, als die der umliegenden Aggregate, damit induziertes Warten minimiert wird. Somit sind die Geschwindigkeitswerte der umliegenden Elemente für den Parameteragenten zu berücksichtigen. Gleichzeitig sind die Geschwindigkeiten des schnellsten und des langsamsten Elements von Bedeutung, da sie Auskunft darüber geben, in welchem Geschwindigkeitsbereich die Anlage operiert.

Parameteragent für Parametertyp *Kapazität*

Beobachtungen

- MTTR des vorgelagerten Hauptelements
- MTBF des vorgelagerten Hauptelements
- Geschwindigkeit des vorgelagerten Hauptelements
- Kapazität des betrachteten Speichers
- Geschwindigkeit des nachfolgenden Förderers

[459] Bei zwei parallelen vorgelagerten Elementen wird die höhere Geschwindigkeit gewählt.

[460] Zwei parallele nachgelagerte Elemente mit unterschiedlichen Geschwindigkeiten ist ein extrem seltener Fall in Produktionslinien. Daher wird in einem solchen Falle der Mittelwert der Geschwindigkeiten beider paralleler Elemente gebildet. Eine Anpassung des Vorgehens sollte allerdings im Anwendungsfall geprüft werden.

Es ergibt sich daher die Dimension des Beobachtungsvektors für einen Parameteragenten des Typs Kapazität zu $\dim\left(X(S_t^{P,c})\right) = 5$. Das Ziel der Kapazitätseinstellung ist es, zeitliche Unterbrechungen ausgehend von Stillständen effizient auszugleichen. Daher sind die MTTR und MTBF, sowie die Geschwindigkeit des vorgelagerten Hauptelements und die Geschwindigkeit des nachfolgenden Förderers relevant.

Parameteragent für Parametertyp *Länge*

Beobachtungen

- MTTR des vorgelagerten Hauptelements
- MTBF des vorgelagerten Hauptelements
- Geschwindigkeit des vorgelagerten Hauptelements
- Kapazität des vorgelagerten Speichers
- Geschwindigkeit des betrachteten Förderers
- Länge des betrachteten Förderers
- MTTR des nachfolgenden Hauptelements
- MTBF des nachfolgenden Hauptelements
- Geschwindigkeit des nachfolgenden Hauptelements

Es ergibt sich daher die Dimension des Beobachtungsvektors für einen Parameteragenten des Typs Länge zu $\dim\left(X(S_t^{P,l})\right) = 9$. Zur Bestimmung der optimalen Länge eines Förderers werden mehr Parameter benötigt als für die anderen beiden Parametertypen, da mit der Länge des Förderers sowohl die Transportdauer zwischen zwei Elementen verändert wird, als auch die Kapazität und somit mehr Einflussfaktoren bestehen.

Da die Parameteragenten zur Konkretisierung einer Verbesserungsmaßnahme innerhalb eines Schrittes des Maßnahmenagenten aufgerufen werden, führen diese nur einen einzelnen Schritt aus, indem sie den Parameterwert ermitteln. Entsprechend ist die **Episodenlänge** der Parameteragenten Eins.

Um auf unterschiedliche Ausprägungen der später zu optimierenden Linie optimal zu reagieren, ist ein **Training** der Parameteragenten auf bezüglich der Parameterwerte unterschiedlichen, aber strukturell gleichen Produktionslinien durchzuführen. Daher werden dem Agenten im Trainingsprozess unterschiedliche Linienvarianten der zu optimierenden Produktionslinie präsentiert und jeweils Elemente vor und nach dem Engpass zur Optimierung ausgewählt. Eine beispielhafte Ausformulierung dieser Linienvarianten findet sich in Anhang 9.2.

Für die jeweils präsentierte, innerhalb einer Variante feste Parameterkombination, findet der Agent den optimalen Wert für den zu optimierenden Parameter und lernt mit der Zeit generalisierte Strategien, sodass auch für unbekannte Varianten ein passender Parameterwert gefunden wird.

Die Implementierung des Trainings inkl. Ablaufdiagramm ist in Kapitel 6.1 beschrieben.

Das Vorgehen ermöglicht das Trainieren der Parameteragenten vor dem Training des Maßnahmenagenten und die von den Parameteragenten erlernte Strategie wird in Phase 2 genutzt und auf den jeweils präsentierten Zustand der Produktionslinie angewandt.

In Abbildung 5-21 wird zusammenfassend das MEP für die Parameteragenten und die Integration in das übergeordnete MEP des Maßnahmenagenten dargestellt.

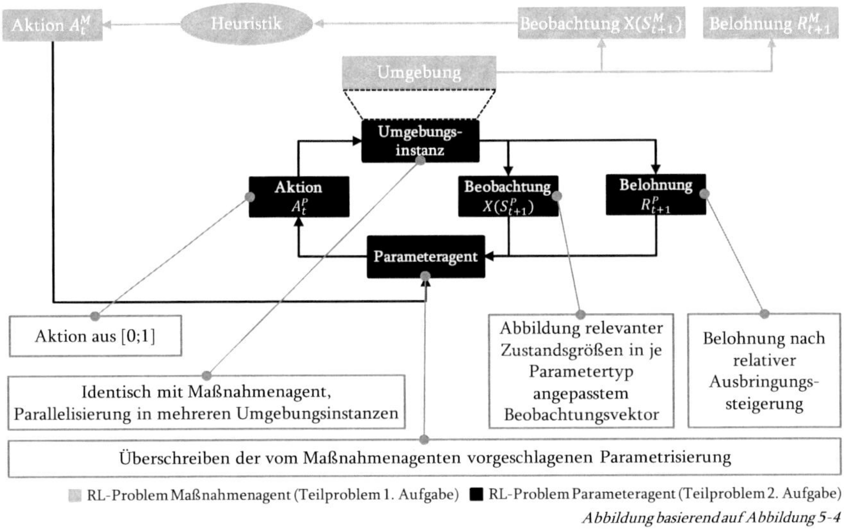

Abbildung 5-21: Angepasstes MEP für Parameteragenten

Das Training eines Parameteragenten wird dann beendet, wenn sich keine Verbesserung der durchschnittlichen Episodenbelohnung für 30 konsekutive Episoden ergibt und das Lernverhalten somit konvergiert.

Folgende Abbildung 5-22 ordnet das Kapitel in das Gesamtvorgehen ein.

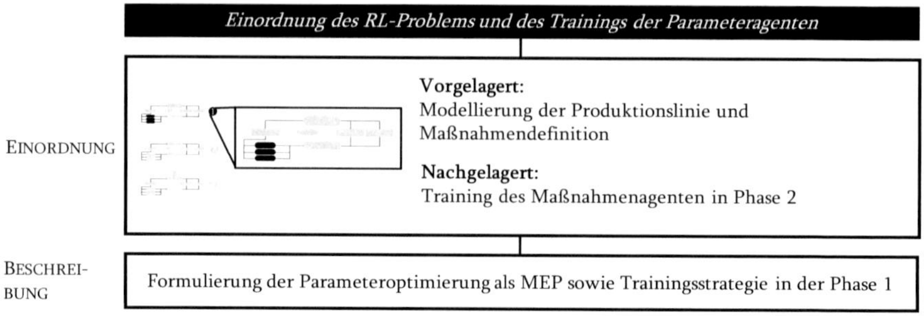

Abbildung 5-22: Einordnung des Kapitels 5.2.3 in das Gesamtvorgehen

5.3 Beobachtungsinterpretation zur Potenzialidentifikation

In diesem Kapitel wird die Interpretation der Simulationsergebnisse für den Maßnahmenagenten beschrieben.

Die Interpretation des Zustands der Produktionslinie erfolgt auf zwei Arten: Auf der einen Seite wird dem Agenten ein Beobachtungsvektor, welcher den aktuellen Zustand der Umgebung beschreibt, präsentiert (vgl. Kapitel 5.3.1). Auf der anderen Seite wird in Abhängigkeit der aktuellen Beobachtungen durch eine Heuristik eine Vorauswahl an für den Maßnahmenagenten auszuwählenden Verbesserungsmaßnahmen getroffen (vgl. Kapitel 5.3.2). Für beide Formen der Zustandsinterpretation wird Produktionswissen benötigt. In den folgenden beiden Kapiteln werden beide Formen vertieft.

5.3.1 Gestaltung des Beobachtungsvektors

Neben der eindimensionalen Bewertung der vom Agenten gewählten Aktionen im Zuge der Belohnung erhält der Agent ergänzende Informationen über den aktuellen Zustand der Produktionslinie in einem mehrdimensionalen Beobachtungsvektor, welcher Rückschlüsse über das Betriebsverhalten der Produktionslinie bei der Änderung von Parameterkonfigurationen ermöglicht. Der Beobachtungsvektor speist sich aus den Simulationsergebnissen sowie den aktuellen Parameterwerten, welche die Konfiguration der Produktionslinie beschreiben. Im Gegensatz zur Belohnungsfunktion ist der Beobachtungsvektor nicht dazu erdacht, die Wirtschaftlichkeit einzelner Maßnahmen zu bewerten. Das Ziel der Beobachtung ist es, dem

Maßnahmenagenten die Möglichkeit zu geben, aktionsübergreifend Beziehungen zwischen Zuständen und Aktionen zu erlernen. Wenn bspw. die Erhöhung des Parameters für die Speicherkapazität an einem Element mit einer hohen Blockierzeit zu einer Verbesserung des Betriebsverhaltens geführt hat, kann der RL-Agent diese Erkenntnis auf ein anderes Element übertragen, wenn dieses ebenfalls eine hohe Blockierzeit aufweist. Daher werden mit Hilfe von Produktionswissen solche Variablen ausgewählt, die einen hohen Informationsgehalt über das Betriebsverhalten einer Produktionslinie bieten.

Abbildung 5-23 zeigt den Vergleich des Lernfortschritts mit einem Beobachtungsvektor, welcher Variablen über den Betriebszustand der Produktionslinie enthält *(a)* und einem Beobachtungsvektor, welcher neben den Parameterwerten, also dem Zustand der Produktionslinie, keine weiteren Variablen beinhaltet *(b)*. Es ist klar zu sehen, dass das Hinzufügen der zusätzlichen Informationen durch weiteren Variablen zum Beobachtungsvektor zu besseren Gesamtergebnissen und zu einem schnelleren Lernen beiträgt. Im Folgenden wird auf die genutzten zusätzlichen Variablen der vollständigen Beobachtung aus *(a)* und deren Berechnung eingegangen.

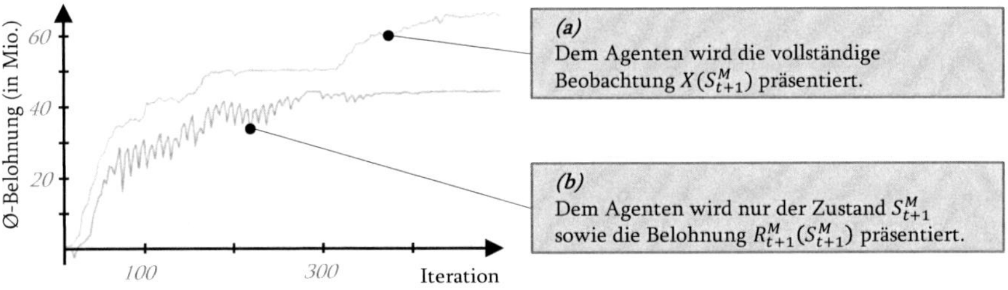

Abbildung 5-23: Auswirkung der Beobachtung auf den Lernfortschritt[461]

Aus den Simulationsergebnissen und der Spur eines Simulationslaufs werden Informationen über nicht ausgelastete Zeiten, somit Verschwendung im Sinne der OEE, identifiziert. Dieser Gedanke bildet die Basis für die Erstellung des Beobachtungsvektors auf Grundlage des das Betriebsverhalten beschreibenden Variablen.

[461] i.A.a. Schuh, G. et al. (2021) Identification of superior, S. 7 - Für die Erzeugung dieser Grafik wurde eine Simulationslinie mit 19 beschreibenden Parametern (Zustand) und 14 weiteren beobachteten Zustandsbeschreibungen (ergänzende Beobachtungen) in Form von Wartezeiten und Ausbringungen je Element genutzt.

Daher ergibt sich die Speicherung folgender Stillstandszeiten je Kofferelement:

- Blockierzeit
- Induzierte Wartezeit
- Störungszeit

Die Stillstandszeiten berechnen sich jeweils aus der Gesamtsumme der Differenzen der (Blockier-/Warte-/Störungs-)Zeitpunkte eines jeden Kofferelements, welches in der Spur mitgeschrieben wurde.[462]

Durch die Aufnahme unterschiedlicher Verlustkategorien in Form der drei differenzierten Stillstandszeiten wird dem Agenten ermöglicht, Zusammenhänge zwischen eingesetzten Verbesserungsmaßnahmen und den resultierenden Veränderungen der Zeiten zu erlernen. Daraus ergibt sich im Vergleich zur Erfassung der kumulierten Stillstandszeit eines Elements ein höherer Informationsgehalt. Da jeder Simulationslauf während des Trainings mit derselben Simulationsdauer ausgeführt wird, ist eine Normierung der Zeiten nicht notwendig.

Zu diesen Leistungsvariablen, welche sich aus den Simulationsergebnissen speisen, wird der Wert der beschreibenden Simulationsparameter an den Beobachtungsvektor angehangen. Die Anzahl der Variablen richtet sich daher nach der individuell betrachteten Produktionslinie. Bei der Betrachtung eines Produktionslinie mit den typischen Simulationsparametern aus Abbildung 5-8 sowie den Leistungsvariablen je Kofferelement ergibt sich je Kofferelement eine Dimension von $\dim\big(X(S_t^{M,je\ Kofferelement}\big) = 8 + 3 = 11$. Der sich aus der Umsetzung der Maßnahme ergebende Kapitalwert und der notwendige Investitionsbetrag werden ebenfalls in den Beobachtungsvektor aufgenommen, um dem Agenten neben den Leistungsinformationen auch Wirtschaftlichkeitsinformationen zu präsentieren.[463] Zusätzlich zu diesen aus produktionstechnischer Sicht motivierten Bestandteilen des Beobachtungsvektors wird auch die Nummer des aktuellen Schritts sowie die resultierende Ausbringung an den Beobachtungsvektor angehangen. Die Verbesserungsmaßnahmenkategorie der gewählten Maßnahme wird ebenfalls in den Beobachtungsvektor aufgenommen. Dabei wird diese nicht als Text, sondern eine

---

[462] Vgl. Abbildung 5-9.

[463] Die Berechnung des Kapitalwerts erfolgt durch die Belohnungsfunktion und wird daher in Kapitel 5.4.1 erörtert.

codierte Zahl je Verbesserungsmaßnahmenkategorie verwendet.[464] Für die Beschreibung dieser übergeordneten Parameter sowie der Maßnahmenparameter wächst die Dimension des Beobachtungsvektors weiter um $\dim\left(X(S_t^{M,einmalig}\right) = 1 + 3 + 1 = 5$.

Abbildung 5-24 fasst alle im Beobachtungsvektor aufgenommenen Variablen zusammen.

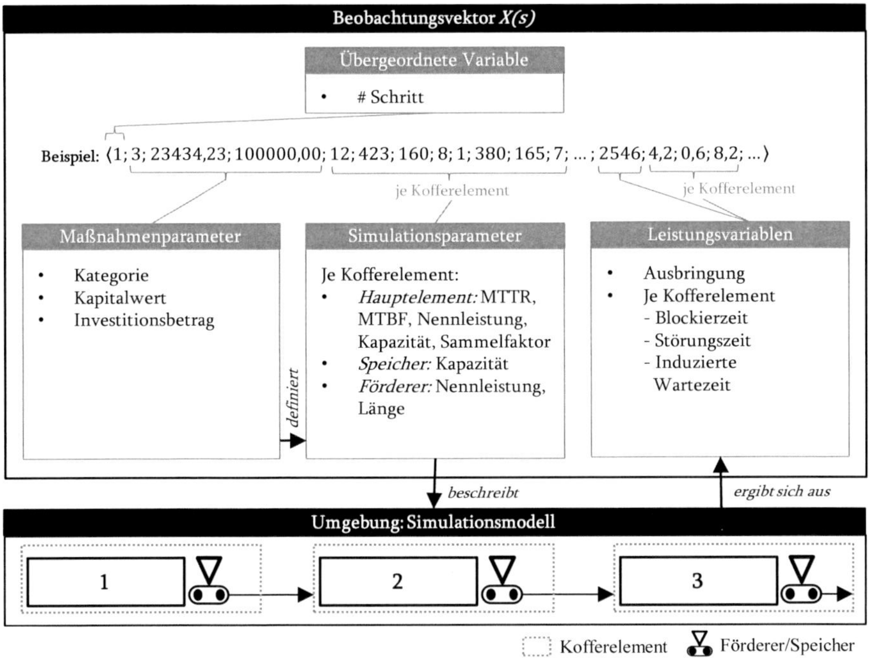

Abbildung 5-24: Bestandteile des Beobachtungsvektors *X(s)*

Abbildung 5-25 ordnet die Gestaltung des Beobachtungsvektors als Zustandsinterpretation in das Gesamtvorgehen ein.

[464] Das Vorgehen wird Integer-Encoding genannt.

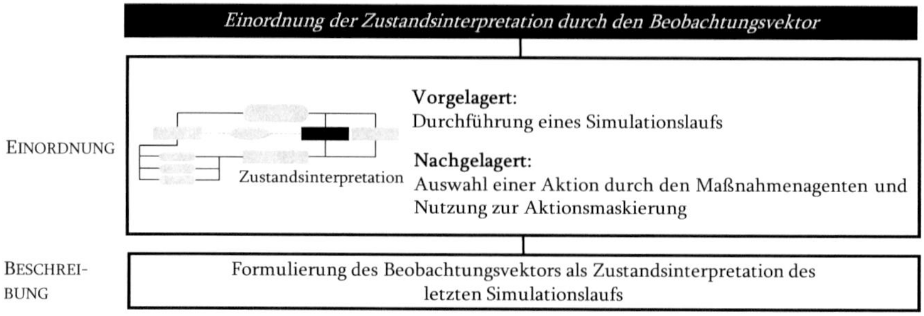

Abbildung 5-25: Einordnung des Kapitels 5.3.1 in das Gesamtvorgehen

Im folgenden Kapitel wird sich der zweiten Form der Zustandsbewertung in Form der heuristikbasierten Aktionsmaskierung angenommen.

5.3.2 Gestaltung einer Heuristik zur Aktionsmaskierung

Je größer ein Aktionsraum ist, desto größer sind die benötigten Ressourcen zum Finden einer guten Strategie des Agenten. In der Folge ergibt sich eine längere Dauer zur Durchführung der Methodik, da die entstehenden Rechenoperationen exponentiell wachsen.[465] Daher wird der für den Maßnahmenagenten sichtbare Aktionsraum durch Maskierung, d.h. ausblenden einzelner Aktionen begrenzt, wodurch eine effizientere Suche im Lösungsraum und so ein besseres Lernverhalten ermöglicht wird.[466] Die Vorteilhaftigkeit des Vorgehens in Kombination mit dem konkret in dieser Arbeit gewählten Algorithmus PPO wurde durch Tang et al. gezeigt.[467]

Das Vorgehen zur Auswahl zu maskierender Aktionen findet auf Grundlage von Produktionswissen und somit heuristisch statt. Die Aktionsmaskierung findet mit der Granularität von Maßnahmenbündeln statt, es werden daher immer ganze Maßnahmenbündel maskiert oder demaskiert. Die Heuristik fußt auf dem in Kapitel 5.3.1 beschriebenem Beobachtungsvektor und interpretiert diesen. Da der Beobachtungsvektor von den betrachteten Simulationsparametern abhängig ist, ist auch die Heuristik von den Simulationsparametern abhängig. Im Folgenden werden Regeln

[465] Vgl. Cheng, C.-A. et al. (2021) Heuristic-Guided Reinforcement Learning, S. 1.
[466] Vgl. Cheng, C.-A. et al. (2021) Heuristic-Guided Reinforcement Learning, S. 4.
[467] Vgl. Tang, C.-Y. et al. (2020) Implementing action mask.

zur Maskierung und Demaskierung von Maßnahmenbündeln für die typischen Parametertypen aus Abbildung 5-8 hergeleitet.

Die **Regeln** werden in drei Kategorien eingeordnet

- (L) Identifikation potentieller Engpässe basierend auf Leistungsinformationen
- (S) Identifikation potentieller Engpässe basierend auf Simulationsparametern
- (Z) Zusätzliche Aktionsmaskierung

Im Falle der ersten beiden Kategorien *(L)* und *(S)* werden basierend auf dem Beobachtungsvektor zunächst jene Kofferelemente identifiziert, welche die Leistung der Produktionslinie am meisten beschränken, d.h. *potentielle Engpässe* darstellen. Es wird dabei bewusst nicht nur der *eine reale* Engpass betrachtet, der das System zum aktuellen Zustand in seiner Leistung beschränkt, sondern jene Elemente, welche laut Simulationsergebnis das Potenzial dazu besitzen. Die Fokussierung nur auf den realen Engpass wird nicht vorgenommen, da dieser erstens dynamisch durch das System wandert und somit vom Betrachtungszeitraum und damit der Simulationsdauer abhängig ist. Zweitens reduzieren auch solche Kofferelemente die Gesamtausbringung, deren Stillstände letztlich zu einem Stillstand des Engpasses führen, indem sie den Engpass blockieren oder zum induziertem Warten bringen, aber kumuliert nicht den größten Anteil an diesen Verlusten erbringen.

Um die Zusammenhänge zu verdeutlichen, wird ein Beispiel einer Produktionslinie betrachtet, welche in Abbildung 5-26 dargestellt ist und nur aus drei Elementen sowie einem Förderer/Speicher besteht.

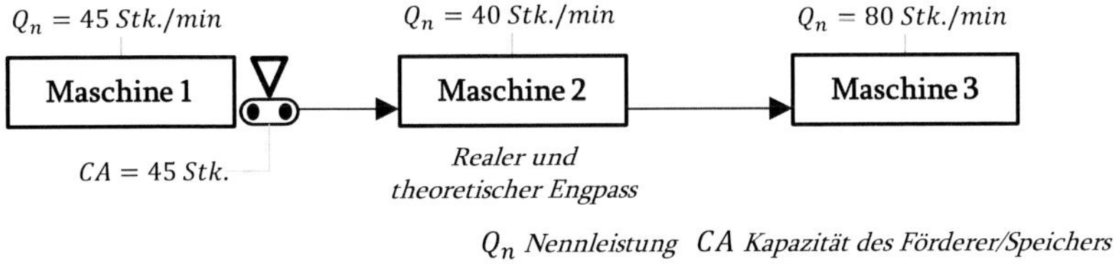

Abbildung 5-26: Beispielhafte Produktionslinie

Eine Störung von einer Minute von Maschine 1 würde die Ausbringung der Gesamtlinie nicht reduzieren, da der Speicher/Förderer nach Maschine 1 mit einer Kapazität von 45 Stk. diesen Ausfall vollständig kompensieren würde und es für Maschine 2 als

Engpass zu keinem Zeitpunkt zu Leistungseinbußen kommen würde. Durch die höhere Einstellgeschwindigkeit von Maschine 1 im Vergleich zu Maschine 2 wäre der Speicher/Förderer nach neun Minuten im Regelbetrieb wieder vollständig gefüllt. Da die Ausbringung von Maschine 2 der halben Geschwindigkeit von Maschine 3 entspricht, würde ein Leistungsverlust von Maschine 3 von bis zu 50 % die Gesamtausbringung der Linie nicht reduzieren und somit die Gesamtleistung der Linie nicht beeinflussen. In beiden Fällen wird durch die Stillstände die Gesamtleistung der Produktionslinie nicht beeinflusst. Die Betrachtung der einzelnen Elemente und deren Verluste ist dennoch von Interesse, da in realen Produktionslinien keine unendliche Entkopplung zwischen den Elementen besteht. Daher sind auch solche Stillstände von Elementen zu berücksichtigen, welche nicht zu einem tatsächlichen Stillstand des Engpasses geführt haben, aber das Potenzial dazu haben, zu einem Stillstand des Engpasses zu führen.

(L) Identifikation potentieller Engpässe basierend auf Leistungsinformationen

Es ist möglich aus der Spur der Simulationsergebnisse für jedes induzierte Warten und für jede Blockierzeit des theoretischen Engpasses exakt zu berechnen, welches Element diesen Stillstand zu welchem Anteil verursacht hat. Vereinfacht werden im Zuge dieser Arbeit allerdings kumulierte Fehler- und Wartezeiten über die gesamte Simulationsdauer zu Rate gezogen. So werden aus den kumulierten Störungs-, Blockier- und induzierten Wartezeiten folgende Schlussfolgerungen für die Heuristik gezogen:

- **(L1) Kofferelement mit maximaler Blockierzeit:** Das Kofferelement mit der höchsten kumulierten Blockierzeit wird in seiner Leistung durch das *nachfolgende* Element beschränkt.
- **(L2) Kofferelement mit maximalen Wartezeiten:** Das Kofferelement mit der höchsten kumulierten Wartezeit wird in seiner Leistung durch das *vorherige* Element beschränkt.
- **(L3) Kofferelement mit höchsten Fehlerzeiten:** Das Kofferelement mit der höchsten kumulierten Fehlerzeit wird in seiner Leistung trivialerweise durch *eigene* Störungen beschränkt.

Im Falle der in dieser Arbeit betrachteten typischen Parameter tragen für (L1) und (L2) potentiell alle Parameter zu einer Leistungssteigerung bei. Aus diesem Grund werden alle Maßnahmenbündel als potentiell erfolgreich angesehen, welche das folgende (L1) oder vorherige (L2) Kofferelement betreffen. Für (L3) werden die

Maßnahmenbündel als potentiell erfolgreich angesehen, die MTTR, MTBF oder die Speicherkapazität beeinflussen.

(S) Identifikation potentieller Engpässe basierend auf Simulationsparametern

Neben obiger Interpretation der Leistungsvariablen des Beobachtungsvektors wird sich ebenfalls der beschreibenden Simulationsparameter bedient:

- **(S1) Kofferelement mit niedrigster MTBF:** Für das Kofferelement mit der niedrigsten MTBF wird das Maßnahmenbündel zur Veränderung der MTBF als potentiell erfolgreich angesehen.
- **(S2) Kofferelement mit höchster MTTR:** Für das Kofferelement mit der höchsten MTTR wird das Maßnahmenbündel zur Veränderung der MTTR als potentiell erfolgreich angesehen.
- **(S3) Kofferelement mit niedrigster Hauptelement-Geschwindigkeit:** Für das Kofferelement mit der höchsten Geschwindigkeit des Hauptelements wird das Maßnahmenbündel zur Veränderung der Geschwindigkeit des Hauptelements als potenziell erfolgreich angesehen.
- **(S4) Kofferelement mit niedrigerer Fördergeschwindigkeit als nachfolgendes Kofferelement:** Für das Kofferelement, in welchem die Geschwindigkeit des Förderers niedriger ist, als die Geschwindigkeit des Hauptelements des folgenden Kofferelements wird das Maßnahmenbündel zur Veränderung der Geschwindigkeit des Förderers als potenziell erfolgreich angesehen.

(Z) Zusätzliche Aktionsmaskierung

Erweiternd zu obigen Regeln für potentiell *erfolgreiche* Maßnahmenbündel werden nach folgenden Regeln Maßnahmenbündel identifiziert, die potentiell *nicht erfolgreich* sind und auf Grund der gewählten Methodik ausgeblendet werden müssen:

- **(Z1) Ausblenden des zuletzt gewählten Maßnahmenbündels:** Das Maßnahmenbündel, welches im letzten Schritt gewählt wurde, wird dem Agenten nicht mehr zur Wahl des folgenden Schrittes angeboten. So wird incentiviert, direkt im ersten Schritt das finale Maßnahmenbündel zu wählen, anstatt zwei ähnliche Optimierungsschritte hintereinander auszuführen.[468] Es ist möglich, dass zu einem späteren Zeitpunkt die erneute Wahl des Maßnahmenbündels erfolgsversprechend ist, da sich der Zustand der Produktionslinie geändert hat, auch wenn dies als unwahrscheinlich zu bewerten ist.

- **(Z2) Ausblenden von Maßnahmenbündel ohne Verbesserungsmaßnahmen:** Da die Definition des Aktionsraums unabhängig von den individuell definierten generischen Verbesserungsmaßnahmen stattfindet, ist es möglich, dass für ein Maßnahmenbündel keine Verbesserungsmaßnahmen definiert werden. In diesem Fall ist das gesamte Maßnahmenbündel grundsätzlich zu maskieren, sodass der Agent nicht erst erlernen muss, dass die Wahl eines solchen Maßnahmenbündels ohne Erfolg ist.

Nutzung obiger Regeln als Heuristik zur Aktionsmaskierung

Die definierten Regeln aus den Kategorien (L), (S) und (Z) werden nacheinander auf den Aktionsraum angewandt. Abbildung 5-27 zeigt die Anwendung einer Maske auf den Aktionsraum.

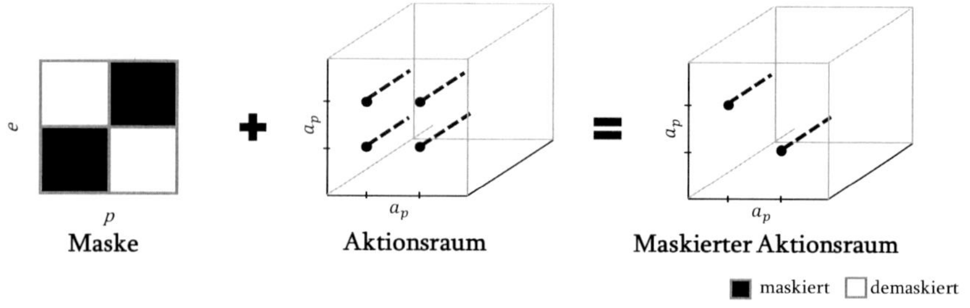

Abbildung 5-27: Maskierung des Aktionsraums

Zuerst werden alle Maßnahmenbündel des Aktionsraums maskiert. Folgend werden jene Maßnahmenbündel wieder demaskiert, welche laut den Regeln der Kategorie (L) dazu beitragen, einen potentiellen Engpass zu entschärfen. Darauf folgen die Regeln der Kategorie (S) nach gleicher Logik, vgl. Abbildung 5-28.

Um den Einfluss der Heuristik zu vermindern und die Auswahl für den Maßnahmenagenten zu vergrößern, werden folgend zufällig weitere Maßnahmenbündel

[468] Die Argumentation gilt nur für absolut definierte Maßnahmen, bspw. Senkung der MTTR um 2 min, wie im Falle dieser Arbeit. Werden Maßnahmen relativ definiert, bspw. Senkung der MTTR um 2%, ist es möglich, dass die Verkettung von Maßnahmen aus demselben Maßnahmenbündel vorteilhaft ist.

demaskiert. Es wird die gleiche Anzahl Maßnahmen zufällig demaskiert wie durch die Regelkategorien (L) und (S) demaskiert wurden. Zuletzt werden die Regeln der Kategorie (Z) angewandt, welche wieder zu einer Maskierung eines Teiles der Maßnahmenbündel führt. Diese Regeln werden erst nach der zufälligen Demaskierung durchgeführt, damit die Regeln zufallsunabhängig in jedem Fall angewandt werden. Dies ist der Tatsache geschuldet, dass die zusätzlichen Regeln nicht auf produktionstechnischem Wissen basieren, sondern der Funktionsweise der Methodik geschuldet sind und daher nicht übersteuert werden dürfen.

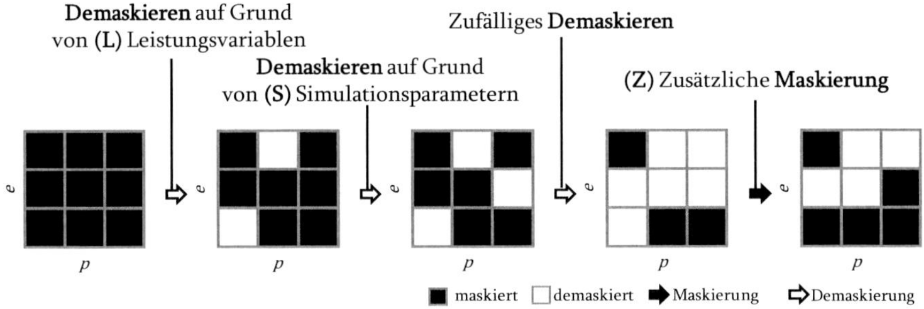

Abbildung 5-28: Sukzessives (De-)Maskieren des Aktionsraums

Im Vergleich zum oben beschriebenen Vorgehen des Maskierens aller Maßnahmenbündel und Demaskieren ausgewählter Maßnahmenbündel wäre das Maskieren von solchen Maßnahmenbündeln, die in jeden Fall *nicht* zur Leistungssteigerung beitragen. Aufgrund der Dynamik von Produktionslinien sind derartige Fälle allerdings schwieriger zu identifizieren als potentiell positive Verbesserungsmaßnahem. Der Unterschied zwischen beiden Vorgehen ist durch das Hinzufügen von 50% zufälliger Maßnahmen klein.

Die entwickelte Heuristik zielt nur auf die Leistungssteigerung, nicht direkt auf die Wirtschaftlichkeitssteigerung. Durch die Integration in die Gesamtmethodik wird dennoch eine Wirtschaftlichkeitsbewertung vorgenommen.

Die folgende Abbildung 5-29 ordnet die heuristische Maskierung von Verbesserungsmaßnahmen in das Gesamtvorgehen ein.

Einordnung der heuristikbasierten Aktionsmaskierung

EINORDNUNG

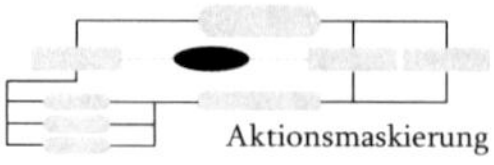

Vorgelagert:
Durchführung eines Simulationslaufs und Überführung in Beobachtungsvektor

Nachgelagert:
Auswahl einer Aktion durch den Maßnahmenagenten

BESCHREIBUNG

Formulierung einer Heuristik zur Maskierung der dem Maßnahmenagenten zur Verfügung stehenden Aktionen basierend auf dem Beobachtungsvektor

Abbildung 5-29: Einordnung des Kapitels 5.3.2 in das Gesamtvorgehen

5.4 Wirtschaftlichkeitsbewertung konkreter Verbesserungsmaßnahmen

Nach der Auswahl der Maßnahmen durch den Maßnahmenagenten und der Konkretisierung durch die Parameteragenten wird die Veränderung des Betriebsverhaltens der Produktionslinie mithilfe des Simulationswerkzeugs bewertet und durch den Beobachtungsvektor $X(S_{t+1}^{M})$ *interpretiert.* Die Belohnungsfunktion $R^{M}(S_{t+1}^{M})$ *bewertet* diesen Zustand hinsichtlich der Wirtschaftlichkeit der gewählten Maßnahme. Die Bewertung der Veränderung der Produktionslinie wird zu Beginn im Vergleich zum Referenzzustand der Produktionslinie S_{ref} und danach zum Zustand der Produktionslinie vor der Anwendung der letzten Aktion S_t vorgenommen.

Somit handelt es sich um eine nachgelagerte Kostensimulation nach HIRSCH ET AL.[469] Diese Form der Kostensimulation und somit der Betrachtung der Wirtschaftlichkeit wurde gewählt, da diese im Vergleich zur integrierten Kostensimulation deutlich niedrigeren Implementierungsaufwand birgt und der Vorteil der integrierten Kostensimulation, die Kostentransparenz während der Simulation, im Anwendungsfall nicht relevant ist.

Bei Einführung von Verbesserungsmaßnahmen entstehen zusätzliche Kosten. Diese fallen in Form von Anschaffungs- oder Projektkosten einmalig bei Umsetzung der Verbesserungsmaßnahme an oder als Fixkosten oder variablen Kosten in jeder späteren Betrachtungsperiode. Daher muss eine Verbesserungsmaßahme erst eine

[469] Vgl. Hirsch, C. et al. (2019) Grundlagen der Kostensimulation, S. 92.

bestimmte Steigerung der Leistung ermöglichen, um den Kostendeckungspunkt zu überschreiten und einen positiven Effekt auf die Wirtschaftlichkeit der Linie auszuüben.[470] Somit ist es möglich, dass eine Verbesserungsmaßnahme zwar die Leistung steigert, die Wirtschaftlichkeit aber sinkt, da die verursachten Kosten im Betrachtungszeitraum höher als die zu erwartenden Erträge sind. In diesem Fall ist die Referenzlinie vorzuziehen, obwohl die Leistung erhöht wurde. Diese Aussage gilt nur in Bezug auf die Systemgrenze der Produktionslinie. Es kann für ein Unternehmen vorteilhaft sein, auch bei niedrigerer Wirtschaftlichkeit zu produzieren, wenn dadurch andere positiv zu bewertende Opportunitäten gewonnen werden.

In den folgenden beiden Kapiteln wird diese Wirtschaftlichkeitsbewertung detailliert, indem zuerst die Kapitalwerte für Verbesserungsmaßnahmen berechnet werden (Kapitel 5.4.1) und im Anschluss diese Investitionsrechnung in eine Belohnungsfunktion integriert wird (Kapitel 5.4.2).

5.4.1 Kapitalwertberechnung für Verbesserungsmaßnahmen

Die Auswahl von Verbesserungsmaßnahmen einer Produktionslinie wird als Investitionsentscheidung interpretiert und daher mit Verfahren der Investitionsrechnung bewertet. Bei den betrachteten Verbesserungsmaßnahmen handelt es sich nicht immer um Investitionen im Sinne von abzuschreibenden Sachgütern, da die Auswahl einer Verbesserungsmaßnahme auch nur mit einer Reihe veränderter variabler und fixer Kosten verbunden sein kann. Solche Maßnahmen werden in diesem Kontext als Investitionen ohne Anschaffungskosten aufgefasst und können daher über ein- und ausgehende Zahlungen mit klassischen Investitionen verglichen werden.

Die Kosten und Erlöse der jeweiligen Verbesserungsmaßnahmen fallen nicht alle zum Zeitpunkt der Auswahl der Maßnahme an, sondern erstrecken sich über die gesamte angenommene Laufzeit der Maßnahme. Damit dieser Kostenhorizont berücksichtigt wird, bieten sich Verfahren der dynamischen Investitionsrechnung zur Bewertung der Wirtschaftlichkeit an. Die Kapitalwertmethode ist dabei die in

---

[470] Hier sei auf die Grundannahme aus Kapitel 4.2 verwiesen, dass Unternehmen die Leistung der Produktionslinien steigern müssen und eine Kostenreduktion bei unveränderter Leistung nicht ausreicht.

der Praxis gängige Methode zur Berechnung der Wirtschaftlichkeit einer Investitionsentscheidung bei Produktionslinien.[471]

Für den Kapitalwert C_0 werden alle Ein- und Auszahlungen, die sich aus der Anwendung der Verbesserungsmaßnahme ergeben, über den Zeithorizont T der Betrachtungsdauer auf die aktuelle Periode verzinst, siehe Formel 5-3.[472]

Formel 5-3: Kapitalwert für Verbesserungsmaßnahmen

$$C_0 = -a_0 + \sum_{t=1}^{T} \frac{c_t}{(1+i)^t} = -a_0 + \sum_{t=1}^{T} \frac{b_t - a_t}{(1+i)^t}$$

mit

C_0	Kapitalwert zum Zeitpunkt der Wahl der Verbesserungsmaßnahme (Bezugszeitpunkt)
a_0	Anschaffungskosten zum Bezugszeitpunkt
a_t	Auszahlungen zu Periode t
b_t	Einzahlungen zu Periode t
c_t	Überschuss von Einzahlungen b_t zu Auszahlungen a_t am Ende einer Periode t
i	Kalkulationszinssatz
t	Aktuelle Periode
T	Festgelegte Betrachtungsdauer

Die Betrachtungsdauer T muss unternehmensindividuell unter Berücksichtigung der angestrebten Amortisationsdauer festgelegt werden und unterliegt üblicher Weise Festlegungen durch das Controlling des jeweiligen Unternehmens.[473] Laut Erfahrung des Autors beläuft sich die Betrachtungsdauer T für Verbesserungsmaßnahmen in vielen Unternehmen auf 3-5 Jahre. Die Anschaffungskosten a_0 bezeichnen die Kosten, die durch das Anwenden der Verbesserungsmaßnahme sofort, d.h. in der nullten Periode, entstehen. Wie alle anderen folgenden Werte je Verbesserungsmaßnahme werden auch diese Anschaffungskosten je Verbesserungsmaßnahme vor

[471] Vgl. Römisch, P./ Weiß, M. (2014) Projektierungspraxis Verarbeitungsanlagen, S. 355; Jasiulewicz-Kaczmarek, M./ Bartkowiak, T. (2016) Improving the performance, S. 8.

[472] Vgl. Kapitel 2.1 oder Busse von Colbe, W. et al. (2015) Investitionstheorie und Investitionsrechnung, S. 55f.

[473] Es sei darauf hingewiesen, dass sich der hier beschriebene Zeithorizont von der Episodenlänge unterscheidet.

dem Ausführen der Methodik definier, siehe Abbildung 5-15. Der Überschuss von Ein- zu Auszahlung am Ende einer Periode c_t ergibt sich aus den relativen Einzahlungen b_t (Formel 5-4) und Auszahlungen a_t (Formel 5-5) im Vergleich zum Zustand der vorherigen Periode. Der verwendete Kalkulationszinssatz i zum Verzinsen zukünftiger Ein- und Auszahlungen auf die nullte Periode kann im Jahr 2023 laut Empfehlung des BUNDESMINISTERIUMS FÜR FINANZEN auf 0,9 % angenommen werden. In Unternehmen wird der Kalkulationszinssatz allerdings meist entsprechend der erwarteten Eigenkapitalrendite angenommen.[474]

Falls im Rahmen einer Ersatzinvestition ein Liquidationserlös L bspw. für eine ersetzte Maschine anfällt, muss dieser dem Kapitalwert C_0 entsprechend der Periode t des Zahlungseingangs in abgezinster Form $L * (1 + i)^{-t}$ addiert werden.

Aufgrund der Verwendung der Kapitalwertmethode und der damit einhergehenden Betrachtung mehrerer Perioden in einem Wert, werden Abschreibungen nicht berücksichtigt. Daher wird die Höhe einer Investition immer vollständig berücksichtigt, auch wenn die Abschreibungsdauer länger als die Betrachtungsdauer sein sollte.

Die Einzahlungen b_t ergeben sich aus der Erlösdifferenz zwischen Referenzzustand und dem Zustand nach Anwendung der Verbesserungsmaßnahme, siehe Formel 5-4. Dazu muss die Ausbringungsmenge $M_t$aus dem Simulationsergebnis auf eine Periodenlänge normiert werden ($M_{t,m}$) und mit der normierten Ausbringungsmenge des vorherigen Schritts $M_{t-1,m}$ verglichen werden. Die Differenz wird mit dem zu erwartenden Stückerlös des betrachteten Produkts e_{var} der Produktionslinie multipliziert, um den durch die Verbesserungsmaßnahme verursachten Erlös b_t zu berechnen. Wenn eine Verbesserungsmaßnahme zu einer Abnahme der Leistung der Produktionslinie führt, ist der verursachte Erlös negativ. Es wird der Vergleich mit der Ausbringung der Produktionslinie im letzten Schritt $M_{t-1,m}$ vorgenommen, damit die Summe der Einzelbelohnungen dem Gesamtkapitalwert entspricht und der jeweilige Kapitalwert eindeutig der letzten Verbesserungsmaßnahme zugeordnet und entsprechend interpretiert wird.

[474] Vgl. Bundesministerium der Finanzen (07.07.2023) 1. Personal- und Sachkosten, S. 3.

Formel 5-4: Einzahlungen je Periode

$$b_t = e_{var} * (M_{t,m} - M_{t-1,m})$$

mit b_t Einzahlungen je Periode t

e_{var} Stückerlös

$M_{t,m}$ Ausbringungsmenge zur Periode t normiert auf eine Periode

$M_{t-1,m}$ Ausbringungsmenge im vorherigen Schritt $t-1$ normiert auf eine Periode

Falls $t = 0$ ist und somit bisher keine Verbesserungsmaßnahme auf die Referenzlinie angewandt wurde, wird in Formel 5-4 $M_{t-1,m} = M_{ref,m}$ gesetzt und die Leistungssteigerung somit mit der normierten Ausbringung der Referenzlinie verglichen.

Für die Berechnung der Auszahlungen je Periode a_t werden die für die jeweilige Verbesserungsmaßnahmen definierten Kostensätze in Anteile der fixen und variablen Kosten geteilt und auf die Periodenlänge normiert, siehe Formel 5-5. Der normierte variable Kostenanteil $k_{var,m}$ wird mit der normierten Ausbringungsmenge $M_{t,m}$ multipliziert und um den normierten Fixkostenanteil $K_{fix,m}$ ergänzt.

Formel 5-5: Auszahlungen je Periode

$$a_t = \sum k_{var,m} * M_{t,m} + \sum K_{fix,m}$$

mit a_t Auszahlungen je Periode t

$k_{var,m}$ Variabler Gesamtkostenanteil je Stück normiert auf eine Periode

$K_{fix,m}$ Fixer Gesamtkostenanteil normiert auf eine Periode

Bei **Verbesserungsmaßnahmen mit Parameterstellbereich** müssen vor der Anwendung der Formel 5-5 die entsprechend des gewählten Parameterwerts tatsächlich entstehenden Kosten berechnet werden. Basierend auf den oberen und unteren Kostengrenzen der jeweiligen Verbesserungsmaßnahme werden für den durch den Parameteragenten final gewählten Einstellwert die resultierenden Kosten interpoliert. Hierzu wird je nach Festlegung während der Maßnahmendefinition eine *lineare* oder *exponentielle* Funktion zu Grunde gelegt. Wie in Kapitel 5.2.1 beschrieben, sind obige fixe und variable Kostenanteile als Differenzkosten zur Referenzlinie zu formulieren. Dies führt dazu, dass Auszahlungen im Falle der Reduktion von Kosten im Vergleich zur Referenzlinie negativ sind. Dies ist bspw. für die Energiekosten der Fall, wenn eine ältere Maschine durch eine energieeffizientere Maschine ersetzt wird.

Aus der Anwendung von Formel 5-3 bis Formel 5-5 ergibt sich somit der Kapitalwert für jede Verbesserungsmaßnahme basierend auf den in der Maßnahmenliste festgelegten Kosten und der in der Simulation errechneten Leistungssteigerung.

Abbildung 5-30 ordnet die Berechnung des Kapitalwerts in das Gesamtvorgehen ein. Im Folgenden wird der Kapitalwert in Form einer Belohnungsfunktion für den Maßnahmenagenten genutzt.

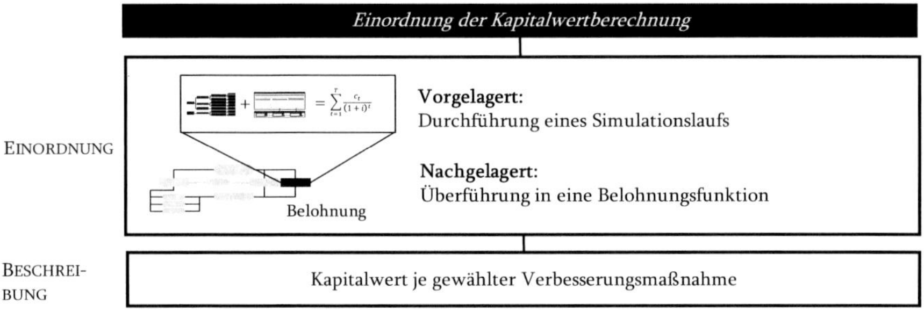

Abbildung 5-30: Einordnung des Kapitels 5.4.1 in das Gesamtvorgehen

5.4.2 Überführung in Belohnungsfunktion des Maßnahmenagenten

Bei der Anwendung von RL im Kontext von finanziellen Analysen bietet sich laut ESCHMANN die Definition einer monetären Belohnungsfunktion an.[475] Der obig definierte Kapitalwert stellt somit eine Grundlage für eine Belohnungsfunktion des Agenten dar, da mit positivem Kapitalwert eine Maßnahmenkombination als wirtschaftlich sinnvoll (Belohnung), mit negativem Kapitalwert als wirtschaftlich nicht sinnvoll (Bestrafung) interpretiert wird. So ist der Maßnahmenagent in der Lage, aus dem Zusammenspiel von Belohnung und Bestrafung eine Strategie zur Erreichung des Ziels der *Wirtschaftlichkeitssteigerung* zu erlernen.

Um das Ziel der *wirtschaftlichen Leistungssteigerung* zu erreichen, ist neben der Betrachtung des oben beschriebenen Kapitalwerts die explizite Betrachtung der *Leistung* von Nöten. Die alleinige Nutzung des Kapitalwerts würde auch solche

[475] Vgl. Eschmann, J. (2021) Reward Function Design, S. 27.

Maßnahmen belohnen, welche die Ausbringungsmenge senken aber gleichzeitig die Kosten im nötigen Maße reduzieren.

Aus diesem Grund wird der Kapitalwert erweitert, um als Belohnungsfunktion geeignet zu sein. Dazu wird eine Fallunterscheidung basierend auf der Leistungssteigerung im Vergleich zum vorherigen Schritt vorgenommen. Eine Leistungssteigerung liegt dann vor, wenn die normierte Ausbringungsmenge im Vergleich zum vorherigen Schritt erhöht wurde. In diesem Fall wird der oben definierte Kapitalwert als Belohnungsfunktion genutzt. Wenn die Leistung und damit die normierte Ausbringungsmenge im Vergleich nicht gesteigert wurde, wird der Agent mit einem festen Wert bestraft. Auf diese Weise wird sichergestellt, dass der Agent nur dann ein positives Signal erhält, wenn die Leistung tatsächlich wirtschaftlich gesteigert wurde. Wenn die Leistung zwar gesteigert wurde, die Maßnahme allerdings nicht wirtschaftlich war, ist auch der errechnete Belohnungswert negativ. Die Fallunterscheidung ist in Formel 5-6 dargestellt.

Falls $t = 0$ ist und somit bisher keine Verbesserungsmaßnahme auf die Referenzlinie angewandt wurde, wird in Formel 5-6 $M_{t-1,m} = M_{ref,m}$ gesetzt und die normierte Ausbringungsmenge mit der normierten Ausbringungsmenge der Referenzlinie verglichen.

Formel 5-6: Belohnungsfunktion des Maßnahmenagenten

$$R_t^M(S_t^M) = \begin{cases} C_0(S_t^M), & M_{t-1,m} < M_{t,m} \\ -100.000, & M_{t-1,m} \geq M_{t,m} \end{cases}$$

mit R_t^M Belohnung des Maßnahmenagenten für Schritt t

$C_0(S_t^M)$ Kapitalwert für Zustand S^M für Schritt t

Die Wahl des Bestrafungswerts ist dabei so gewählt, dass diese zwar einem eindeutigen Verlust gleichkommt, sich durch folgende Schritte mit positivem Kapitalwert allerdings trotzdem ein positiver Gesamtkapitalwert für eine Episode ergeben kann. So ist sichergestellt, dass der Maßnahmenagent solche Verbesserungsmaßnahmen miteinander kombinieren kann, welche die Leistung nur in Kombination und nicht isoliert betrachtet steigern. Durch diese Bestrafung ergibt sich trotzdem, dass die kumulierte Belohnung der Episoden nicht dem Gesamtkapitalwert der kombinierten Maßnahmen entspricht. Dies muss bei der späteren Interpretation der Ergebnisse beachtet werden, indem der Kapitalwert um die Bestrafungswerte bereinigt wird, vgl. Kapitel 5.5.1. Die Wahl des Bestrafungswerts muss unternehmens- und anwendungsspezifisch festgelegt werden. Die vorgeschlagene Wahl von −100.000 entspricht einem Erfahrungswert des Autors.

In Abbildung 5-31 wird die Belohnungsfunktion in das Gesamtvorgehen eingeordnet.

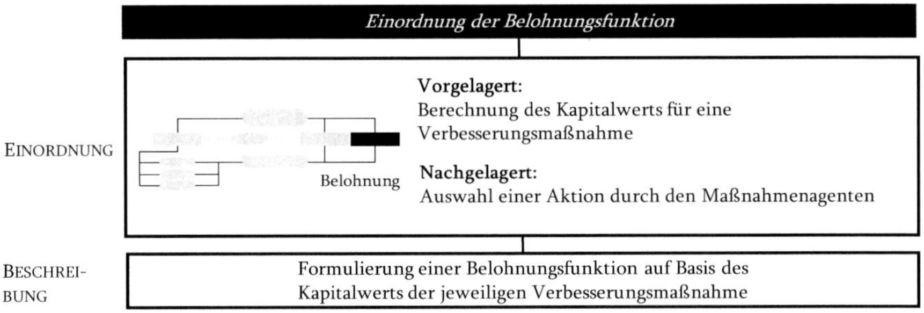

Abbildung 5-31: Einordnung des Kapitels 5.4.2 das Gesamtvorgehen

5.5 Automatisierte Generierung von Entscheidungsalternativen

Dem komplexen Entscheidungsproblem der wirtschaftlichen Leistungssteigerung von Produktionslinien muss mit Hilfe rationaler Entscheidungsprozesse begegnet werden. Neben den beiden Entscheidungsphasen, der *Strukturierung der Entscheidungssituation* und der *Entwicklung eines Wirkmodells*, welche in den vorherigen Kapiteln beleuchtet wurden, beinhalten rationale Entscheidungsprozesse nach von Nitzsch als dritte Entscheidungsphase die *Evaluation der Entscheidungsalternativen.*[476]

Dieser letzten Entscheidungsphase rationaler Entscheidungsprozesse wird sich im folgenden Kapitel gewidmet, indem überlegene Verbesserungstrajektorien, welche zuvor automatisiert generiert wurden, durch Vergleich identifiziert werden (Kapitel 5.5.1). Um die Nutzbarkeit der entwickelten Methodik zu steigern, wurde ein Softwaretool konzipiert, welches den Prozess der Analyse der Ergebnisse und die Konfiguration der Methodik unterstützt (Kapitel 5.5.2). Abschließend wird in Kapitel 5.5.3 ein Gesamtvorgehen der Methodik beschrieben, indem die zentralen Schritte zur Anwendung zusammengefasst werden.

[476] Vgl. von Nitzsch, R. (2021) Entscheidungslehre, S. 21 - 25.

5.5.1 Identifikation überlegener Verbesserungstrajektorien

Die automatisiert in Phase drei der Methodik erzeugten Verbesserungstrajektorien sind nur dann praxistauglich und zielführend, wenn die Agenten eine *sinnvolle* Strategie erlernen. Aus diesem Grund ist zur Prüfung der Sinnhaftigkeit der Strategie – und gleichzeitig zur Erhöhung der Akzeptanz der generierten Lösungsoptionen – eine **Prüfung des Lernfortschritts der Agenten** vor der Detailbetrachtung der einzelnen Verbesserungstrajektorien durchzuführen. Da eine detaillierte Auseinandersetzung mit den Ergebnissen und somit deren Prüfung im Laufe der Auswahl der Alternativen im Anschluss erfolgt, reicht zunächst eine visuelle Prüfung des Lernfortschritts aus.

Zu diesem Zwecke eignen sich zwei Darstellungen, welche in Abbildung 5-32 gezeigt sind. *(a)* zeigt den Verlauf der durchschnittlichen Belohnung und somit des durchschnittlichen Kapitalwerts der Episoden je Iteration über die Zeit während in *(b)* die Fokussierung der Auswahl des Agenten auf wenige gewinnbringende Parameter über die Zeit dargestellt ist.

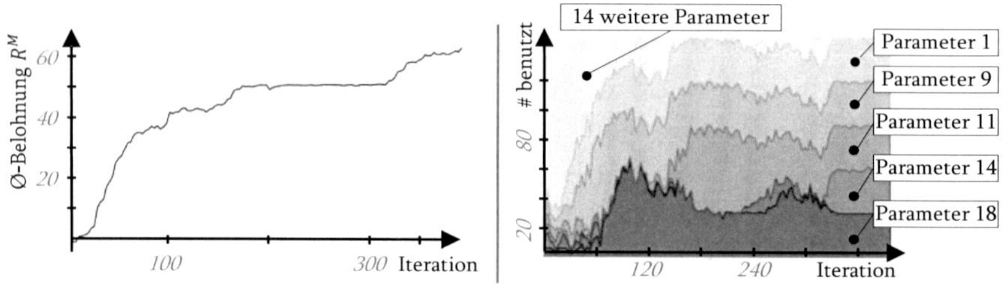

***(a)** Steigende Belohnung über die Zeit*

***(b)** Fokussierung auf fünf gewinnbringende Parameter über die Zeit*

Abbildung 5-32: Exemplarische Darstellungen des Lernverlaufs[477]

In der beispielhaften Abbildung zeigt sich in *(a)* eindeutig, dass über die Zeit eine höhere durchschnittliche Belohnung je Iteration erreicht wird, der Agent also lernt, die Linie wirtschaftlich zu optimieren. An der Auswahl der Parameter über die Zeit in *(b)* kann erkannt werden, dass zu Beginn Maßnahmen mit allen Parametern

[477] i.A.a. Schuh, G. et al. (2021) Identification of superior, S. 7.

gewählt werden, während mit der Zeit eine Strategie entwickelt wird, nur noch Maßnahmen, welche fünf bestimmte Parameter verändern, auszuwählen und zu kombinieren. Diese Informationen isoliert lassen noch keine Aussage über tatsächlich gute Verbesserungstrajektorien zu, zeigen allerdings, dass der Agent die Leistung wirtschaftlich steigern konnte. Da so nur eine relative Verbesserung nachgewiesen ist, muss im Folgenden kritisch mit den Vorschlägen zur Verbesserung der Produktionslinie umgegangen und Kosten hinterfragt werden, da eine Verbesserung nicht automatisch bedeutet, dass die Strategie am Ende wirklich *gut* – und nicht nur *besser* als die *zufällige* Auswahl von Parametern - ist.

Gleichzeitig kann aus *(b)* der **Einfluss einzelner Parameter auf die Leistung** abgelesen werden. Speziell die Kombination dieser Maßnahmen ist zu hinterfragen und mit Erfahrungswerten abzugleichen. Die Suche nach den am häufigsten verwendeten Maßnahmenkombinationen kann unerwartete Zusammenhänge eröffnen, wenn zwei Maßnahmen nur durch gemeinsame Anwendung einen positiven Effekt auf die Produktionslinie bewirken.

In dem Falle, dass kein Lernfortschritt zu erkennen ist und der Agent nicht in der Lage war, die Leistung der Produktionslinie wirtschaftlich zu steigern, muss die Methodik mit geänderten Hyperparametern und/oder neu definierten Verbesserungsmaßnahmen wiederholt werden.

Für eine gute Entscheidung bzgl. der Anpassung einer Produktionslinie ist die **aktive Auseinandersetzung mit den in Phase drei der Methodik identifizierten Verbesserungstrajektorien** (vgl. Kapitel 5.1.3) notwendig.

Während dieser Auseinandersetzung werden die überlegenen Verbesserungstrajektorien durch die Anwendenden ausgewählt. Bei dieser Auswahl aus Entscheidungsalternativen gibt der Vergleich folgender, aus der Belohnungsfunktion (vgl. Kapitel 5.4.2) abgeleiteter, Kriterien Aufschluss über die Vorteilhaftigkeit der verbundenen Anpassungen an der Produktionslinie:

- **Gesamtkapitalwert:** Der Gesamtkapitalwert ist der beste Indikator für die Gesamtvorteilhaftigkeit einer gesamten Verbesserungstrajektorie, da in diesem Wert entstandene Kosten sowie der erreichte Gewinn miteinander verrechnet sind. Der Gesamtkapitalwert entspricht der Belohnung des Agenten für eine Verbesserungstrajektorie. Im Falle einer Verbesserungstrajektorie, die eine Maßnahme beinhaltet, welche nicht zur Leistungssteigerung der Produktionslinie beiträgt, weicht der Gesamtkapitalwert um 100.000 Geldeinheiten (Abk. GE) nach unten vom wahren Kapitalwert ab, da der Agent für die Maßnahme ohne Leistungssteigerung mit -100.000 GE bestraft wurde. Diese Bestrafung entspricht allerdings keinen tatsächlich anfallenden Kosten, vgl. Kapitel 5.4.2.

- **Gesamtinvestition:** Wenn ein limitiertes Budget für die angestrebten Verbesserungsmaßnahmen existiert oder statt der Wirtschaftlichkeit die **Kapitalrendite** der Verbesserungsmaßnahmen im Vordergrund steht, bietet der Vergleich über die Höhe der Gesamtinvestitionen Aufschluss über die Kapitalintensität der Maßnahmen.
- **Gesamtleistungssteigerung:** Wenn eine bestimmte Leistung der Produktionslinie angestrebt wird, könnten solche Verbesserungstrajektorien irrelevant werden, die dieses Mindestmaß nicht erfüllen, obwohl sie einen hohen Kapitalwert aufweisen.
- **Einzelmaßnahmen mit hohem Kapitalwert:** Auch die Betrachtung einzelner Verbesserungsmaßnahmen mit hohem Kapitalwert kann für die Anwendenden interessant sein, auch wenn diese nicht in einer Verbesserungstrajektorie mit anderen erfolgreichen Anpassungen liegen, falls nur eine Einzelmaßnahme und nicht eine umfassende Anpassung an der Produktionslinie vorgenommen werden soll. In diesem Fall ist allerdings zu prüfen, ob die Durchführung der Verbesserungsmaßnahme auch ohne vorher durchgeführte Verbesserungsmaßnahmen zu einem vergleichbaren Kapitalwert führt oder ob die Kombination mit den vorherigen Maßnahmen notwendig ist.
- **Einzelmaßnahmen mit hoher Leistungssteigerung:** Ähnlich wie Verbesserungsmaßnahmen mit hohem Kapitalwert sind auch solche Verbesserungsmaßnahmen mit hoher Leistungssteigerung interessant für die Anwendenden, da so das Potenzial einzelner Verbesserungsmaßnahmen abzuschätzen ist. Da bei dieser Betrachtung die Wirtschaftlichkeit der Verbesserungsmaßnahme allerdings ausgeklammert wird, darf die Betrachtung nur für die Erlangung von Systemverständnis und weniger als Inspiration für wirtschaftliche Verbesserungsmaßnahmen genutzt werden.

Diese Kriterien werden von der konzipierten Software angezeigt. Diese wird im folgenden Kapitel beschrieben.

Es bietet sich an, die erzeugten Verbesserungstrajektorien in weiteren Analysen zu dekomponieren und Betrachtungen zu häufigen Kombinationen von Verbesserungsmaßnahmen oder solchen Maßnahmenkombinationen, welche häufig in Verbesserungstrajektorien mit hohen Kapitalwerten enthalten sind, anstellen. Auf Grundlage der erzeugten Spuren je Verbesserungstrajektorie und Simulationslauf sind weitere Analysen denkbar.

5.5.2 Software zur Durchführung der Methodik

Um die Nutzbarkeit der entwickelten Methodik auch für Anwendende ohne oder mit sehr eingeschränkter Simulationserfahrung zu ermöglichen, wird eine Form der Eingabe der notwendigen Informationen kreiert, welche nur anwendungsspezifisches Produktionswissen erfordert. Dies erfordert, dass die verwendete Simulationslogik vorgegeben ist und den Anwendenden nur jene Einstellmöglichkeiten gewährt werden, welche zur individuellen Anpassung eines Simulationsmodells auf die spezifische Produktionslinie notwendig sind. Die entwickelte Methodik ist grundsätzlich für alle Simulationsmodelle von Produktionslinien anwendbar, solange sie die in Kapitel 5.1.2 definierten Anforderungen erfüllen. Im Folgenden wird ein dediziertes Softwaretool für die aus Abbildung 5-8 bekannten typischen Parameter einer Produktionslinie und darauf aufbauend eine Software zur Konfiguration dieser Parameter beschrieben. Die konzipierte Software lässt sich als *Spezialsimulator für ein Teilgebiet eines Anwendungsbereichs* nach NOCHE UND WENZEL klassifizieren[478]. Das Konzept der Software sowie des verwendeten Simulationsmodells bauen auf der Arbeit von SCHUH ET AL. auf.[479]

Es wird im Folgenden eine grafische Benutzeroberfläche beschrieben, welche die *Konfiguration des Simulationsmodells,* die *Sammlung generischer Verbesserungsmaßnahmen* wie auch die *Analyse der Verbesserungstrajektorien* im Sinne von Entscheidungsalternativen unterstützt. Die Benutzeroberfläche bietet zudem Funktionalitäten für den *Import und Export von Datensätzen.* Mit dieser Funktion wird nach Nutzung der Benutzeroberfläche ein Datensatz exportiert, welcher an die Programmlogik (vgl. Kapitel 6.1) zur Durchführung der Simulationen übergeben

---

[478] Vgl. Noche, B./ Wenzel, S. (1991) Marktspiegel Simulationstechnik in, S. 4.

[479] Vgl. Kapitel 3.2.3.4 oder Schuh, G. et al. (2021) Erhöhung der Akzeptanz.

wird. Nach der Durchführung der Methodik stellt die Programmlogik erneut einen Datensatz zur Verfügung, welcher zur Analyse und Ergebnisdarstellung importiert wird. Auf die Import- und Exportfunktion der grafischen Oberfläche wird nicht weiter eingegangen, da die Funktionalität selbsterklärend ist. Abbildung 5-33 zeigt das Hauptmenü der Software mit den entsprechenden Menüpunkten.

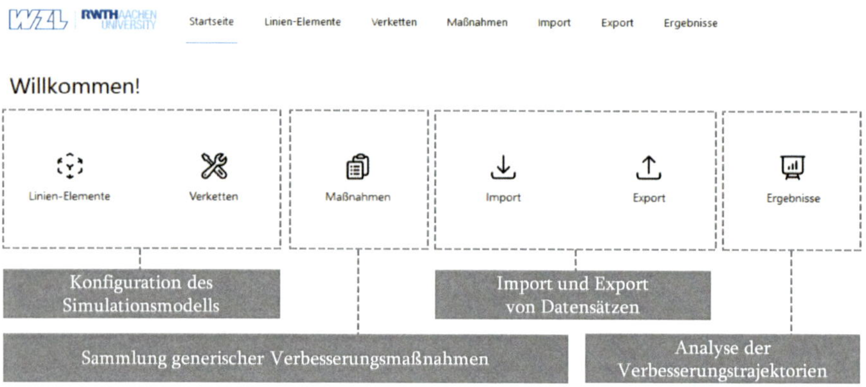

Abbildung 5-33: Hauptmenü der grafischen Benutzeroberfläche

Konfiguration des Simulationsmodells

Zur Konfiguration des Simulationsmodells muss es die Möglichkeit geben, sowohl die Verkettung einzelner Elemente der zu simulierenden Produktionslinie, als auch die Parameter der jeweiligen Elemente festlzulegen. Abbildung 5-34 zeigt beispielhaft die Eingabemaske für die relevanten Parameter einer Maschine im Reiter *Linien-Elemente.*

Auf der linken Seite befindet sich eine *Übersicht der bisher angelegten Elemente* sowie eine Schaltfläche zum *Hinzufügen eines neuen Elements* und eine Möglichkeit zum *Benennen* eines Elements auf der rechten Seite. Die Oberfläche zeigt zur Verbesserung der Übersichtlichkeit darunter bei jedem Element *verknüpfte generalisierte Verbesserungsmaßnahmen* an, wenn diese bereits definiert sind. Durch einen Klick auf die angezeigte Maßnahme werden Nutzende zur Eingabemaske zur *Bearbeitung der entsprechenden Maßnahme* weitergeleitet (vgl. Abbildung 5-36).

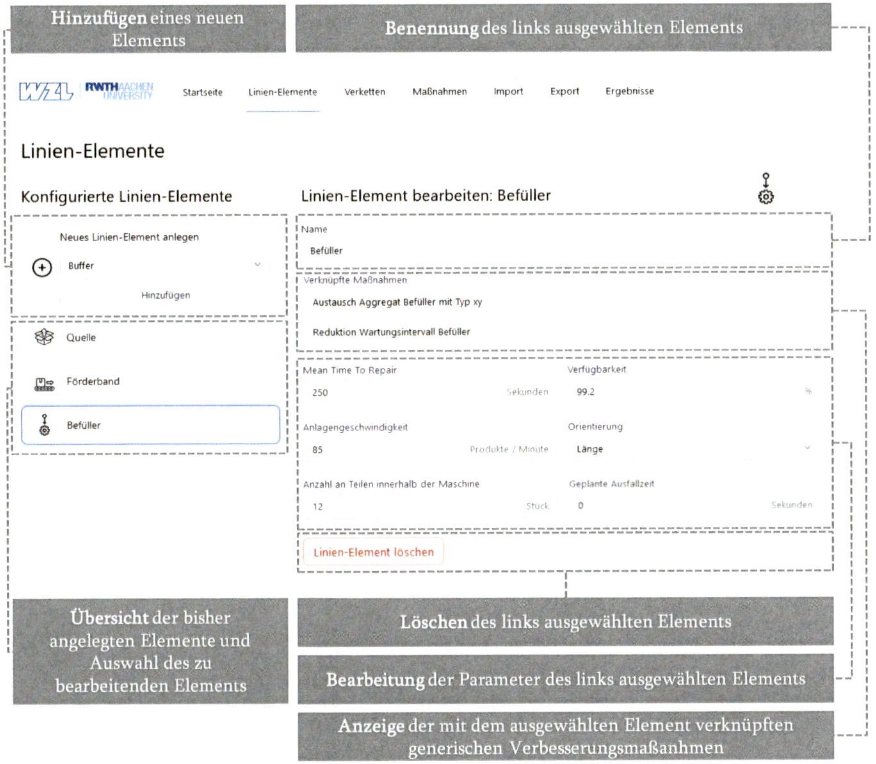

Abbildung 5-34: Bearbeitung von Elementen

Nach der Anlage aller benötigter Elemente muss auch die Verkettung dieser im Simulationsmodell abgebildet werden. Dieser Vorgang wird im dritten Reiter der oben angeordneten Menüleiste *Verketten* durchgeführt und in Abbildung 5-35 abgebildet.

Die Elemente werden mit der Computermaus frei positioniert und durch das Ziehen von Pfeilen zwischen den Elementen mit der Computermaus verkettet. Ein Klick auf das Symbol zum Bearbeiten leitet Nutzende zur Eingabemaske des entsprechenden Elements weiter (vgl. Abbildung 5-34). Da die entwickelte Methodik eine generalisierte Linienstruktur basierend auf Kofferelementen voraussetzt, muss dieser Ablaufforderung bei der Strukturierung der Produktionslinie in diesem Schritt gefolgt werden.[480]

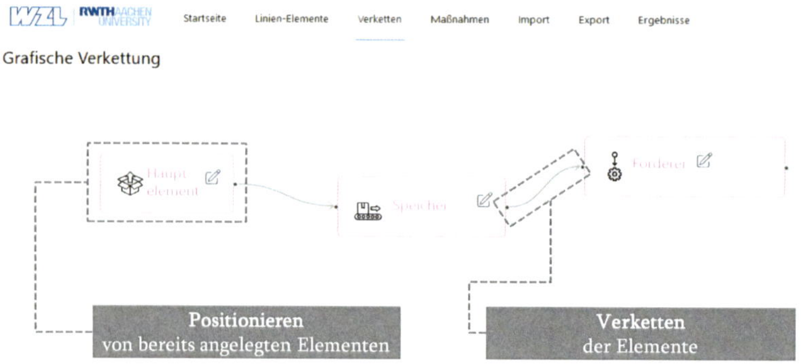

Abbildung 5-35: Grafische Verkettung von Elementen

Sammlung generischer Verbesserungsmaßnahmen

Die für die Agenten anzuwendenden generischen Verbesserungsmaßnahmen werden in einer weiteren Eingabemaske unter dem Reiter *Maßnahmen* angelegt, siehe Abbildung 5-36.

Auf der linken Seite werden *neue Maßnahmen angelegt* und folgend oben rechts *benannt*. Folgend wird eine Zuordnung der Verbesserungsmaßnahme zu den zuvor angelegten Elementen vorgenommen. Basierend auf der Zuordnung werden im darunterliegenden Abschnitt zur Definition der Parameterstellbereiche nur solche Parameter eingeblendet, welche das ausgewählte Element umfasst. Darunter werden die Kosten für die Maßnahme eingetragen und dabei im Falle von Investitionen auch die Nutzungsdauer angegeben. Gleichzeitig wird festgelegt, welcher Parameterstellbereich die Kosten induziert und welche Funktion zur Verknüpfung genutzt wird. Um das Anlegen von Maßnahmen zu vereinfachen, können diese mit einem Klick dupliziert und folgend verändert werden.

[480] Vgl. Kapitel 5.1.2.

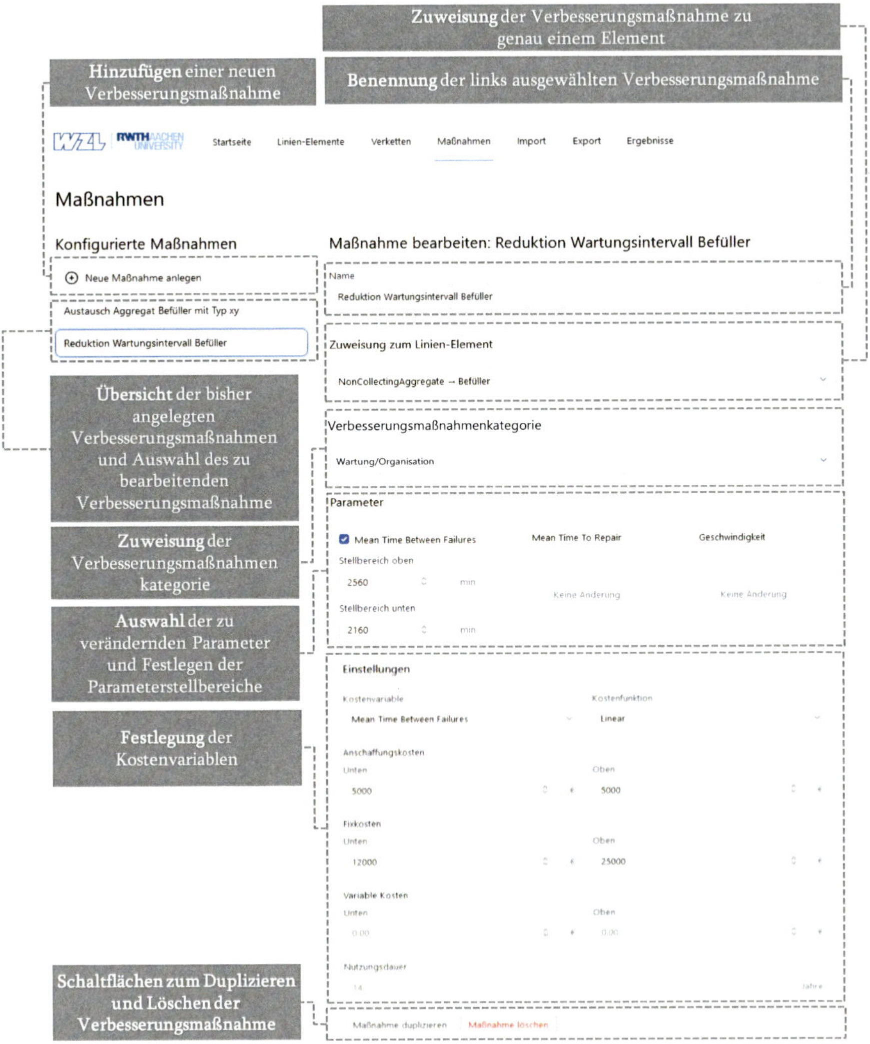

Abbildung 5-36: Bearbeitung generischer Verbesserungsmaßnahmen

Nach der Konfiguration der Produktionslinie wird die Konfiguration im Reiter *Export* exportiert und an das Backend (vgl. Kapitel 6.1) zur automatisierten Erzeugung der Verbesserungstrajektorien übergeben.

Analyse der erzeugten Verbesserungstrajektorien

Im letzten Reiter *Ergebnisse* bietet sich den Nutzenden die Möglichkeit des Vergleichs und der Analyse der generierten Verbesserungstrajektorien. Diese müssen zuerst im Reiter *Import* nach der Erzeugung durch das Backend importiert werden. In der Ansicht wird eine interaktive Darstellung der Verbesserungstrajektorien angeboten, vgl. Abbildung 5-37. Mit einem Schieberegler oben links werden Trajektorien ausgeblendet, welche unter einem einzustellenden Gesamtkapitelwert liegen. In der sich dann aktualisierenden Darstellung wird gleichzeitig der Gesamtkapitalwert (Größe der Kachel) und die Höhe der damit verbundenen Investition (Sättigung der Farbe) visualisiert. Positive Gesamtkapitalwerte werden grün, negative rot dargestellt.

Bei Kacheln, die aufgrund des repräsentierten niedrigen Gesamtkapitelwerts zu klein zur Beschriftung sind, wird die Beschriftung erst eingeblendet, wenn die Nutzenden die Computermaus über der Kachel positionieren.

In dieser Beschriftung wird neben einer eindeutigen Nummer der Verbesserungstrajektorie der Gesamtkapitalwert sowie die Investitionssumme als Wert angezeigt.

Durch einen Klick auf jede der zu einer Trajektorie korrespondierenden Kacheln wird die Trajektorie zu einem Bereich für Detailerläuterung unter der Übersichtsgrafik hinzugefügt. In diesem Bereich werden bis zu vier Trajektorien nebeneinander dargestellt, um sie miteinander zu vergleichen.

Beispielhaft sind in Abbildung 5-38 zwei zu vergleichende Trajektorien dargestellt. Durch einen Klick auf den Pfeil bei jeder Einzelmaßnahme werden weitere Details eingeblendet. Durch einen Klick auf das Kreuz oben rechts, werden die jeweiligen Verbesserungstrajektorien wieder aus der Vergleichsansicht entfernt.

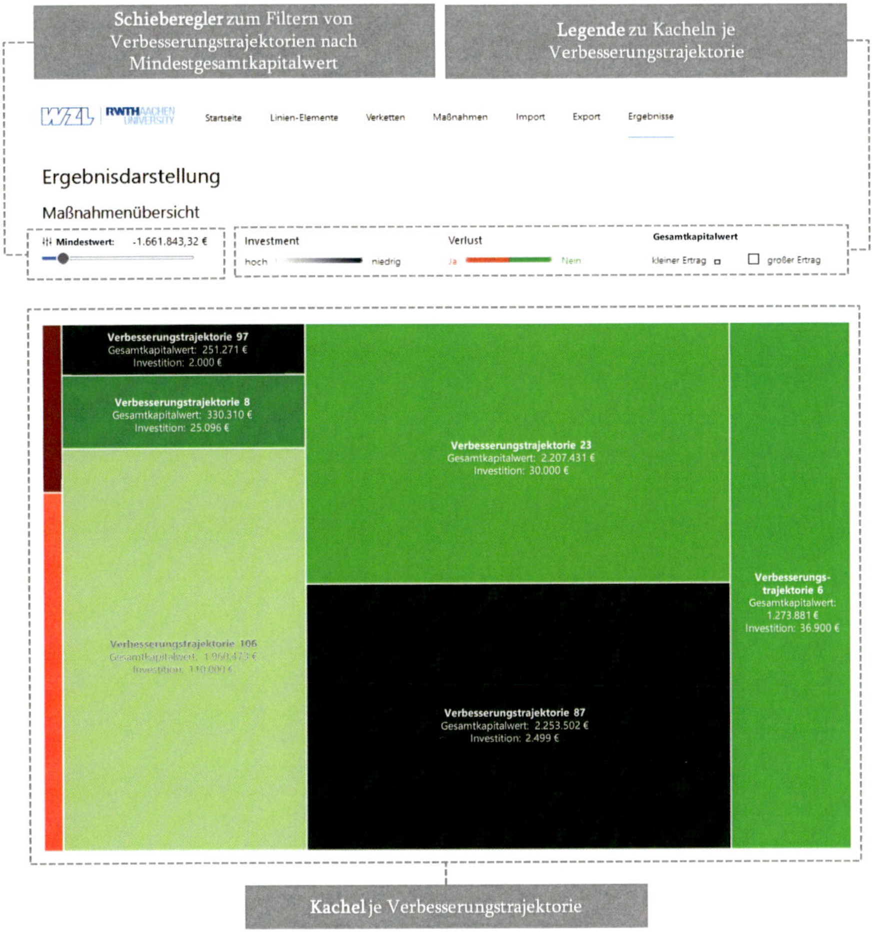

Abbildung 5-37: Übersicht der Ergebnisdarstellung

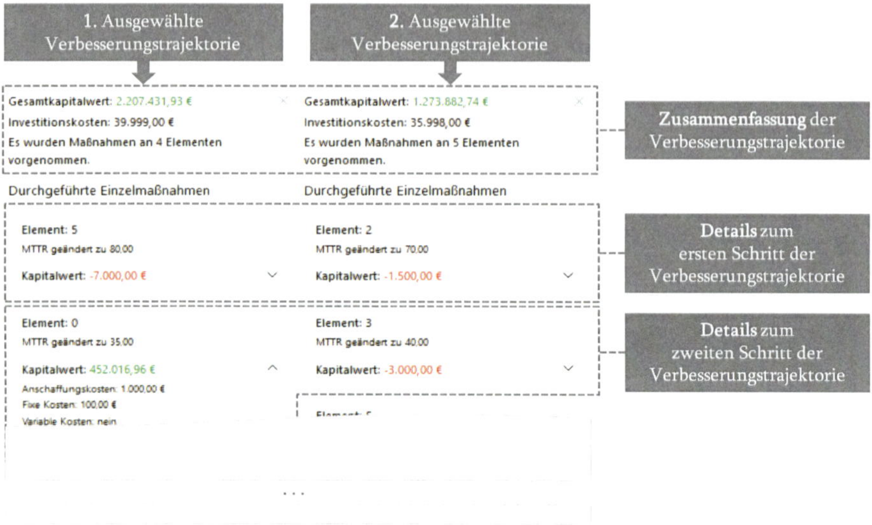

Abbildung 5-38: Detailvergleich drei ausgewählter Verbesserungstrajektorien

Es lassen sich neben dieser grafischen Übersicht auch Listen mit allen Verbesserungstrajektorien sowie mit erfolgreichen Parameterkombinationen anzeigen, welche sich filtern und sortieren lässt.

Die folgende Abbildung 5-39 ordnet das Softwaretool in die Gesamtmethodik ein.

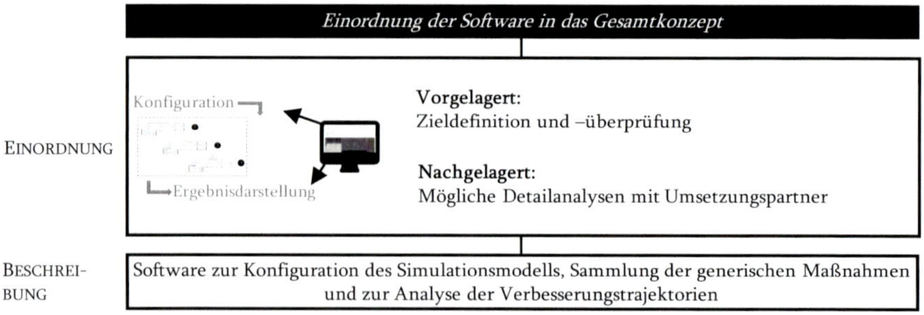

Abbildung 5-39: Einordnung des Kapitels 5.5.2 in das Gesamtvorgehen

5.5.3 Gesamtvorgehen zur Durchführung der Methodik

Das erarbeite Vorgehen setzt sich aus mehreren Einzelschritten zusammen. In Abbildung 5-40 wird das Gesamtvorgehen zur wirtschaftlichen Leistungssteigerung von Produktionslinien zusammengefasst, in flankierende Schritte eingebettet und zu Phasen der objektiven Entscheidungsfindung nach VON NITZSCH zugeordnet.[481]

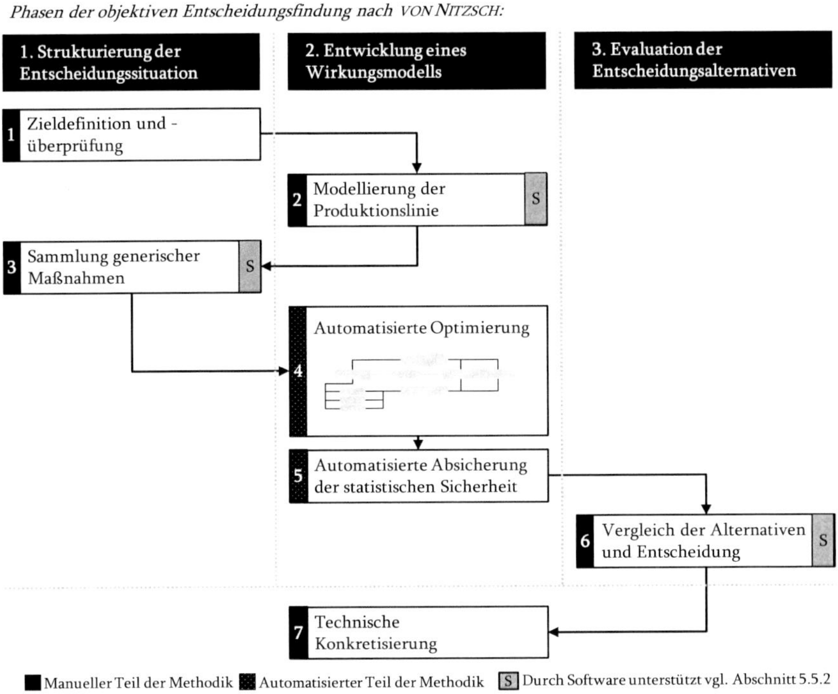

Abbildung 5-40: Gesamtvorgehen der Methodik

Im Folgenden wird auf die einzelnen Schritte dediziert eingegangen. Nach VDI 3633 sind in allen Schritten von Simulationsstudien die Prinzipien der V&V anzuwenden.[482] Aus diesem Grund kann es notwendig sein, nach einem Schritt zu einem

[481] Vgl. Kapitel 2.1.

[482] Vgl. Kapitel 2.3.2.

vorherigen Schritt zurückzukehren, um die notwendige Qualität sicherzustellen. Diese etwaigen Rückschleifen sind nicht dargestellt.

Schritt 1: Zieldefinition und –überprüfung

Zu Beginn der Anwendung der vorliegenden Methodik muss sichergestellt werden, dass das Optimierungsziel tatsächlich mit der Methodik zu erreichen ist. In der Praxis muss daher überprüft werden, ob der fokussierte Anwendungsbereich dem Betrachtungsbereich und somit der Definition der Leistungssteigerung von Produktionslinien im Sinne dieser Arbeit entspricht.[483] Falls andere Verlustkategorien der OEE nach einer ersten Analyse die größeren Verluste aufweisen, muss geprüft werden, ob Methoden des Qualitätsmanagements, des OEE- oder des Leanmanagements zielführender sind. Hier sei bspw. auf SCHMITT UND PFEIFFER sowie FOCKE UND STEINBECK verwiesen.[484]

Die Überlegungen über den tatsächlichen Optimierungszweck des Vorhabens definiert die benötigten Simulationsparameter wie auch die Granularität des aufzusetzenden Simulationsmodells. Aus diesem Grund ist den Überlegungen zur exakten Definition des Betrachtungsbereichs eine hohe Aufmerksamkeit beizumessen. Demnach ist sicherzustellen, dass zu Anfang eines Optimierungsprojekts alle relevanten Interessensvertretenden kurzzeitig involviert werden.

2. Schritt: Modellierung der Produktionslinie

Im zweiten Schritt muss das Simulationsmodell der zu verbessernden Produktionslinie aufgebaut werden. Hierbei muss sich der Generalisierung mit Hilfe von Kofferelementen bedient und die Linie entsprechend aufgebaut werden.[485] Gleichzeitig ist darauf zu achten, dass alle für die Interpretation des aktuellen Zustands der Produktionslinie benötigten Informationen protokolliert und auswertbar gemacht werden.[486] Für ein Vorgehen zur Modellierung von Materialflusssystemen zur Erfüllung der vorher definierten Zielstellung sei auf die VDI 3633 verwiesen.[487] Für typische Produktionslinien mit den in Abbildung 5-8 aufgelisteten Parametern kann auf die

[483] Vgl. Kapitel 2.1.

[484] Vgl. Schmitt, R./ Pfeifer, T. (2015) Qualitätsmanagement; Focke, M./ Steinbeck, J. (2018) Steigerung der Anlagenproduktivität.

[485] Vgl. Kapitel 5.1.2.

[486] Vgl. Kapitel 5.3.1.

[487] Vgl. Verein Deutscher Ingenieure (2014) VDI 3633 Blatt 1.

Eingabemaske des entwickelten Softwaretools und die automatische Generierung des Simulationsmodells aus dieser Arbeit zurückgegriffen werden.

3. Schritt: Sammlung generischer Verbesserungsmaßnahmen

Die Sammlung von generischen Verbesserungsmaßnahmen muss spezifisch für die konkret zu verbessernde Produktionslinie erfolgen. Trotzdem bietet es sich in größeren Unternehmen an, auf Erfahrungen und dokumentierte Maßnahmen vergangener Optimierungsprojekte vergleichbarer Produktionslinie rückzugreifen. Dabei dienen die erarbeiteten Verbesserungskategorien wie auch allgemeine Kreativitätstechniken als Hilfestellung.[488]

4. Schritt: Automatisierte Optimierung

Die Generierung potenziell überlegener Verbesserungstrajektorien führt die Methodik bei den gegebenen Informationen automatisiert aus, sodass ein Eingriff oder das Einbringen von Simulationswissen in diesem Schritt nicht notwendig ist.

5. Schritt: Automatisierte Absicherung der statistischen Sicherheit

Die zuvor generierte Liste mit Verbesserungstrajektorien muss nun mit Hilfe von Simulationsläufen mit verlängerter Simulationsdauer und erhöhter Replikationszahl ausgeführt werden, um die statistische Sicherheit zu gewährleisten. Die Durchführung der Simulationsläufe erfolgt erneut automatisch.

6. Schritt: Vergleich der Alternativen und Entscheidung

Basierend auf der aktualisierten Liste werden mit Hilfe des entwickelten Softwaretools die Verbesserungstrajektorien verglichen. Der direkte Vergleich von Verbesserungstrajektorien als Entscheidungsalternativen bietet die Grundlage für eine rationale Entscheidung. Für besonders vielversprechende Trajektorien sollten Vergleichsangebote von unterschiedlichen möglichen Umsetzungspartnern eingeholt werden, um etwaig in Schritt 2 getroffene Kostenschätzungen zu konkretisieren.

7. Schritt: Technische Konkretisierung

Bevor eine getroffene Entscheidung in die Tat umgesetzt wird und Investitionen getätigt werden, sollte in Kooperation mit dem gewählten Umsetzungspartner eine

[488] Vgl. Kapitel 5.2.1.

finale Parameterstudie durchgeführt werden, um die exakte Auswirkung der Verbesserungsmaßnahme auf die Produktionslinie zu ermitteln und die technische Ausgestaltung bestmöglich zu gestalten. Für praktische Hinweise bzgl. der technischen Gestaltung von Produktionslinien und deren Fördertechnik sei bspw. auf RÖMISCH UND WEIß sowie MAJSCHAK verwiesen.[489]

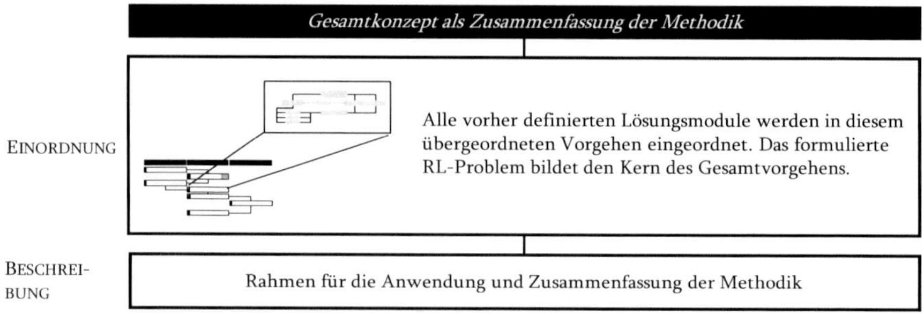

Abbildung 5-41: Einordnung des Kapitels 5.5.3 in das Gesamtvorgehen

5.6 Zwischenfazit: Zusammenfassung der Methodik

In Kapitel 5 wurde das in Kapitel 4 vorgestellte Grobkonzept detailliert. Dazu wurde in Kapitel 5.1 die Aufgabenstellung der wirtschaftlichen Leistungssteigerung von Produktionslinien zunächst als hierarchisches RL-Problem unter Einbezug einer Heuristik formuliert. Basierend darauf wurden Anforderungen an ein Simulationsmodell als Abbild der zu optimierenden Simulationslinie formuliert und eine Abstraktion von Produktionslinien mit Hilfe von Kofferelementen vorgenommen. Die Lösung des formulierten RL-Problems wird in drei Phasen vorgenommen, indem zuerst die untergeordneten Parameteragenten trainiert werden und dem übergeordneten Maßnahmenagenten somit in dessen Trainingsphase bereits zur Verfügung stehen. In der dritten Phase werden die erlernten Strategien beider Agententypen genutzt.

Im Anschluss wurden die Lösungsbausteine des RL-Problems sukzessive definiert. In Kapitel 5.2 wurde ein Vorgehen zur Identifikation von generischen Verbesserungsmaßnahmen beschrieben. Darauf aufbauend wurde ein mehrdimensionaler Aktions-

[489] Vgl. Römisch, P./ Weiß, M. (2014) Projektierungspraxis Verarbeitungsanlagen; Majschak, J.-P. (2020) Anwendung für Maschinensysteme.

raum inkl. der Gruppierung von Maßnahmen in Maßnahmenbündel abgeleitet. Dieser wird genutzt, um durch die Kombination der beiden Agententypen die generischen Verbesserungsmaßnahmen für die zu optimierende Produktionslinie zu konkretisieren.

In Kapitel 5.3 wurde beschrieben, wie die Simulationsergebnisse in Form einer Beobachtung an den Agenten weitergegeben werden und dieser so in die Lage versetzt wird, basierend auf dem aktuellen Zustand der Produktionslinie sinnvolle Verbesserungsmaßnahmen zu wählen. Gleichzeitig wurde eine Heuristik beschrieben, welche durch Maskierung von Maßnahmenbündeln basierend auf der Beobachtung des Simulationsergebnisses Einfluss auf den Maßnahmenagenten nimmt.

In Kapitel 5.4 wurde die Belohnungsfunktion des Maßnahmenagenten basierend auf dem Kapitalwert für die vorgeschlagenen Verbesserungsmaßnahmen definiert und somit die wirtschaftliche Leistungssteigerung der Produktionslinie als Ziel für den Agenten proklamiert.

In Kapitel 5.5 wurde beschrieben, wie auf der Grundlage der vorangegangenen Bausteine überlegene Verbesserungstrajektorien identifiziert werden. Dafür wurde eine Software und ein Gesamtvorgehen zur Nutzung der entwickelten Methodik in Anwendungsunternehmen beschrieben.

6 Anwendung und kritische Reflexion

6.1 Prototypische Implementierung

Die in Kapitel 5 beschriebene Methodik wurde zu Demonstrations- und Validierungszwecken prototypisch implementiert. Im Folgenden wird die gewählte Softwarearchitektur inkl. der genutzten Open-Source-Bibliotheken[490] und Hyperparameter[491] beschrieben. Dabei wird lediglich auf die Implementierung, nicht auf die Methodik selbst eingegangen, da diese im vorherigen Kapitel 5 erläutert wurde.

Die Architektur für die Umsetzung des Maßnahmenagenten ist mit derer der Parameteragenten bis auf Unterschiede der Hyperparameter identisch.

Softwarearchitektur der prototypischen Implementierung

Die Implementierung gliedert sich in zwei Domänen: die Programmlogik (Backend, dt. Unterbau) und die Nutzeroberfläche (Frontend, dt. Oberbau). Im Backend werden die Ablaufsteuerung, die Simulation sowie das maschinelle Lernen abgebildet. Das Backend wurde in der wissenschaftlichen Programmiersprache *Python* implementiert. Das Frontend wird als Webapplikation umgesetzt. Eine solche wird im Gegensatz zu herkömmlicher Software nicht auf dem Computer des Anwendenden nativ installiert, sondern über einen Webbrowser aufgerufen, sodass keine spezielle Software zur Ausführung benötigt wird. Das Frontend basierend auf *HTML*, *CSS* und *JavaScript*. Bei der Implementierung sowohl des Back- als auch des Frontends wurde auf etablierte Bibliotheken zurückgegriffen. In Anhang 9.2 finden sich die genutzten Versionen der jeweiligen Bibliotheken. Die Kommunikation zwischen Front- und Backend wird über den Im- und Export von CSV-Dateien[492]

[490] Es wird nur auf spezifische Bibliotheken mit zentralem Einfluss auf die Implementierung eingegangen und *Python*-Standardbibliotheken wie bspw. *Pandas* oder *NumPy* bleiben unerwähnt.

[491] d.h. charakterisierende Parameter eines Algorithmus wie bspw. die Anzahl versteckter Schichten des KNN, welche einen hohen Einfluss auf die Ergebnisqualität nehmen.

[492] csv: Abk. für comma-separated values.

umgesetzt. In Abbildung 6-1 sind die beschriebene Softwarearchitektur und die genutzten Bibliotheken dargestellt.

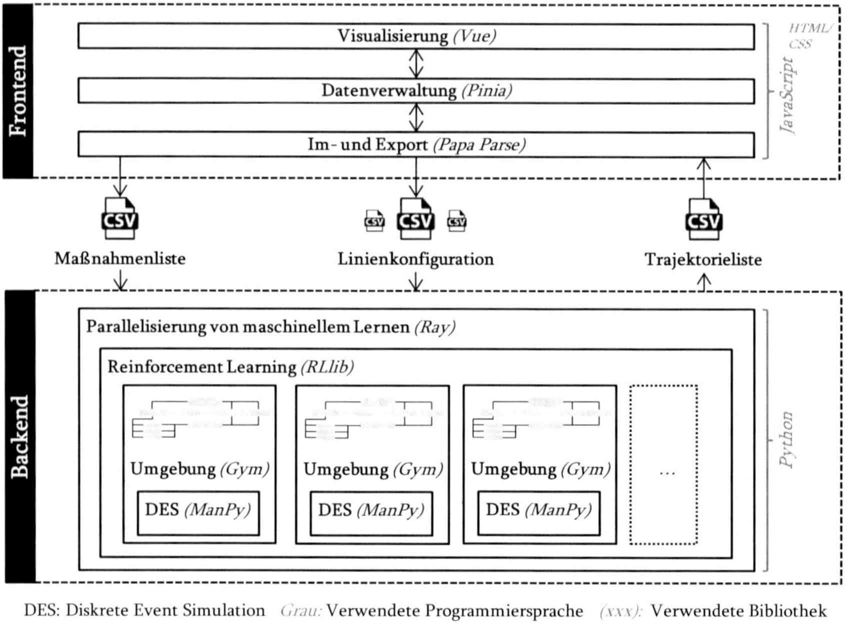

Abbildung 6-1: Softwarearchitektur und gewählte Bibliotheken

Frontend: Implementierung der Nutzeroberfläche

Die Nutzeroberfläche zur Konfiguration der zu optimierenden Produktionslinie wie auch zur Entscheidungsunterstützung bei der Auswahl aus den errechneten Verbesserungstrajektorien wurde als Webapplikation umgesetzt. Diese wurde unter Verwendung der JavaScript Open-Source-Bibliotheken *Vue* (Grafische Oberfläche), *Pinia* (Datenverwaltung) und *Papa Parse* (Im- und Export von CSV-Dateien) implementiert.[493]

---

[493] Vgl. Holt, M. (2023) Papa Parse; Morote, E. (2023) Pinia; You, E. (2023) Vue.js.

Backend: Implementierung des Simulationswerkzeugs als Umgebung

Eine populäre Bibliothek für RL-Forschung stellt *Gym* des Unternehmens OPENAI. dar. Diese stellt eine breite Auswahl an standardisierten RL-Umgebungen für Benchmarking-Zwecke zur Verfügung. Darüber hinaus bietet *Gym* standardisierte Elemente zur Erstellung eigener Umgebungen. *Gym* verfolgt das Ziel, Ergebnisse der RL-Forschung zu standardisieren und so vergleichbar zu machen.[494] Eine *Gym*-Umgebung wird als Klasse definiert, die neben der Initialisierungsmethode immer die Methoden *reset()* zum Zurücksetzen der Umgebung auf den Ausgangszustand zu Beginn jeder Episode sowie *step(action)* zur Durchführung eines RL-Schrittes in der Umgebung beinhaltet:[495]

- ***_init_(config):*** In der Methode wird einmalig die Klasse initialisiert und somit eine neue Umgebung erzeugt. In der betrachteten Umgebung werden erforderliche Variablen, wie bspw. die aktuelle Ausbringung, mitgeschrieben. Darüber hinaus werden alle konstanten Werte der Umgebung festgelegt. Dazu wird bspw. das Simulationsmodell der zu optimierenden Produktionslinie importiert und ein Simulationslauf des Referenzzustandes durchgeführt, um die Referenzwerte für die spätere Verwendung zu ermitteln. Schließlich erfolgt die Definition des Aktionsraums und des Zustandsraums.
- ***reset():*** Diese Methode setzt den Zustand der Umgebung d.h. der modellierten Produktionslinie und somit aller durch Aktionen veränderten Parameter auf den Referenzzustand zurück, um den Beginn einer neuen Episode zu ermöglichen. Die Methode gibt den Zustand aus der Initialisierungsmethode zurück.
- ***step(action):*** Diese Methode führt genau einen Schritt des Agenten in der Umgebung durch und wendet dabei eine vom Agenten gewählte Aktion an. Daher wird eine Parameteränderung am Simulationsmodell durchgeführt. Es erfolgt ein Simulationslauf dessen Ergebnisse in den Beobachtungsvektor und die Belohnung überführt werden.

Die entwickelte Methodik nutzt zur Bewertung einzelner Alternativen sowohl in der *step()*-Methode als auch bei der Initialisierung eine DES als Simulationswerk-

---

[494] Vgl. Brockman, G. et al. (2016) OpenAI Gym, S. 1 ff.

[495] Vgl. OpenAI (2022) Gym Documentation: Core.

zeug. Dazu wird die auf diskrete Simulation von Fertigungsumgebungen spezialisierte Bibliothek *ManPy* genutzt, welche im Rahmen des Forschungsprojekts DREAM auf Basis der Simulationsbibliothek *SimPy* entwickelt wurde.[496] Diese Simulationsbibliothek ist im Vergleich zu kommerziellen Simulationswerkzeugen wie bspw. SIEMENS PLANT SIMULATION rudimentär. Sie wurde dennoch gewählt, da sie sich nahtlos in Python integriert, als Open-Source Software frei zur Verfügung steht und die entwickelte Methodik daher lizenzunabhängig auf einem Hochleistungsrechencluster ausgeführt werden kann. In verschiedenen Experimenten wurde die grundsätzliche Machbarkeit der entwickelten Methodik in Kombination mit SIEMENS PLANT SIMULATION ebenfalls nachgewiesen.

Gym beinhaltet selbst keine Methoden zur RL Durchführung. Stattdessen ist jede *Gym*-Umgebung in der oben beschriebenen Form aufgebaut, sodass RL-Bibliotheken Dritter die Umgebungen zur Durchführung der Schritte und Episoden nutzen. Die im Rahmen dieser Arbeit verwendete RL-Bibliothek wird im Folgenden erläutert.

Backend: Implementierung der skalierbaren RL-Agenten

Für die Umsetzung der RL-Komponente wurde die verbreitete Bibliothek *RLlib*, welche Teil der Bibliothek *Ray* des Unternehmens ANYSCALE ist, genutzt. *Ray* ermöglicht die Skalierung von Anwendungen des maschinellen Lernens von Entwicklungsumgebungen bis hin zur parallelisierten Ausführung auf Rechenzentren und ermöglicht somit Flexibilität bzgl. der benötigten Hardwareressourcen. *RLlib* ist eine Sammlung von verschiedenen RL-Algorithmen sowie Werkzeugen zu deren standardisierten Nutzung.[497] Im Rahmen dieser Arbeit wird der PPO-Algorithmus nach SCHULMAN ET AL.[498] genutzt. Die Integration von Aktionsmaskierung zur Umsetzung einer heuristischen Aktionsauswahl ist mit diesem Algorithmus möglich und erfolgsversprechend.[499] Die Aktionsmaskierung wurde mit Hilfe des benutzerdefinierten Modells *TorchActionMaskModel* von *RLlib* umgestzt. Für die Umsetzung

[496] Vgl. Dagkakis, G. et al. (2013) ManPy: An Open-Source, S. 1 ff; Müller, K. et al. (2022) SimPy.
[497] Vgl. Liang, E. et al. (2017) RLlib: Abstractions for; Moritz, P. et al. (2017) Ray: A Distributed.
[498] Vgl. Schulman, J. et al. (2017) Proximal Policy Optimization.
[499] Vgl. Tang, C.-Y. et al. (2020) Implementing action mask, S. 200 ff.

der innerhalb des PPO-Algorithmus genutzten KNN wurde die Bibliothek *PyTorch* genutzt.[500]

RLlib bietet eine Standardkonfiguration für die Hyperparameter des PPO-Algorithmus, welcher sich bedient wird. Einige Hyperparameter werden anwendungsspezifisch überschrieben und daher im Folgenden erläutert:

- **Episodenlänge:** Legt die Anzahl der durchgeführten Schritte in einer Episode fest. Die Episodenlänge korrespondiert mit der Anzahl der umgesetzten Maßnahmen in einer Verbesserungstrajektorie und ist daher unternehmensspezifisch festzulegen. Im Rahmen der Arbeit wird eine Episodenlänge *episode_length = 5* angenommen.
- **Gamma:** Beschreibt den Diskontierungsfaktor für zukünftige Belohnungen. Es wird von kurzen zeitlichen Abständen zwischen den Umsetzungszeitpunkten der Einzelmaßnahmen ausgegangen, welche einer gleichzeitigen Umsetzung gleichkommen. Daher sollte $\gamma = 1$ gewählt werden, sodass zukünftige gleich wie aktuelle Belohnungen gewichtet werden. In der Praxis führen Werte nahe eins häufig zu Instabilitäten im Lernprozess. Gleichzeitig führt die Incentivierung von gierigem Verhalten des Algorithmus, also das Favorisieren kurzfristiger gegenüber späterer Belohnungen, häufig zu verbessertem Lernverhalten, sodass ein Wert von *gamma = 0,99* gewählt wird. Obwohl in Anwendungen mit monetären Belohnungsfunktionen laut ESCHMANN der Diskontierungsfaktor dem internen Zinsfuß entspricht und entsprechend des Anwendungsfalles gesetzt werden sollte, wird sich in dieser Methodik dagegen entschieden[501]: Die Episodenlänge entspricht im Anwendungsfall keinem Zeitraum einer Investition, die entsprechenden Aktionen werden quasi-zeitgleich ausgeführt. Aus diesem Grund wird der beschriebenen Incentivierung des Algorithmus ein höheres Gewicht beigemessen als dem Übertrag des internen Zinsfußes auf den Diskontierungsfaktor.
- **Anzahl der Arbeiter:** Als Arbeiter werden in *Ray* unabhängig voneinander agierende Agenten bezeichnet, sodass eine Parallelisierung der RL-Schritte und somit der Erkundung des Lösungsraums in parallelen Umgebungen

[500] Vgl. Paszke, A. et al. (2019) PyTorch: An Imperative.
[501] Vgl. Eschmann, J. (2021) Reward Function Design, S. 28.

möglich wird. Durch diese Parallelisierung kann der Lernprozess erheblich beschleunigt werden. Die Anzahl der Arbeiter wird maßgeblich durch zur Verfügung stehende Rechenkapazitäten begrenzt. Für die Durchführung dieser Arbeit wurde sich für einen Wert für die Arbeiter von *num_workers = 10* entschieden.

- **Größe des Trainingsbatches:** Bestimmt die Anzahl der durchgeführten Schritte bis eine Auswertung durch den Algorithmus und eine Aktualisierung der Strategie erfolgt. Das Durchlaufen dieser Schritte ergibt eine Iteration. Die Größe der Trainingsbatches sollte in der Praxis ein Vielfaches des Produktes aus Anzahl der Arbeiter und Episodenlänge betragen. Aus der Wahl der Anzahl ergibt sich, wie viele Episoden ein Arbeiter in einer Iteration durchläuft. Es wurde eine Größe *train_batch_size = 100* gewählt.
- **Lernrate:** Die Lernrate legt fest, welcher Anteil der Kantengewichte der KNN nach Auswertung neuer Erfahrungen aktualisiert werden soll. Eine hohe Lernrate erlaubt schnelleres Lernen, birgt aber die Gefahr einer starken Oszillation der Ergebnisse und somit des Findens einer nicht-optimalen Lösung. Eine langsame Lernrate wird eine bessere Lösung lernen, dafür aber erheblich länger benötigen. Es wurde ein Wert *lr = 0,001* gewählt.

In folgender Abbildung 6-2 werden die Trainingsabläufe der Parameteragenten (Phase 1) sowie des Maßnahmenagenten (Phase 2) und somit die Kombination der oben beschriebenen Bibliotheken *Gym*, *ManPy*, *Ray* und *RLlib* dargestellt.

Neben der Funktionalität der Verteilung der Rechenoperationen auf mehrere Arbeiter wird zudem die Funktionalität von *RLlib* genutzt, Strategien der Agenten in Zwischenständen in sog. *checkpoints* zu speichern. Es ist somit im Trainingsprozess möglich, die bisher erarbeitete Strategie wiederherzustellen und daher das Training nach einer Unterbrechung an einem späteren Zeitpunkt fortzusetzen. Die Strategie wird immer dann aktualisiert, wenn die durchschnittliche Belohnung über alle Episoden des Trainingsbatches im Vergleich zum letzten Trainingsbatch gestiegen ist. In Phase 2 werden mit Hilfe der Wiederherstellung von in Phase 1 vortrainierten Strategien auch die jeweiligen Parameteragenten geladen. In Phase 1 wird nach Beendigung aller Trainingsiterationen für die aktuelle Linienvariante eine neue Linienvariante geladen und dem Agenten präsentiert.

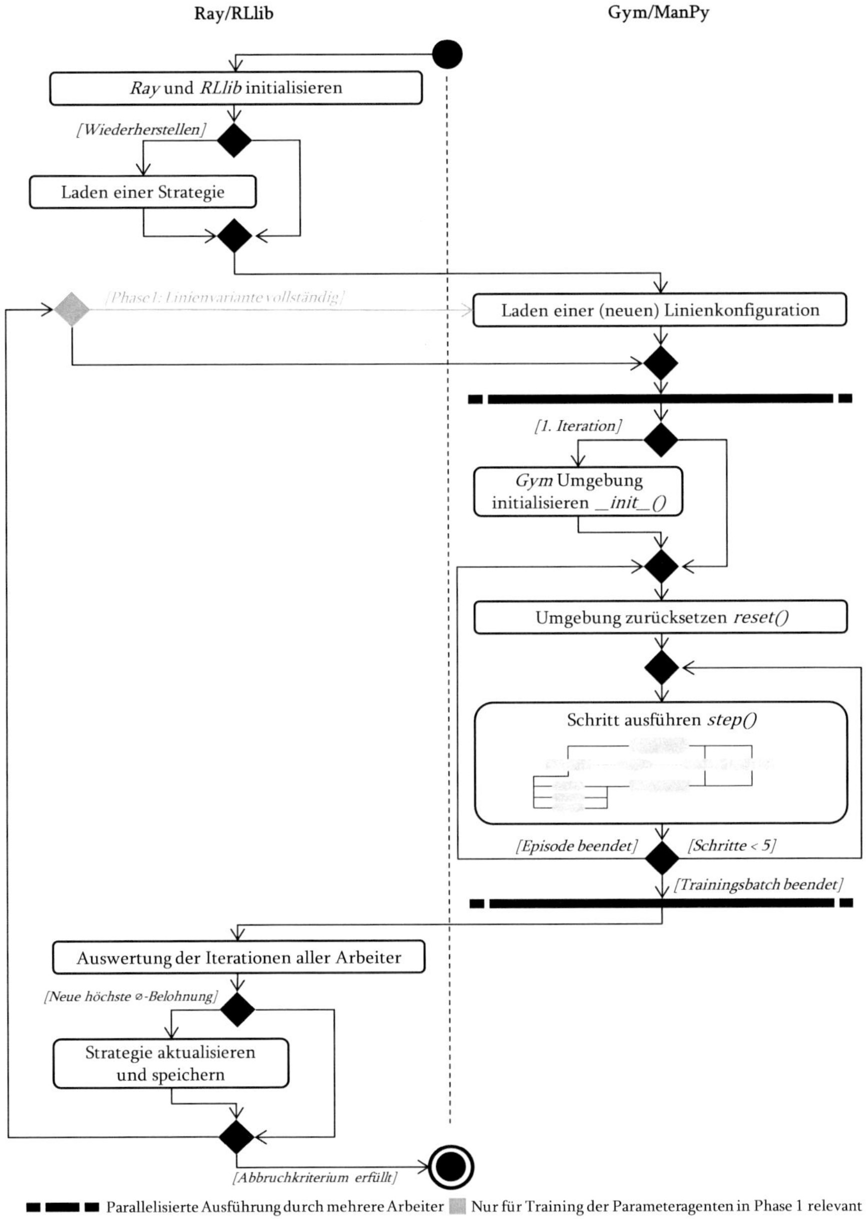

Abbildung 6-2: Trainingsabläufe von Parameter- und Maßnahmenagenten

Der Gesamttrainingsprozess ist beendet, wenn das Abbruchkriterium erfüllt ist und daher keine Verbesserung des Lernens in den letzten 30 konsekutiven Iterationen stattgefunden hat.

In Phase 3 werden für alle Agenten bereits vortrainierte Strategien geladen und die Exploration des Aktionsraums der Agenten unterdrückt, um die Strategie nicht weiter zu verbessern, sondern von den bestmöglichen Trajektorien zu profitieren.

Die in Kapitel 5 beschriebene Methodik inkl. der Auswahl einer Aktion, der Simulation der Produktionslinie sowie die Bewertung des Simulationsergebnisses findet im Schritt *step()* der Abbildung 6-2 statt.

Backend: Durchführung des Trainings

Die Durchführung des Trainings wurde auf dem Linux Hochleistungsrechencluster der RWTH Aachen University *CLAIX* ausgeführt. Für detaillierte Informationen zur verwendeten Hardware sei auf die Internetseiten der Universität verwiesen.[502] Dazu wurden Ressourcen von 10 CPUs und 50GB RAM genutzt.

6.2 Anwendung der Methodik

Basierend auf der in Kapitel 6.1 dargestellten prototypischen Implementierung erfolgt die Anwendung der Methodik bei der Abfüll GmbH. Aus Gründen der Geheimhaltung wurde auf Basis von realen Unternehmensdaten der Abfüll GmbH ein vergleichbarer, aber veränderter Datensatz gebildet, auf dessen Grundlage die Anwendung durchgeführt wurde.

Die Abfüll GmbH produziert an ihrem Stammwerk Konsumgüter mit über zwölf Abfülllinien und generiert dabei einen Umsatz von über 600 Mio.€ am Standort. Die Linien sind individuell und unterscheiden sich im Aufbau sowie in Bezug auf die allokierten Produkte. Trotzdem ist die Struktur aller Linien vergleichbar. Da der Standort auch innerhalb des eigenen Produktionsnetzwerks im Wettbewerb zu anderen internationalen Produktionswerken steht, ist das operative Produktionsmanagement stets gezwungen, die Leistung der Abfülllinien zu steigern. Der Kostendruck ist dabei hoch, sodass das Management vor allem auf Kosten und nicht auf

---

[502] Vgl. Informatik 12 der RWTH Aachen University (2024) RWTH High Performance.

Ausbringung verzielt ist und somit die Wirtschaftlichkeit von Verbesserungsmaßnahmen im Vordergrund steht. Auch wenn das Unternehmen eine Vielzahl an hochqualifizierten Servicetechnikern sowie Ingenieurinnen und Ingenieuren im entsprechenden Produktionsbereich beschäftigt, ist der Umgang mit Simulationswerkzeugen zur Steigerung der Leistung von Produktionslinien nicht verbreitet. Simulation wird nur in der Planungs- nicht aber in der Betriebsphase eingesetzt.

Die Methodik wird auf den beim Unternehmen vorherrschenden Linientyp angewandt, auf welchem eine Flüssigkeit in zuvor produzierte Flaschen abgefüllt wird. Diese Flaschen werden daher zuerst in einer Maschine geordnet und aufgestellt, befüllt und mit einem Deckel verschraubt, etikettiert, zu sechst in einem Karton verpackt und palettiert. Der Karton wird von einer dedizierten Maschine aufgerichtet und nach dem Packen bedruckt. Die Abfolge der Maschinen sowie die Modellierung mit Hilfe von Kofferelementen zeigt Abbildung 6-3.

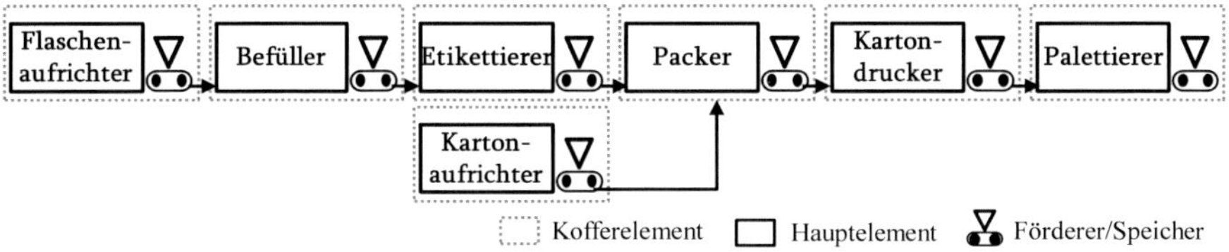

Abbildung 6-3: Betrachtete Abfülllinie

Im Falle der betrachteten Abfülllinie ergeben sich keine Dummy-Elemente, da die Abfolge aus Hauptelement-Speicher-Förderer im gewählten Abstraktionsgrad immer Anwendung finden konnte und kein Element im Vergleich zu der vorgegebenen Struktur von Kofferelementen ausgelassen werden musste.

Im Folgenden werden die sieben Schritte des entwickelten Gesamtvorgehens aus Kapitel 5.5.3 sukzessive abgearbeitet.

Schritt 1: Zieldefinition und -überprüfung

Die Festlegung der Produktionslinie zur Anwendung der Methodik war in diesem Falle vorgegeben und es wurde keine Auswahl aus allen zur Verfügung stehenden Produktionslinien getroffen. Das Ziel der Optimierung war entsprechend ebenfalls vorgegeben und zielt auf die Steigerung der Leistung der Produktionslinie auf wirtschaftliche Art und Weise. An der Linie werden im laufenden Betrieb immer wieder Verbesserungsprojekte in Bezug auf die Qualitätssteigerung oder die Verkürzung von Rüstzeiten durchgeführt. Der Fokus der durchgeführten Methodik auf die Steigerung der Leistung ergänzt daher den Ansatz des Unternehmens zur ganzheitlichen Steigerung der OEE.

Bei der betrachteten Produktionslinie besteht die Vermutung, dass eine Erhöhung der Speicherkapazität zwischen Flaschenaufrichter und Befüller kurzfristige Störungen besser abfangen könnte. Es ist allerdings unklar, ob eine Anpassung in der Praxis einen wirtschaftlichen Mehrwert bietet. Neben diesem Sachverhalt lag keine weitere konkrete Fragestellung vor.

Nach Reflexion der Zieldefinition wurde daher festgestellt, dass die Zielerreichung mit der entwickelten Methodik dieser Arbeit möglich ist.

2. Schritt: Modellierung der Produktionslinie

Die Ermittlung der notwendigen Simulationsparameter (bspw. MTTR) und wichtigsten Fragestellungen erfolgte durch Gespräche mit einem Simulationsdienstleister mit Erfahrung in der Modellierung ähnlicher Produktionsanlagen. Abbildung 6-4 zeigt die Verknüpfung der Elemente und die Nutzung der Kofferelement-Konvention (Hauptelement-Speicher-Förderer) in der Software.

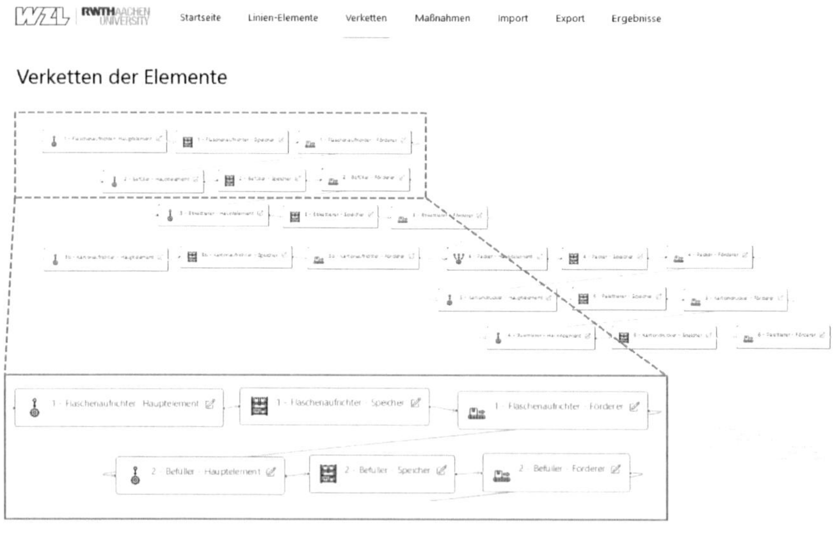

Abbildung 6-4: Verknüpfung der Elemente in der Software

Alle angenommenen Parameterwerte der Produktionslinie inkl. Wirtschaftlichkeitskennzahlen, bspw. angestrebte Amortisationsdauer oder Kalkulationszinssatz, finden sich in Anhang 9.4.

3. Schritt: Sammlung generischer Maßnahmen

Basierend auf der Erfahrung des Simulationsdienstleisters wurden Maßnahmen zur Verbesserung der Produktionslinie definiert. Abbildung 6-5 zeigt die Darstellung einer exemplarischen generischen Maßnahme in der Software. Die Vollständige Maßnahmenliste je Kofferelement findet sich in Anhang 9.5.

Der Aufwand zur Erstellung der Maßnahmen war trotz Unterstützung durch die Software und die Nutzung der erarbeiteten Gliederung generischer Verbesserungskategorien als hoch zu bewerten. Gleichzeitig waren sowohl die Parameterstellbereiche als auch die Kostenschätzungen nur mit Unsicherheit anzugeben, sodass mit hoher Unschärfe bei den resultierenden Ergebnissen gerechnet werden muss. Im Falle einer wiederholten Anwendung der Methodik und der Dokumentation von Parameterstellbereichen und Kosten historischer Investitionen ist es möglich, den Aufwand zu reduzieren und die Präzision zu erhöhen. Klar wurde bei der Anwendung auch, dass für die Definition der Maßnahmen grundlegendes Simulationswissen erforderlich ist und die Kenntnis über die Abfülllinie selbst nicht ausreicht.

4. Schritt: Automatisierte Optimierung

Die Optimierung wurde nach der Eingabe der Daten in den vorherigen Schritten automatisiert durchgeführt und bedurfte keines Eingriffs der Anwendenden.

Training der Parameteragenten (Phase 1)

Zuerst wurden die Parameteragenten anhand der in Anhang 9.3 beschriebenen Linienvarianten in Phase 1 vortrainiert. Die vortrainierten Parameteragenten wurden abgespeichert und folgend dem Maßnahmenagenten zur Verfügung gestellt. Aufgrund der Lösungshierarchie der Methode können die Parameteragenten in der praktischen Anwendung nur indirekt über den Vergleich eines Versuchsaufbaus *mit* Parameteragenten und einem solchen *ohne* Parameteragenten validiert werden.

Abbildung 6-5: Definition einer Maßnahme in der Software

Im Falle des Versuchsaufbaus ohne Parameteragenten wird die vom Maßnahmenagenten getroffene Wahl nicht mehr konkretisiert und daher nicht überschrieben. Abbildung 6-6 zeigt den Vergleich der Lernkurven der beiden Versuchsaufbauten. Auf der linken Seite in *(a)* ist die Lernkurve des Versuchsaufbaus ohne Parameteragenten abgebildet, rechts in (b) ist die Lernkurve des Versuchsaufbaus mit der im

Rahmen dieser Arbeit entwickelten Hierarchie aus Parameteragenten und Maßnahmenagent dargestellt. In beiden Versuchsaufbauten wurde die entwickelte Maßnahmenheuristik nicht verwendet, um isoliert den Einfluss der entwickelten Hierarchie herauszustellen.

In beiden Fällen sind die jeweiligen Agenten über die Zeit in der Lage, die durchschnittliche Belohnung zu erhöhen. Das hierarchische System ist allerdings nach weniger Iterationen in der Lage, einen positiven Kapitalwert als Belohnung zu generieren und führt nach Ende des Trainings ebenfalls zu einem höheren durchschnittlichen Kapitalwert. Somit verbessern die Parameteragenten das Lernverhalten bei der wirtschaftlichen Leistungssteigerung von Produktionslinien.

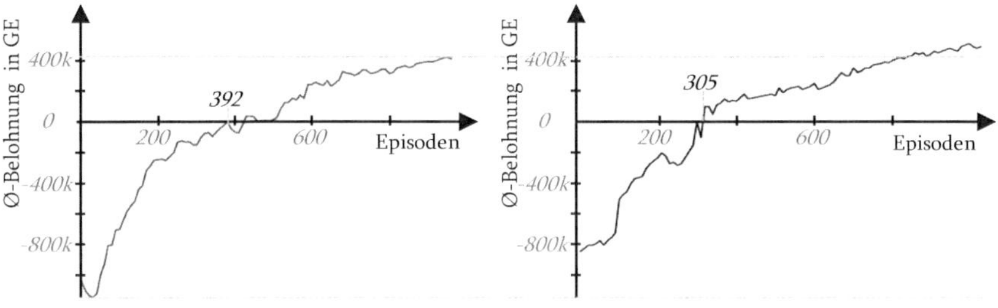

(a) Lernkurve mit ***Maßnahmenagent***

(b) Lernkurve mit ***Parameter- und Maßnahmenagent***

GE: Geldeinheit

Abbildung 6-6: Vergleich der Lernkurven mit und ohne Parameteragenten

Training des Maßnahmenagenten (Phase 2)

Die vortrainierten Parameteragenten standen dem Maßnahmenagenten nachfolgend in der automatisiert ablaufenden Phase 2 zur Verfügung.

Um die Vorteilhaftigkeit der Verwendung der Maßnahmenheuristik zu zeigen, wurde jeweils ein Versuchsaufbau *mit* und *ohne* Verwendung der Maßnahmenheuristik aufgesetzt. Abbildung 6-7 zeigt den Vergleich der Lernkurven beider Versuchsaufbauten.

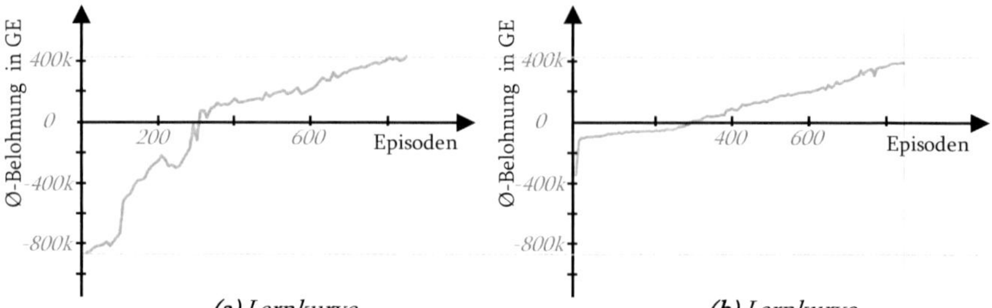

Abbildung 6-7: Vergleich der Lernkurven mit und ohne Maßnahmenheuristik

Auf der linken Seite in *(a)* ist die Lernkurve ohne Maßnahmenheuristik dargestellt, während auf der rechten Seite in *(b)* die Lernkurve unter Verwendung der Maßnahmenheuristik abgebildet ist. In beiden Fällen steigert der Maßnahmenagent die durchschnittliche Belohnung über die Zeit. Es ist zu erkennen, dass die Maßnahmenheuristik dazu beiträgt, dass der Maßnahmenagent Entscheidungen mit stark negativen Kapitalwerten vermeidet. Gleichzeitig ist zu sehen, dass sich die erreichten maximalen Kapitalwerte nicht signifikant voneinander unterscheiden und auch das Erreichen eines positiven Kapitalwerts zu einem ähnlichen Trainingsfortschritt geschieht. Dies unterstützt die Aussage von BIANCHI ET AL., dass Heuristiken dazu führen, dass schneller gute Ergebnisse erreicht werden, nicht aber zwangläufig auch zu verbesserten Ergebnissen.[503] Im Rahmen der entwickelten Methodik führen frühe gute Ergebnisse zu einer in Summe höheren Anzahl guter Verbesserungstrajektorien, weswegen die Heuristik trotz ausbleibender signifikanter Verbesserung des Endergebnisses vorteilhaft ist.

Anwendung der Parameter- sowie Maßnahmenagenten (Phase 3)

Durch das Nutzen der trainierten Parameter- und Maßnahmenagenten wurde eine Liste mit den jeweiligen besten Verbesserungstrajektorien einer Iteration (d.h. die beste aus 100 Episoden) gespeichert. So ergibt sich eine Liste mit 119 Einträgen, welche in Anhang 9.6 zu finden ist.

---

[503] Vgl. Bianchi, R. et al. (2008) Accelerating autonomous learning, S. 140.

Beim Trainieren der Agenten ist aufgefallen, dass die prototypische Implementierung ineffizient in Bezug auf Arbeitsspeicher ist und es daher immer wieder zu Trainingsabbrüchen durch den verwendeten Hochleistungsrechner wegen Überschreiten des maximal zugewiesenen Arbeitsspeichers kam. In Abbildung 6-8 ist der Verlauf eines exemplarischen Trainings inkl. des mehrmaligen Überschreitens der Arbeitsspeichergrenze gezeigt.

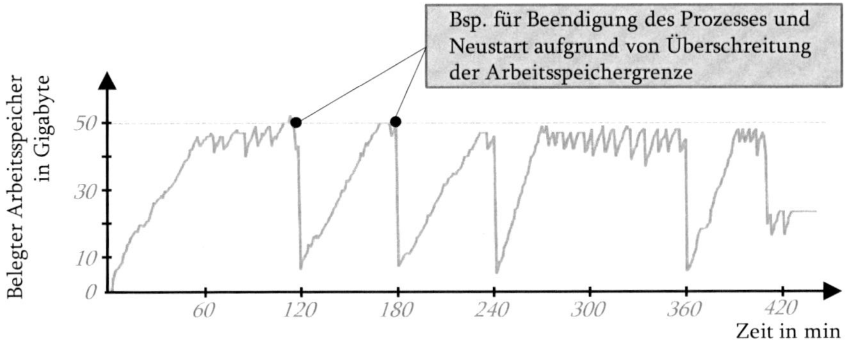

Abbildung 6-8: Verlauf des belegten Arbeitsspeichers im Training über die Zeit

Die verwendete Bibliothek *RLlib* bietet mit Hilfe des Ladens des letzten sog. checkpoints (vgl. Kapitel 6.1) die Möglichkeit, das Training automatisiert wieder aufzunehmen. Nach mehreren aufeinander folgenden Überschreitungen des Arbeitsspeichers, wird der Trainingsprozess allerdings endgültig durch den Hochleistungsrechner terminiert. Diese Abbrüche limitierten somit die mögliche Trainingsdauer.

5. Schritt: Automatisierte Absicherung der statistischen Sicherheit

Die im 4. Schritt durchgeführten Simulationsläufe wurden zur Reduktion der Trainingsdauer der Agenten deterministisch und damit mit der Replikationszahl 1 ausgeführt. Die Simulationsdauer betrug 48 h. Um die statistische Sicherheit zu gewährleisten, wurden die finalen Parameterkonfigurationen der resultierenden 119 Verbesserungstrajektorien nochmals mit der Replikationszahl 10 wiederholt. Die durchschnittliche Ausbringungsmenge der mit erhöhter Replikationszahl durchgeführten Simulationsexperimente war um 4,5 % höher als zuvor. Diese Abweichung ist im vorliegenden Validierungsfall im Vergleich zur Unsicherheit bei der Kostenschätzung der Verbesserungsmaßnahmen zu akzeptieren. Wenn diese Kostenabschätzung allerdings genauer vorläge, sollte die Replikationszahl bereits im Trainingsprozess erhöht werden, wodurch der Rechenleistungsbedarf weiter steigen würde.

6. Schritt: Vergleich der Alternativen und Entscheidung

Die erzeugten Verbesserungstrajektorien wurden mit Hilfe der entwickelten Software miteinander verglichen, vgl. Abbildung 5-37 und Abbildung 5-38. Um eine bessere Übersicht in gedruckter Form zu geben, werden Verbesserungstrajektorien und Analysen folgend in tabellarischer Form abgebildet.

Betrachtet werden die zehn Verbesserungstrajektorien mit den höchsten durchschnittlichen Kapitalwerten. Tabelle 6-1 zeigt diese Trajektorien absteigend sortiert nach Kapitalwert. Für eine Übersicht aller erzeugten Verbesserungstrajektorien inkl. den jeweils gewählten Parameterwerten sei auf Anhang 9.6 verwiesen.

Die erfahrungsbasierte Analyse der ausgewählten Verbesserungstrajektorien zeigt, dass diese jeweils grundsätzlich vorteilhafte Anpassungen an der Produktionslinie darstellen. Es wurden auch solche Verbesserungstrajektorien gefunden, welche nicht intuitiv als vorteilhaft gesehen wurden. Somit zeigt sich, dass die Methodik dazu beiträgt, Inspiration im Entscheidungsprozess zu liefern und durch das Hinzufügen von weiteren erfolgsversprechenden Alternativen die Entscheidungsqualität zu erhöhen.

Es fällt allerdings auf, dass in mehreren Verbesserungstrajektorien (bspw. in Rang 4 und Rang 7) derselbe Parameter beim selben Hauptelement zweimal innerhalb einer Verbesserungstrajektorie verändert wird. Dies ergibt aus praktischen Überlegungen bei Umsetzung der vollständigen Trajektorie keinen Sinn, da direkt der finale Parameterwert eingestellt werden sollte. Der Maßnahmenagent lernte daher nicht, die zur Verfügung stehenden fünf Schritte bestmöglich auszunutzen. Dieses Verhalten wurde allerdings methodisch nicht unterdrückt und bei Umsetzung nichtvollständiger Trajektorien ist es möglich, dass dieses Vorgehen aufgrund von Abhängigkeiten zwischen den Umsetzungsschritten tatsächlich vorteilhaft ist. Im Falle der in dieser Validierung angenommenen vollständigen Umsetzung der Verbesserungstrajektorien, wurden diese doppelten Änderungen an einem Hauptelement allerdings als nachteilig bewertet.

Tabelle 6-1: Erzeugte Verbesserungstrajektorien mit höchstem Kapitalwert

Rang	Verbesserungstrajektorie	Kapitalwert [GE]	Investitions-summe [GE]
1	Alle Elemente *(MTBF)*, Kartonaufrichter *(Länge & Geschwindigkeit Förderer)*, Befüller *(Nennleistung)*, Flaschenaufrichter *(Länge & Geschwindigkeit Förderer)*, Befüller *(Nennleistung)*	436.172	45.997
2	Etikettierer *(MTTR)*, Kartonaufrichter *(MTTR)*, Kartondrucker *(Nennleistung)*, Packer *(MTTR)*, Kartonaufrichter *(MTTR, MTBF, Nennleistung)*	435.176	35.996
3	Kartonaufrichter *(MTTR)*, Alle Elemente *(MTBF)*, Kartondrucker *(MTTR)*, Palettierer *(MTTR)*, Flaschenaufrichter *(MTBF)*	433.219	8.999
4	Etikettierer *(Länge & Geschwindigkeit Förderer)*, Kartonaufrichter *(MTBF)*, Etikettierer *(MTTR)*, Kartonaufrichter *(MTBF)*, Flaschenaufrichter *(MTTR)*	432.934	12.500
5	Etikettierer *(Nennleistung)*, Kartondrucker *(Nennleistung)*, Kartondrucker *(MTBF)*, Alle Elemente *(MTBF)*, Kartondrucker *(Nennleistung)*	429.605	6.999
6	Kartondrucker *(MTTR)*, Palettierer (MTTR, MTBF, Nennleistung), Kartondrucker *(Nennleistung)*, Kartonaufrichter *(MTTR, MTBF, Nennleistung)*, Flaschenaufrichter *(Nennleistung)*	412.940	118.998
7	Kartonaufrichter *(Länge & Geschwindigkeit Förderer)*, Kartondrucker *(MTBF)*, Alle Elemente *(MTBF)*, Flaschenaufrichter *(Länge & Geschwindigkeit Förderer)*, Kartondrucker *(MTBF)*	402.251	25.999
8	Kartondrucker *(Nennleistung)*, Kartonaufrichter *(Nennleistung)*, Etikettierer *(MTTR)*, Flaschenaufrichter *(Nennleistung)*, Etikettierer *(MTBF)*	389.551	14.999
9	Flaschenaufrichter *(Nennleistung)*, Packer *(MTTR, MTBF, Nennleistung)*, Kartonaufrichter *(MTTR, MTBF, Nennleistung)*, Kartondrucker *(MTTR)*, Etikettierer *(MTTR)*	387.279	82.999
10	Packer *(Nennleistung)*, Flaschenaufrichter *(Länge & Geschwindigkeit Förderer)*, Packer *(MTTR, MTBF, Nennleistung)*, Kartondrucker (Länge & Geschwindigkeit Förderer), Packer (Nennleistung)	377.913	87.996

Kursiv: Veränderter Parameter
Unterstrichen: Bei Veränderung mehrerer Parameter der vom Agenten initial gewählte Parameter

Bei Vergleich des Kapitalwerts und der Investitionssumme fällt auf, dass die Investitionen in den meisten Fällen unrealistisch vorteilhaft zu bewerten sind. Dies lässt darauf schließen, dass die Bewertung der Kosten und des resultierenden Gewinns von Verbesserungsmaßnahmen oder das Verhältnis aus Kosten und Gewinn unrealistisch getroffen wurde. Auch die Kosten für Veränderungen des Parameters MTBF an allen Elementen erscheint im Vergleich zu anderen Verbesserungsmaßnahmen als zu niedrig. Dies zeigt, dass die Übertragung von realen Verbesserungsmaßnahmen in Simulationsparameter und die Kostenschätzung für eine Parameteränderung anspruchsvoll ist und besser unterstützt werden sollte.

Bei Analyse der gewählten Parameter je Verbesserungstrajektorie (vgl. Anhang 9.6) zeigt sich, dass die Randwerte der definierten Verbesserungsmaßnahmen häufig gewählt werden. Dies verdeutlicht die Notwendigkeit, die Verbesserungsmaßnahmen mit engen Intervallen zu definieren.

In Tabelle 6-2 ist die Anzahl der gewählten Verbesserungsmaßnahmen und Parameter je Kofferelement dargestellt. Es zeigt sich, dass der Maßnahmenagent einen Fokus auf den Kartondrucker und den Kartonaufrichter legt. Dies wurde im Vorhinein nicht erwartet, aber nach der Analyse als sinnvoll erachtet. Der Flaschenaufrichter wird am dritthäufigsten aller Kofferelemente verändert. Die Wichtigkeit dieses Elements deckt sich daher mit der vorherigen Erwartung.

Tabelle 6-2: Anzahl gewählter Maßnahmen und Parameter je Kofferelement

Kofferelement	Anzahl Maßnahmen
Flaschenaufrichter	8
Befüller	2
Etikettierer	7
Kartonaufrichter	10
Packer	5
Kartondrucker	12
Palettierer	2
Alle Elemente	4

Parameter	Anzahl Maßnahmen
MTTR	13
MTBF	13
Länge (Förderer)	2
Geschwindigkeit (Förderer)	5
Nennleistung	17
Kapazität	0

0 *17*

Allerdings wurde entgegen der vorherigen Vermutung nie die Speicherkapazität zwischen Flaschenaufrichter und Befüller verändert. Tatsächlich wird die Speicherkapazität eines Förderers in allen zehn betrachteten Verbesserungstrajektorien kein einziges Mal adressiert. Bei der hohen Nennleistung der betrachteten Produktionslinie sind große Speicher im Allgemeinen unüblich, weswegen dies nicht verwundert. Somit wurde die anfängliche Vermutung, dass eine Anpassung der Speicherkapazität des Förderers zwischen Flaschenaufrichter und Befüller vorteilhaft wäre, durch den Maßnahmenagenten negiert. Stattdessen legt der Maßnahmenagent einen Fokus auf die Veränderung der Nennleistung und der Geschwindigkeit des Förderers, wie Tabelle 6-3 zu entnehmen ist.

Tabelle 6-3 zeigt die Anzahl von geänderten Parametern je Kofferelement summiert nach Schritt innerhalb der Verbesserungstrajektorie. Mit Hilfe der Tabelle ist bspw. zu erkennen, dass in 3 von 10 betrachteten Verbesserungsmaßnahmen ein Parameter des Hauptelements *Etikettierer* im ersten Schritt verändert wurde. Gleichzeitig ist abzulesen, dass der Parameter *MTTR* der am häufigsten veränderte Parameter des Hauptelements *Etikettierer* ist.

Tabelle 6-3: Geänderte Parameter je Schritt und Kofferelement

Kofferelement	Parameter	Schritt 1	Schritt 2	Schritt 3	Schritt 4	Schritt 5	Summe
Flaschenaufrichter	MTTR					1	1
	MTBF					1	1
	Nennleistung	1			1	1	3
	Geschwindigkeit (Förderer)		1		2		3
	Summe	1	1		3	3	8
Befüller*	Nennleistung			1		1	2
	Summe			1		1	2
Etikettierer	MTTR	1		2		1	4
	MTBF					1	1
	Nennleistung	1					1
	Länge (Förderer)	1					1
	Summe	3		2		2	7
Kartonaufrichter	MTTR	1	1				2
	MTBF		1		2		3
	Nennleistung		1	1		1	3
	Länge (Förderer)	1					1
	Geschwindigkeit (Förderer)		1				1
	Summe	2	4	1	2	1	10
Packer	MTTR			1	1		2
	Nennleistung	1	1			1	3
	Summe	1	1	1	1	1	5
Kartondrucker	MTTR	1		1	1		3
	MTBF		1	1		1	3
	Nennleistung	1	1	2		1	5
	Geschwindigkeit (Förderer)				1		1
	Summe	2	2	4	2	2	12
Palettierer	MTTR				1		1
	MTBF		1				1
	Summe		1		1		2
Alle Elemente	MTBF	1	1	1	1		4
	Summe	1	1	1	1		4

Reihenfolge der Kofferelemente in der Produktionslinie

parallel

* Engpass

Hauptelement in Schritt x am meisten ausgewählt

Bei Betrachtung der ganzen Tabelle lässt sich feststellen, dass in der Mehrzahl der Fälle der betrachteten erfolgsversprechenden Verbesserungstrajektorien Änderungen entlang des Wertstroms an den Hauptelementen *Etikettierer*, *Kartonaufrichter* und *Kartondrucker* vorgenommen wurden und somit nach dem Engpass (Befüller). Erst danach wurden in der Mehrzahl Änderungen vor dem *Befüller* und damit am

Flaschenaufrichter vorgenommen. Der Engpass *Befüller* wurde gemeinsam mit dem *Packer* am seltensten verändert.

Es ist herauszustellen, dass der Maßnahmenagent diese Reihenfolge ohne explizite Intensivierung in der Methodik erlernte.

Zusammenfassend erzeugte die Methodik Verbesserungstrajektorien, welche als Inspiration für mögliche Umbauten der Produktionslinie dienlich sind und vorher nicht fokussierte Kofferelemente aufgrund ihres Einflusses auf die Wirtschaftlichkeit in den Fokus rückte.

7. Schritt: Technische Konkretisierung

Die technische Konkretisierung einzelner identifizierter Verbesserungsmaßnahmen und -trajektorien mit Hilfe dedizierter Simulationsstudien wurde nicht durchgeführt, da eine Umsetzung der Verbesserungsmaßnahem in diesem Validierungsbeispiel nicht vorgesehen und der Aufwand somit nicht zu rechtfertigen war.

6.3 Kritische Reflexion der Methodik

Die Anwendung der Methodik bei der Abfüll GmbH hat gezeigt, dass diese in der Lage ist, auf Grundlage der Eingangsdaten automatisiert Verbesserungstrajektorien zur wirtschaftlichen Leistungssteigerung von Produktionslinien zu generieren.

Es lässt sich daher weiter feststellen, dass die Modellierung des Problems in Form eines heuristisch geführten hierarchischen RL-Problems möglich ist und dass ein PPO-Agent in der Lage ist, eine Strategie zu erlernen, die zu positiven Belohnungen und entsprechend zu einer positiven Wirtschaftlichkeitsbewertung für die vorgeschlagenen Verbesserungsmaßnahmen führt.

Die neuartige Form der Ausgabe von Vorschlägen in Form von Maßnahmenkombinationen ist hervorzuheben, da sie als Inspirationsquelle für mögliche Verbesserungsmaßnahmen fungiert und diese Kombination der Maßnahmen nach dem zuvor geleisteten Initialisierungsaufwand automatisiert erfolgt. Auch die integrierte Betrachtung der Wirtschaftlichkeit wird durch die Fokussierung auf den Kapitalwert abgebildet.

Es zeigte sich auch, dass die Formulierung der generischen Maßnahmen als Eingang für die Methodik anspruchsvoll und speziell die Kostenbewertung in Kombination mit Parameterstellbereichen mit Unsicherheit verbunden ist. Auch die Notwendigkeit der kleinschrittigen Formulierung von Verbesserungsmaßnahmen, um Diskontinuitäten innerhalb dieser zu vermeiden, sorgt für unerwarteten Mehraufwand bei Anwendenden.

In Kombination mit dem grundsätzlich hohen Aufwand zur Erstellung von Simulationsmodellen muss konstatiert werden, dass sich der Aufwand der Durchführung der Methodik nur dann rechtfertigen lässt, wenn bereits ein entsprechend passendes Simulationsmodell vorliegt. Dies stellt allerdings keine Limitierung der vorliegenden Methodik, sondern ein grundsätzliches Dilemma bei der Anwendung von Simulation dar.

Zur ersten Identifikation potenziell guter Kombinationen von Verbesserungsmaßnahmen ist die Methodik daher in hohem Maße geeignet. Trotz dessen ist die Qualität der ausgegebenen Verbesserungstrajektorien nicht ausreichend, um diese unreflektiert anzuwenden. Für diese Bewertung der Maßnahmen ist weiterhin sowohl Produktions- als auch Simulationswissen erforderlich. Somit ist die Methodik zwar in der Lage, den ersten Teil einer Simulationsstudie mit dem Aufstellen von zu testenden Hypothesen deutlich zu verkürzen, doch ersetzt sie nicht die folgende Auseinandersetzung mit den Simulationsergebnissen. Da die Methodik den Anspruch zur Entscheidungs*unterstützung* und nicht der Entscheidungs*automatisierung* erhebt, stellt dieser Fakt keine Limitierung der Methodik dar.

Die Bewertung der Qualität der vorgeschlagenen Verbesserungsmaßnahmen erfolgte rein erfahrungsbasiert und nicht im Vergleich zu anderen Optimierungsmethoden. Dies ist der Tatsache geschuldet, dass es zum Zeitpunkt der Erarbeitung der Arbeit keine anderen Ansätze mit dem Fokus der Erstellung solcher Verbesserungstrajektorien für Produktionslinien gibt.[504] Der Vergleich mit anderen Optimierungsmethoden für isolierte Teilprobleme wäre nicht zielführend, da dies nicht das Ziel der Arbeit darstellt.

Erfüllung der inhaltlichen Anforderungen

Im Folgenden wird der Vergleich mit den in Kapitel 4.1.1 erarbeiteten inhaltlichen Anforderungen an die Methodik angestellt und der Erfüllungsgrad dieser durch die

---

[504] Diese Aussage von MAY ET AL. bezieht sich auf Vorarbeiten des Autors für diese Arbeit. Vgl. May, M. et al. (2023) Reinforcement Learning for, S. 3.

vorliegende Arbeit diskutiert. Abbildung 6-9 gibt einen Überblick über den Erfüllungsgrad der inhaltlichen Anforderungen.

Die Anforderungen des Objektbereichs mit dem Bezug auf die *Konfiguration von Produktionslinien*, der *Betrachtung der Leistungssteigerung* und der *Berücksichtigung der Wirtschaftlichkeit* ist vollständig erfüllt. Somit ist die vorliegende Arbeit zum Zeitpunkt der Erstellung der einzige Ansatz, welcher die Anforderungen des Objektbereichs vollständig erfüllt.[505]

Die Anforderung des Methodenbereichs der *Verwendung von Materialflusssimulationen aufgrund der Systemkomplexität* ist voll erfüllt, da jede Verbesserungsalternative dediziert simuliert und bewertet wird. Um den Ressourcenaufwand während der Validierung zu reduzieren, wurde allerdings auf die Modellierung stochastischer Effekte während des Trainings der Agenten verzichtet und diese erst nach dem Training im Zuge der Absicherung der statistischen Sicherheit nachgeholt. Dieses Vorgehen sichert zwar die Qualität ab, entspricht aber keiner integrierten Betrachtung der Stochastik. Die Limitation lässt sich allerdings durch die Nutzung höherer Rechenkapazitäten vollständig umgehen, weswegen die Anforderung voll erfüllt ist.

Die Anforderung der Betrachtung *konkreter und realer Verbesserungsmaßnahmen* ist voll erfüllt, da vorformulierte Maßnahmen feingranular abgebildet und angewendet werden können.

Die Anforderung der *kombinierten Betrachtung von Einzelmaßnahmen in Verbesserungstrajektorien* ist voll erfüllt.

Die Anforderung der *Integration von produktionsspezifischem (Simulations-)Wissen* ist voll erfüllt, da speziell in der Abstraktion von Produktionslinien, der Formulierung der Zustandsbewertung und der Identifikation und Konkretisierung von Verbesserungsmaßnahmen Produktions- wie auch Simulationswissen formalisiert und in die Methodik integriert wurde. Trotz dieser Integration ist zur Durchführung der Methodik und vor allem zur Interpretation der Ergebnisse weiterhin Simulationswissen erforderlich. Zwar ist die gesetzte Anforderung erfüllt, doch ist auf dieses

[505] Vgl. Kapitel 3.3.1.

notwendige Wissen explizit hinzuweisen, da die praktische Anwendbarkeit der Methodik für solche Unternehmen ohne Simulationsexpertise ungenügend ist.

	Inhaltliche Anforderungen *aus Kapitel 4.1.1*	
Objekt-bereich	Bezug auf Konfiguration von Produktionslinien	●
	Betrachtung der Leistungssteigerung	●
	Berücksichtigung der Wirtschaftlichkeit	●
Methoden-bereich	Verwendung von Materialflusssimulationen aufgrund der Systemkomplexität	●
	Konkrete und reale Verbesserungsmaßnahmen	●
	Kombinierte Betrachtung von Einzelmaßnahmen in Verbesserungstrajektorien	●
	Integration von produktionsspezifischem (Simulations-)Wissen	●
	Berücksichtigung der statistischen Sicherheit*	●
Ziel-bereich	Aufwandsgerechte Erstellung und Analyse von Experimenten	●
	Unterstützung in der Auswahl aus Alternativen zur Verbesserung	●
	Integriertes Werkzeug zur Durchführung der Methodik*	●

* Anforderung aus Forschungsdefizit, vgl. *Kapitel 3.3*, weitere stammen aus dem Praxisdefizit vgl. *Kapitel 2.6*

● voll erfüllt

Abbildung 6-9: Erfüllungsgrad der inhaltlichen Anforderungen

Die Anforderung der *Berücksichtigung der statistischen Sicherheit* ist voll erfüllt, auch wenn diese nicht vollintegriert, sondern nachgelagert erfolgt. Eine Erhöhung der Qualität der Ergebnisse wäre durch die integrierte Betrachtung möglich, würde allerdings eine höhere Rechenleistung erforderlich machen.

Die Anforderung der *aufwandsgerechten Erstellung und Analyse von Experimenten* ist voll erfüllt, da die Erstellung und Analyse vollständig automatisiert erfolgt. Trotzdem ist der Aufwand zur Erstellung der generischen Maßnahmen im vorgelagerten Schritt der automatisierten Analyse als hoch einzuschätzen. Aus diesem Grund ist die praktische Anwendbarkeit eingeschränkt. Eine Durchführung der Methodik bei einem Simulationsdienstleister anstatt bei einem Anwendungsunternehmen würde diese Limitation allerdings entschärfen, da der Aufwand auf eine hohe Anzahl Projekte und Produktionslinien verteilt werden würde.

Durch die volle Erfüllung der Anforderung *Unterstützung in der Auswahl aus Alternativen zur Verbesserung* wird der Prozess zur Bewertung der möglichen Verbesserungsmaßnahmen deutlich verkürzt. Eine nachfolgende Interpretation mit Simulations- und Produktionswissen bleibt notwendig. Aus diesem Grund ist, wie oben schon bei der Bewertung der Anforderung *Integration von produktionsspezifi-*

schem (Simulations-)Wissen trotz der vollen Erfüllung der Anforderung von einer Einschränkung der Praxistauglichkeit bei Anwendung in Unternehmen ohne Simulationsexpertise auszugehen.

Die Anforderung nach einem *integrierten Werkzeug zur Durchführung der Methodik* ist als vollständig erfüllt zu bewerten.

Erfüllung der formalen Anforderungen

Die Erfüllung der formalen Anforderungen aus Kapitel 4.1.2 ist gegeben.

Die *empirische Richtigkeit* ist durch den hohen Realitätsbezug gegeben und wurde beispielhaft in der Anwendung bei der Abfüll GmbH gezeigt. Die tatsächliche Erfüllung der Anforderung bei Durchführung der Methodik liegt in der Hand des Anwendenden, da diese durch das zugrundeliegende Simulationsmodell und die Qualität der generischen Verbesserungsmaßnahmen maßgeblich bestimmt wird.

Die Anforderung der *formalen Richtigkeit* ist durch die Reproduzierbarkeit und die Quantität der Ergebnisse gegeben und somit nachprüfbar.

Die Anforderung der *Produktivität* der Methodik wurde durch die exemplarische Anwendung bei der Abfüll GmbH gezeigt.

Die Methodik ist durch die klar beschriebene Anwendung und die Interpretierbarkeit der Ergebnisse *handhabbar*.

Der *Aufwand* der Methodik ist zwar als hoch zu bewerten, allerdings nicht höher als bei vergleichbaren Simulationsstudien, weswegen die Anforderung als erfüllt gilt. Durch die mehrfache Anwendung der Methodik wird der Aufwand gesenkt, da von den gesammelten Erfahrungen profitiert würde und eine projektübergreifende Maßnahmenliste als Startpunkt sukzessive erweitert werden würde.

Zusammenfassend wird konstatiert, dass die entwickelte Methodik die identifizierten Anforderungen voll erfüllt und somit eine Antwort auf die in Kapitel 1.2 motivierte Hauptforschungsfrage gibt. Die praktische Anwendbarkeit der Methodik bleibt allerdings für Unternehmen, ohne Erfahrung mit Simulationsstudien beschränkt. Die Methodik ist für Simulationsdienstleister, welche den Personalaufwand in frühen Phasen der Analysephase verringern wollen, vielversprechend.

7 Zusammenfassung und Ausblick

Die vom internationalen Markt zunehmend geforderte Produktvielfalt erschwert es produzierenden Unternehmen, die hohen geforderten Leistungs- und Effizienzziele zu erreichen. Dies gilt insbesondere für Branchen, welche mit hoher Geschwindigkeit und verhältnismäßig kleinen Gewinnspannen auf Produktionslinien produzieren, wie bspw. die Konsumgüterindustrie. Die steigende Preissensitivität von Kunden erhöht den Kostendruck, Konsolidierungen in Produktionsnetzwerken führen zur Forderung von höheren Ausbringungsmengen und damit der Leistungssteigerung je Produktionslinie.

Da nicht jede Leistungssteigerung auch wirtschaftlich im Sinne von ökonomisch sinnvoll ist, ist eine dedizierte Betrachtung der mit jeder Leistungssteigerung verbundenen Kosten unumgänglich. Die Identifikation solcher wirtschaftlichen Anpassungen zur Leistungssteigerung der Produktionslinien ist allerdings anspruchsvoll und bedarf dedizierter Lösungswerkzeuge. Aufgrund der Komplexität und dem stochastischen Betriebsverhalten von Produktionslinien ist das Finden von effizienten Stellhebeln für Verbesserungsmaßnahmen schwierig. Ergänzend existieren je Stellhebel meist eine Vielzahl an Maßnahmen zur Veränderung zu jeweils unterschiedlichen Kosten, welche jeweils für die individuell betrachtete Produktionslinie konkretisiert werden müssen. Darüber hinaus ist die Verknüpfung dieser – isoliert bereits schwierig zu findenden – Verbesserungsmaßnahmen zu Verbesserungsmaßnahmenkombinationen, sog. Verbesserungstrajektorien, erfolgsversprechender als die Einzelanwendung. Um dieser Komplexität zu begegnen werden häufig Methoden der simulationsbasierten Optimierung zum Finden und Bewerten von potentiellen Veränderungen zu Rate gezogen. Die Durchführung entsprechender Simulationsstudien und die Analyse der Simulationsergebnisse ist mit hohem Aufwand verbunden und benötigt Fachwissen, welches in vielen Unternehmen nicht zur Verfügung steht.

Es ergibt sich der Handlungsbedarf der Unterstützung von Unternehmen bei der wirtschaftlichen Leistungssteigerung von Produktionslinien. In vergleichbaren Anwendungsbereichen erzielten Methoden des Reinforcement Learnings bemerkenswerte Ergebnisse bei der automatisierten Generierung von Entscheidungsalternativen zur Entscheidungsunterstützung.

In der wissenschaftlichen Literatur finden sich keine Ansätze, welche den oben beschriebenen Handlungsbedarf zufriedenstellend adressieren. Die durchgeführte Literaturrecherche verdeutlicht viel mehr die Notwendigkeit der Schaffung eines integrierten Werkzeugs zur Unterstützung von Unternehmen bei dieser Aufgabe sowie die explizite Berücksichtigung der statistischen Sicherheit zur Absicherung der Ergebnisqualität bei der Durchführung entsprechender Projekte.

Um diesem Forschungsdefizit zu begegnen, wurde im Rahmen dieser Arbeit ein neuer Ansatz entwickelt, der die genannten Herausforderungen adressiert. Die Kernidee dieses Ansatzes liegt in der Formulierung des vorliegenden Optimierungsproblems als Reinforcement Learning-Problem unter Integration von formalisiertem Produktionswissen und der integrierten Betrachtung der Wirtschaftlichkeit. Aus den Erfahrungen des Reinforcement Learning-Agenten werden Entscheidungsalternativen für die Anwendenden abgeleitet, welche der Entscheidungsunterstützung im Verbesserungsprozess von Produktionslinien dienen.

Dazu wird die Aufgabenstellung zunächst als hierarchisches Reinforcement Learning-Problem unter Einbezug einer Heuristik formuliert. Basierend darauf werden Anforderungen an ein Simulationsmodell als Abbild der zu optimierenden Simulationslinie gestellt und eine Abstraktion von Produktionslinien mit Hilfe sog. Kofferelemente vorgenommen. Die Lösung des formulierten Reinforcement Learning-Problems wird folgend mehrphasig vorgenommen, indem zuerst hierarchisch untergeordnete Parameteragenten trainiert werden, um für jeden Zustand der Produktionslinie optimale Parameterwerte zu identifizieren. Folgend werden unter Einbezug dieser Parameteragenten mit Hilfe des hierarchisch übergeordneten Maßnahmenagenten zuvor definierte Verbesserungsmaßnahmen zu Verbesserungstrajektorien kombiniert.

Dazu werden diese generischen Verbesserungsmaßnahmen in einem mehrdimensionaler Aktionsraum strukturiert.

Der Maßnahmenagenten wird basierend auf einer Interpretation der Simulationsergebnisse in die Lage versetzt, sinnvolle Verbesserungsmaßnahmen zu wählen. Gleichzeitig wird diese Interpretation des Zustands der Produktionslinie durch eine regelbasierte Heuristik genutzt, welche durch Maskierung, d.h. Ein- und Ausblenden von Maßnahmen, Einfluss auf den Maßnahmenagenten nimmt. So wird auf der Grundlage von produktionstechnischem Wissen der Lernfortschritt des Agenten verbessert, sodass dieser nur erfolgsversprechende Verbesserungsmaßnahmen anwendet. Um dem Maßnahmenagenten die Optimierungsrichtung vorzugeben wird dieser durch eine Belohnungsfunktion basierend auf dem Kapitalwert für die durchgeführte Verbesserungsmaßnahmen belohnt und somit die wirtschaftliche Leistungssteigerung der Produktionslinie als Ziel proklamiert. Durch die Sammlung der durch die Agenten gemachten Erfahrungen werden überlegene Verbesserungstrajektorien identifiziert, welche Entscheidungsalternativen zur wirtschaftlichen Leistungssteigerung der betrachteten Produktionslinie darstellen. Zur Nutzung der integrierten Methodik wird eine Software und ein Gesamtvorgehen zur Einbettung in ein Anwendungsunternehmen beschrieben.

Die Methodik wurde prototypisch implementiert und bei einem Unternehmen der Konsumgüterindustrie angewandt. Dabei bestätigte sich das Potenzial des neuartigen Vorgehens der Kombination von einzelnen Verbesserungsmaßnahmen zu Verbesserungstrajektorien. Konkret wurden mit Hilfe der Methodik Verbesserungstrajektorien erzeugt, welche als Inspiration für zukünftige mögliche Umbauten der Produktionslinie dienen. Zudem wurden zuvor nicht fokussierte Kofferelemente aufgrund ihres Einflusses auf die Wirtschaftlichkeit in den Fokus zukünftiger Analysen gerückt.

Die vollständige Automatisierung der Erstellung von Simulationsexperimenten und deren Auswertung sorgt für eine Zeitersparnis in diesen Schritten der Simulationsstudie. Um dieses Potenzial zu heben ist allerdings eine aufwendige Formulierung von Verbesserungsmaßnahmen im Vorhinein nötig. Für die Formulierung sowie die Interpretation der Verbesserungstrajektorien nach der automatisierten Erstellung ist weiterhin grundlegendes Simulationswissen notwendig, wenn gute und praktikable Ergebnisse erzielt werden sollen.

Weiterer Forschungsbedarf besteht in der Erweiterung der Methodik zur verbesserten Anwendbarkeit dieser auf neue Produktionslinien, um den Aufwand der Durchführung zu reduzieren. Durch eine Abstraktion von Beobachtungsraum und Aktionsraum könnte ein Übertrag der Erfahrungen von einer einzelnen Produktionslinie auf Produktionslinien im Allgemeinen geschaffen werden. Dazu müsste die mehrdimensionale Gestaltung des Beobachtungsraums sowie des Aktionsraums angepasst und mit mathematischen Überlegungen optimiert werden, um eine Generalisierung zu erlauben. In diesem Zuge könnte es ebenfalls qualitätssteigernd sein, die Kategorisierung von Verbesserungsmaßnahmen zu optimieren und ebenfalls durch Dimensionen im Aktionsraum, statt nur im Beobachtungsraum, zu verankern.

Für diese Generalisierung bestünde die Notwendigkeit des umfangreicheren Trainings der Agenten. Unter Verwendung dieses erhöhten Ressourcenaufwands könnte auch eine Hyperparameteroptimierung die Ergebnisse der Methodik weiter verbessern. Ebenso könnte die integrierte Betrachtung des stochastischen Einflusses qualitätssteigernd wirken.

Die explizite Betrachtung der unterschiedlichen Geschwindigkeiten im Hauptstrom im Vergleich zu Nebenströmen ist bei stark vernetzten Produktionslinien mit mehreren Kreisläufen zu empfehlen.

Auch die Erweiterung der Belohnungsfunktion um weitere Zielgrößen wie bspw. CO_2-Emissionen oder Energiebedarfe ist denkbar.

Die Idee der Formulierung von produktionstechnischen Fragestellungen in Form eines Markov-Entscheidungs-Problems in Kombination mit Materialflusssimulationen lässt sich auf weitere Objektbereiche erweitern. Durch eine Anpassung der entwickelten Methodik wäre bspw. auch die Optimierung von intralogistischen Transportwegen oder die Ressourcenallokation in einem freiverketteten Montagesystem möglich.

Um die Anwendbarkeit der Methodik in Unternehmen zu erleichtern wäre neben der oben beschriebenen Optimierung der Formulierung als Reinforcement Learning-Problem auch der Aufbau einer unternehmensübergreifenden Datenbank an generischen Verbesserungsmaßnahmen inkl. Integration von korrespondierenden Kosten möglich. Diese Datenbank könnte den Vorbereitungsaufwand der Methodik erheblich reduzieren.

Letztlich würde die Implementierung der Methodik in einer kommerziellen Softwareanwendung die Anwendbarkeit weiter vereinfachen und den Zugang für Unternehmen und Simulationsdienstleister erleichtern.

8 Literaturverzeichnis

Achiam, J. (2020)
Spinning Up Documentation.: https://spinningup.openai.com/_/downloads/en/latest/pdf/. Zuletzt geprüft am 12.04.2023.

Al-Begain, K. (2013)
EUROSIM Congress on Modelling and Simulation , IEEE (2013)

Alpaydın, E. (2019)
Maschinelles Lernen , (2. Auflage) De Gruyter Oldenbourg, Berlin, Boston, 2019.

Amaran, S.; Sahinidis, N.; Sharda, B.; Bury, S. (2016)
Simulation optimization: a review of algorithms and applications. In: Annals of Operations Research, Nr. 1, 240. Jg.2016, S. 351 - 380.

Amiri, M.; Mohtashami, A. (2012)
Buffer allocation in unreliable production lines based on design of experiments, simulation, and genetic algorithm. In: The International Journal of Advanced Manufacturing Technology, Nr. 1-4, 62. Jg.2012, S. 371 - 383.

Andersson, C.; Bellgran, M. (2015)
On the complexity of using performance measures: Enhancing sustained production improvement capability by combining OEE and productivity. In: Journal of Manufacturing Systems, 35. Jg.2015, S. 144 - 154.

Arulkumaran, K.; Deisenroth, M.; Brundage, M.; Bharath, A. (2017)
Deep Reinforcement Learning: A Brief Survey. In: IEEE Signal Processing Magazine, Nr. 6, 34. Jg.2017, S. 26 - 38.

Bartkowiak, T.; Ciszak, O.; Jablonski, P.; Myszkowski, A.; Wisniewski, M. (2018)
A Simulative Study Approach for Improving the Efficiency of Production Process of Floorboard Middle Layer. In: Hamrol, A./Ciszak, O./ et al. (Hrsg.): Advances in Manufacturing, Springer International Publishing, 2018, S. 13 - 22.

Bech, S.; Brunoe, T.; Nielsen, K.; Andersen, A.-L. (2019)
Product and Process Variety Management: Case study in the Food Industry. In: Procedia CIRP, 81. Jg.2019, S. 1065 - 1070.

Bellman, R. E. (1957)
Dynamic Programming , Princeton University Press, Princeton, NJ, 1957.

Belousov, B.; Abdulsamad, H.; Klink, P.; Parisi, S.; Peters, J. (2021)
Reinforcement Learning Algorithms: Analysis and Applications , Springer International Publishing, Cham, 2021.

Bender, B.; Göhlich, D. (2020)
Anwendungen, (26., überarbeitete Auflage) Springer Vieweg, Berlin, 2020.

Bernedixen, J. (2018)
Automated bottleneck analysis of production systems - Increasing the applicability of simulation-based multi-objective optimization for bottleneck analysis within industry, University of Skövde; BrandFactory AB, Skövde, Göteborg, 2018.

Berthold, M.; Feelders, A.; Krempl, G. (2020)
Advances in Intelligent Data Analysis XVIII, 2020. Springer International Publishing, Cham (2020)

Bertolini, M.; Mezzogori, D.; Neroni, M.; Zammori, F. (2021)
Machine Learning for industrial applications: A comprehensive literature review. In: Expert Systems with Applications, 175. Jg.2021, S. 114820.

Bianchi, R.; Ribeiro, C.; Costa, A. (2008)
Accelerating autonomous learning by using heuristic selection of actions. In: Journal of Heuristics, Nr. 2, 14. Jg.2008, S. 135 - 168.

Bishop, C. M. (2006)
Pattern recognition and machine learning, Springer Science+Business Media LLC, New York, NY, 2006.

Blackburn, T. D. (2022)
Six Sigma - A Case Study Approach Using Minitab®, (1st ed. 2022) Springer International Publishing; Imprint Springer, Cham, 2022.

Bleisch, G.; Langowski, H.-C.; Majschak, J.-P. (2014)
Lexikon Verpackungstechnik, (2. Aufl. [stark überarb, erg. und erw.]) Behr, Hamburg, 2014.

Block, C. (2020)
Methodik zur teilautonomen Modellierung und ereignisdiskreten Simulation in CPPS , Dissertation, Ruhr-Universität Bochum2020.

Bokrantz, J.; Skoogh, A.; Lämkull, D.; Hanna, A.; Perera, T. (2018)
Data quality problems in discrete event simulation of manufacturing operations. In: SIMULATION, Nr. 11, 94. Jg.2018, S. 1009 - 1025.

Braglia, M.; Frosolini, M.; Zammori, F. (2008)
Overall equipment effectiveness of a manufacturing line (OEEML). In: Journal of Manufacturing Technology Management, Nr. 1, 20. Jg.2008, S. 8 - 29.

Brockman, G.; Cheung, V.; Pettersson, L.; Schneider, J.; Schulman, J.; Tang, J.; Zaremba, W. (2016)
OpenAI Gym , arXiv, 2016.

Brys, T. (2016)
Reinforcement Learning with Heuristic Information, Dissertation, Vrije Universiteit Brussel2016.

Bundesministerium der Finanzen (2023)
1. Personal- und Sachkosten in der Bundesverwaltung für Wirtschaftlichkeitsuntersuchungen und Kostenberechnungen - II A 3 - H 1012-10/21/10003 :002. URL:
https://www.bundesfinanzministerium.de/Content/DE/Standardartikel/Themen/Oeffentliche_Finanzen/Bundeshaushalt/personalkostensaetze-2022-anl.pdf?__blob=publicationFile&v=2. Zuletzt geprüft am 31.08.2023.

Busse von Colbe, W.; Laßmann, G.; Witte, F. (2015)
Investitionstheorie und Investitionsrechnung, Springer Berlin Heidelberg, 2015.

Butollo, F. (2020)
Digitalization and the geographies of production: Towards reshoring or global fragmentation. In: Competition & Change2020, 102452942091816.

Cheng, C.-A.; Kolobov, A.; Swaminathan, A. (2021)
Heuristic-Guided Reinforcement Learning. In: NeurlPS2021

Claus, T.; Herrmann, F.; Teich, E. (2019)
Kostensimulation, Springer Fachmedien Wiesbaden, Wiesbaden, 2019.

Cook, D. (1998)
Proceedings of the Eleventh International FLAIRS Conference , The AAAI Press, 1998.

Copeland, M. (2023)
What's the Difference Between Deep Learning Training and Inference. URL: https://blogs.nvidia.com/blog/difference-deep-learning-training-inference-ai/. Zuletzt geprüft am 07.01.2024.

Corrales, L.; Lambán, M.; Hernandez Korner, M.; Royo, J. (2020)
Overall Equipment Effectiveness: Systematic Literature Review and Overview of Different Approaches. In: Applied Sciences, Nr. 18, 10. Jg.2020, S. 6469.

Dagkakis, G.; Heavey, C.; Robin, S.; Perrin, J. (2013)
ManPy: An Open-Source Layer of DES Manufacturing Objects Implemented in SimPy. In: Al-Begain, K. (Hrsg.): EUROSIM Congress on Modelling and Simulation, IEEE, 2013, S. 357 - 363.

Dallery, Y.; Gershwin, S. (1992)
Manufacturing flow line systems: a review of models and analytical results. In: Queueing Systems, Nr. 1-2, 12. Jg.1992, S. 3 - 94.

Darayi, M.; Eskandari, H.; Geiger, C. (2013)
Using Simulation-Based Optimization to Improve Performance At a Tire Manufacturing Company. In: QScience Connect, Nr. 20132013, S. 13.

Davim, J. P. (2015)
Design of Experiments in Production Engineering, Springer International Publishing, Cham, 2015.

Deng, L. (2018)
Artificial Intelligence in the Rising Wave of Deep Learning: The Historical Path and Future Outlook [Perspectives]. In: IEEE Signal Processing Magazine, Nr. 1, 35. Jg.2018, 180-177.

Deuse, J.; Busch, F. (2012)
Zeitwirschaft in der Montage. In: Lotter, B./Wiendahl, H.-P. (Hrsg.): Montage in der industriellen Produktion, Springer Berlin Heidelberg, Berlin, Heidelberg2012, S. 79 - 108.

Deutsches Institut für Normung (1990)
DIN 40041 -Zuverlässigkeit - Begriffe, 1990.

Deutsches Institut für Normung (2021)
DIN EN 415-11 -Sicherheit von Verpackungsmaschinen - Teil 11 - Ermittlung von Effizienz und Verfügbarkeit, Beuth Verlag GmbH, Berlin, 2021.

Ding, Z.; Huang, Y.; Yuan, J.; Dong, H. (2020)
Introduction to Reinforcement Learning. In: Dong, H./Ding, Z./ et al. (Hrsg.): Deep Reinforcement Learning - Fundamentals, Research and Applications, Springer Singapore, Singapore2020

Dobra, P.; Jósvai, J. (2022)
Assembly Line Overall Equipment Effectiveness (OEE) Prediction from Human Estimation to Supervised Machine Learning. In: Journal of Manufacturing and Materials Processing, Nr. 3, 6. Jg.2022, S. 59.

Dong, H.; Ding, Z.; Zhang, S. (2020)
Deep Reinforcement Learning - Fundamentals, Research and Applications, , Springer Singapore, Singapore, 2020.

Ehrlenspiel, K. (2009)
Integrierte Produktentwicklung - Denkabläufe, Methodeneinsatz, Zusammenarbeit, , (4., aktualisierte Aufl.) Hanser, München, Wien, 2009.

ElMaraghy, H.; Monostori, L.; Schuh, G.; ElMaraghy, W. (2021)
Evolution and future of manufacturing systems. In: CIRP Annals, Nr. 2, 70. Jg.2021, S. 635 - 658.

Eschmann, J. (2021)
Reward Function Design in Reinforcement Learning. In: Belousov, B./Abdulsamad, H./ et al. (Hrsg.): Reinforcement Learning Algorithms: Analysis and Applications, Springer International Publishing, Cham2021, S. 25 - 33.

Flad, S. (2017)
Neue Methoden zur Effizienzanalyse in verketteten Produktionslinien am Beispiel von Getränkeabfüllanlagen, Technische Universität München, 2017.

Focke, M.; Steinbeck, J. (2018)
Steigerung der Anlagenproduktivität durch OEE-Management , Springer Fachmedien Wiesbaden, 2018.

François-Lavet, V.; Henderson, P.; Islam, R.; Bellemare, M.; Pineau, J. (2018)
An Introduction to Deep Reinforcement Learning. In: Foundations and Trends® in Machine Learning, Nr. 3-4, 11. Jg.2018, S. 219 - 354.

García-Carrasco, M.; Guerrero-Kim, P.; Esper-Safi, V.; Díaz-Ramírez, J. (2020)
Increase of the production lines' performance in a chewing gum confectionery. In: Industrial Engineering & Operations Management Society (Hrsg.): Proceedings of the 5th NA International Conference on Industrial Engineering and Operations Management, Detroit, Michigan, USA, August 10-14, 2020, IEOM Society International, Southfield, Michigan, USA2020

Geißler, O.; Ostler, U. (2017)
Was ist Inferenz. URL: https://www.datacenter-insider.de/was-ist-inferenz-a-670450/. Zuletzt geprüft am 07.01.2024.

Godinho Filho, M.; Utiyama, M. (2015)
Comparing different strategies for the allocation of improvement programmes in a flow shop environment. In: The International Journal of Advanced Manufacturing Technology, Nr. 5-8, 77. Jg.2015, S. 1365 - 1385.

Gong, H.; Hassink, R.; Foster, C.; Hess, M.; Garretsen, H. (2022)
Globalisation in reverse? Reconfiguring the geographies of value chains and production networks. In: Cambridge Journal of Regions, Economy and Society, Nr. 2, 15. Jg.2022, S. 165 - 181.

Gopalakrishnan, M.; Subramaniyan, M.; Skoogh, A. (2020)
Data-driven machine criticality assessment – maintenance decision support for increased productivity. In: Production Planning & Control2020, S. 1 - 19.

Gosavi, A. (2015)
Simulation-Based Optimization - Parametric Optimization Techniques and Reinforcement Learning, (Second edition) Springer, New York, 2015.

Gottmann, J. (2019)
Produktionscontrolling - Wertströme und Kosten optimieren, , (2., aktualisierte Auflage) Springer Gabler, Wiesbaden, Heidelberg, 2019.

Griemert, R.; Römisch, P. (2020)
Fördertechnik , Springer Fachmedien Wiesbaden, Wiesbaden, 2020.

Gröll, L. (2018)
Klassifikation von Optimierungsproblemen. In: at - Automatisierungstechnik, Nr. 11, 66. Jg.2018, S. 903 - 927.

Guo, J.; Lu, J.; Zou, X.; Zhang, J.; Zhu, L.; Cui, X.; Chen, W.; Zhou, D. (2023)
Research on Production Process Optimization and Improvement Based on a Production Line of Y Company. In: Zhang, H./Ji, Y./ et al. (Hrsg.): Proceedings of TEPEN 2022 - Efficiency and Performance Engineering Network, 1st ed. 2023; Springer Nature Switzerland; Imprint Springer, Cham2023, S. 727 - 739.

Gutenschwager, K.; Rabe, M.; Spieckermann, S.; Wenzel, S. (2017)
Simulation in Produktion und Logistik , Springer Berlin Heidelberg, Berlin, Heidelberg, 2017.

Hamrol, A.; Ciszak, O.; Legutko, S.; Jurczyk, M. (2018)
Advances in Manufacturing , Springer International Publishing, 2018.

Harrington, B. (2014)
Breakdowns Happen, 2014.

He, Z.; Tran, K.-P.; Thomassey, S.; Zeng, X. (2020)
A Deep Reinforcement Learning Based Multi-Criteria Decision Support System for Textile Manufacturing Process Optimization , Paper, Wuhan Textile University2020.

Hengst, B. (2017)
Hierarchical Reinforcement Learning. In: Sammut, C./Webb, G. I. (Hrsg.): Encyclopedia of Machine Learning and Data Mining, Springer US, Boston, MA2017, S. 611 - 619.

Hirsch, C.; Gamankova, I.; Livonius, F.; Teich, E.; Claus, T. (2019)
Grundlagen der Kostensimulation im Produktionsumfeld. In: Claus, T./Herrmann, F./ et al. (Hrsg.): Kostensimulation, Springer Fachmedien Wiesbaden, Wiesbaden2019, S. 89 - 99.

Holt, M. (2023)
Papa Parse - The powerful, in-browser CSV parser for big boys and girls. URL: https://www.papaparse.com/. Zuletzt geprüft am 26.01.2024.

Hopp, W.; Iravani, S.; Shou, B. (2007)
A Diagnostic Tree for Improving Production Line Performance. In: Production and Operations Management, Nr. 1, 16. Jg.2007, S. 77 - 92.

Huang, J.; Chang, Q.; Arinez, J. (2020)
Deep reinforcement learning based preventive maintenance policy for serial production lines. In: Expert Systems with Applications, 160. Jg.2020, S. 1 - 34.

Huang, M.-G.; Chang, P.-L.; Chou, Y.-C. (2002)
Buffer allocation in flow-shop-type production systems with general arrival and service patterns. In: Computers & Operations Research, Nr. 2, 29. Jg.2002, S. 103 - 121.

Industrial Engineering & Operations Management Society (2020)
Proceedings of the 5th NA International Conference on Industrial Engineering and Operations Management, Detroit, Michigan, USA, August 10-14, 2020 , IEOM Society International, Southfield, Michigan, USA (2020)

Informatik 12 der RWTH Aachen University (2024)
RWTH High Performance Computing (Linux). URL: https://help.itc.rwth-aachen.de/service/rhr4fjjutttf/. Zuletzt geprüft am 26.01.2024.

Institute of Electrical and Electronics Engineers (2019)
2019 IEEE International Conference on Industrial Engineering and Engineering Management - IEEM2019 : 15-18 Dec, Macau, , 2019 IEEE International Conference on Industrial Engineering and Engineering Management (IEEM), 12/15/2019 - 12/18/2019. IEEE, Piscataway, NJ (2019)

Jamali, A.; Ranjbar, A.; Bozorgi-Amiri, A. (2023)
Improving Profitability of a Color Production Line by Breaking Down Bottlenecks: A Computer Simulation Approach , 2023.

Jani, M.; Betheja, M.; Chaudhari, U.; Sarkar, B. (2023)
Effect of Future Price Increase for Products with Expiry Dates and Price-Sensitive Demand under Different Payment Policies. In: Mathematics, Nr. 2, 11. Jg.2023, S. 263.

Jasiulewicz-Kaczmarek, M.; Bartkowiak, T. (2016)
Improving the performance of a filling line based on simulation. In: IOP Conference Series: Materials Science and Engineering, 145. Jg.2016, S. 42024.

Jo, T. (2021)
Machine Learning Foundations, Springer International Publishing, Cham, 2021.

Johansson, B. (2010)
Proceedings of the 2010 Winter Simulation Conference (WSC) - 5 - 8 Dec. 2010, Baltimore, MD, USA ; [incorporating the] MASM (Modeling and Analysis for Semiconductor Manufacturing) Conference, , 2010 Winter Simulation Conference - (WSC 2010), 12/5/2010 - 12/8/2010. IEEE, Piscataway, NJ (2010)

Juan, A.; Faulin, J.; Grasman, S.; Rabe, M.; Figueira, G. (2015)
A review of simheuristics: Extending metaheuristics to deal with stochastic combinatorial optimization problems. In: Operations Research Perspectives, 2. Jg.2015, S. 62 - 72.

Kaelbling, L.; Littman, M.; Moore, A. (1996)
Reinforcement Learning: A Survey. In: Journal of Artificial Intelligence Research, 4. Jg.1996, S. 237 - 285.

Kang, Z.; Catal, C.; Tekinerdogan, B. (2020)
Machine learning applications in production lines: A systematic literature review. In: Computers & Industrial Engineering, 149. Jg.2020, S. 106773.

Karlsson, I. (2018)
An interactive decision support system using simulation-based optimization and knowledge extraction - Dissertation Series, Doctoral thesis, monograph, University of Skövde, 2018.

Kelton, W. D.; Sadowski, R. P.; Zupick, N. B. (2015)
Simulation with Arena , (6. ed.) McGraw-Hill Education, New York, NY, 2015.

Kiran, M.; Ozyildirim, M. (2022)
Hyperparameter Tuning for Deep Reinforcement Learning Applications , 2022.

Kirste, M.; Schürholz, M. (2019)
Entwicklungswege zur KI. In: Wittpahl, V. (Hrsg.): Künstliche Intelligenz, Springer Berlin Heidelberg, Berlin, Heidelberg2019, S. 21 - 35.

Konidaris, G.; Scheidwasser, I.; Barto, A. (2012)
Transfer in reinforcement learning via shared features. In: The Journal of Machine Learning Research, Nr. 1, 13. Jg.2012, S. 1333 - 1371.

Koren, Y.; Hu, S.; Weber, T. (1998)
Impact of Manufacturing System Configuration on Performance. In: CIRP Annals, Nr. 1, 47. Jg.1998, S. 369 - 372.

Kornwachs, K.; Treugut, L. (2013)
Technikwissenschaften - Erkennen - Gestalten - Verantworten, München, 2013.

Kranz, M.; Duisberg, M.; Harlacher, M.; Mütze-Niewöhner, S. (2021)
Simulation in der Praxis: Hindernisse überwinden. In: Zeitschrift für wirtschaftlichen Fabrikbetrieb, Nr. 3, 116. Jg.2021, S. 111 - 114.

Krenczyk, D.; Paprocka, I. (2023)
Integration of Discrete Simulation, Prediction, and Optimization Methods for a Production Line Digital Twin Design. In: Materials (Basel, Switzerland), Nr. 6, 16. Jg.2023

Kreutzer, R. T.; Sirrenberg, M. (2019)
Künstliche Intelligenz verstehen , Springer Fachmedien Wiesbaden, Wiesbaden, 2019.

Krug, W.; Rose, O. (2011)
Optimierung. In: März, L./Krug, W./ et al. (Hrsg.): Simulation und Optimierung in Produktion und Logistik, Springer Berlin Heidelberg, Berlin, Heidelberg2011, S. 21 - 28.

Kubicek, H. (1976)
Heuristische Bezugsrahmen und heuristisch angelegte Forschungsdesign als Elemente einer Konstruktionsstrategie empirischer Forschung , Inst. für Unternehmensführung, Berlin, 1976.

Kuhnle, A.; Kaiser, J.-P.; Theiß, F.; Stricker, N.; Lanza, G. (2021)
Designing an adaptive production control system using reinforcement learning. In: Journal of Intelligent Manufacturing, Nr. 3, 32. Jg.2021, S. 855 - 876.

Kuusisto, F.; Dutra, I.; Elezaby, M.; Mendonça, E.; Shavlik, J.; Burnside, E. (2015)
Leveraging Expert Knowledge to Improve Machine-Learned Decision Support Systems. In: AMIA Joint Summits on Translational Science proceedings. AMIA Joint Summits on Translational Science, 2015. Jg.2015, S. 87 - 91.

Lackes, R.; Siepermann, M. (2018)
Gabler Wirtschaftslexikon: Decision Support System (DSS). URL: https://wirtschaftslexikon.gabler.de/definition/decision-support-system-dss-28299/version-251932. Zuletzt geprüft am 19.12.2023.

Lauer, T. (2023)
Quick Guide Change Management for all Cases , Springer Berlin Heidelberg, Berlin, Heidelberg, 2023.

Laufenberg, L. (1996)
Methodik zur integrierten Projektgestaltung für die situative Umsetzung des simultaneous engineering , (Als Ms. gedr) Shaker, Aachen, 1996.

Laux, H.; Gillenkirch, R. M.; Schenk-Mathes, H. Y. (2018)
Entscheidungstheorie , Springer Berlin Heidelberg, Berlin, Heidelberg, 2018.

Li, C.; Zheng, P.; Yin, Y.; Wang, B.; Wang, L. (2023)
Deep reinforcement learning in smart manufacturing: A review and prospects. In: CIRP Journal of Manufacturing Science and Technology, 40. Jg.2023, S. 75 - 101.

Li, W.; Lim, K.; Huynh, B.; Akhtar, H. (2021)
Facility Layout Optimization in Fast Moving Consumer Goods (FCMG) Industry. In: Toro, C./Wang, W./ et al. (Hrsg.): Implementing Industry 4.0 - The Model Factory as the Key Enabler for the Future of Manufacturing, Springer Natur Switzerland AG, 2021, S. 313 - 335.

Liang, E.; Liaw, R.; Moritz, P.; Nishihara, R.; Fox, R.; Goldberg, K.; Gonzalez, J. E.; Jordan, M. I.; Stoica, I. (2017)
RLlib: Abstractions for Distributed Reinforcement Learning , arXiv, 2017.

Longo, C.; Fantuzzi, C. (2018)
Simulation and optimization of industrial production lines. In: at - Automatisierungstechnik, Nr. 4, 66. Jg.2018, S. 320 - 330.

Lorenz, R.; Kraus, M.; Wolf, H.; Feuerriegel, S.; Netland, T. (2022)
Selecting advanced analytics in manufacturing: a decision support model. In: Production Planning & Control2022, S. 1 - 14.

Lorenz, U. (2020)
Reinforcement Learning , Springer Berlin Heidelberg, Berlin, Heidelberg, 2020.

Lorou, B.-F.; Muchiri, P.; Kuloba, P.; Kimotho, J. (2021)
Performance Improvement of Truck Assembly Line through Modeling and Simulation Using Arena Software. In: Open Journal of Optimization, Nr. 03, 10. Jg.2021, S. 88 - 100.

Lotter, B. (2012)
Manuelle Montage von Kleingeräten. In: Lotter, B./Wiendahl, H.-P. (Hrsg.): Montage in der industriellen Produktion, Springer Berlin Heidelberg, Berlin, Heidelberg2012, S. 109 - 146.

Lotter, B.; Wiendahl, H.-P. (2012)
Montage in der industriellen Produktion , Springer Berlin Heidelberg, Berlin, Heidelberg, 2012.

Luke, S. (2013)
Essentials of metaheuristics - A set of undergraduate lecture notes, , (Second edition, online version 2.0) lulu.com, Morrisville, N.C., 2013.

Mahadevan, S.; Theocharous, G. (1998)
Optimizing Production Manufacturing using Reinforcement Learning. In: Cook, D. J. (Hrsg.): Proceedings of the Eleventh International FLAIRS Conference, The AAAI Press, 1998, S. 372 - 377.

Majschak, J.-P. (2020)
Anwendung für Maschinensysteme der Stoffverarbeitung. In: Bender, B./Göhlich, D. (Hrsg.): Anwendungen, 26., überarbeitete Auflage; Springer Vieweg, Berlin2020, S. 65 - 78.

März, L.; Krug, W. (2011)
Kopplung von Simulation und Optimierung. In: März, L./Krug, W./ et al. (Hrsg.): Simulation und Optimierung in Produktion und Logistik, Springer Berlin Heidelberg, Berlin, Heidelberg2011, S. 41 - 45.

März, L.; Krug, W.; Rose, O.; Weigert, G. (2011)
Simulation und Optimierung in Produktion und Logistik , Springer Berlin Heidelberg, Berlin, Heidelberg, 2011.

März, L.; Weigert, G. (2011)
Simulationsgestützte Optimierung. In: März, L./Krug, W./ et al. (Hrsg.): Simulation und Optimierung in Produktion und Logistik, Springer Berlin Heidelberg, Berlin, Heidelberg2011, S. 3 - 12.

Mattern, F.; Mehl, H. (1989)
Diskrete Simulation - Prinzipien und Probleme der Effizienzsteigerung durch Parallelisierung. In: Informatik-Spektrum, Nr. 121989, S. 198 - 210.

May, M.; Hermeler, S.; Mauch, E.; Dvorak, J.; Schäfer, L.; Lanza, G. (2023)
Reinforcement Learning for Improvement Measure Selection in Learning Factories. In: SSRN Electronic Journal2023

Moritz, P.; Nishihara, R.; Wang, S.; Tumanov, A.; Liaw, R.; Liang, E.; Elibol, M.; Yang, Z.; Paul, W.; Jordan, M. I.; Stoica, I. (2017)
Ray: A Distributed Framework for Emerging AI Applications , 2017.

Morote, E. (2023)
Pinia - The intuitive store for Vue.js. URL: https://pinia.vuejs.org/. Zuletzt geprüft am 26.01.2024.

Moser, P.; Isaksson, O.; Okwir, S.; Seifert, R. (2021)
Manufacturing Management in Process Industries: The Impact of Market Conditions and Capital Expenditure on Firm Performance. In: IEEE Transactions on Engineering Management, Nr. 3, 68. Jg.2021, S. 810 - 822.

Motlagh, M.; Azimi, P.; Amiri, M.; Madraki, G. (2019)
An efficient simulation optimization methodology to solve a multi-objective problem in unreliable unbalanced production lines. In: Expert Systems with Applications, 138. Jg.2019, S. 112836.

Müller, K.; Vignaux, T.; Lünsdorf, O.; Scherfke, S. (2022)
SimPy - a free discrete-event simulation package based on Python. URL: https://gitlab.com/team-simpy/simpy/blob/master/docs/index.rst. Zuletzt geprüft am [**Zuletzt geprüft am fehlt!**].

Nachiappan, R.; Anantharaman, N. (2006)
Evaluation of overall line effectiveness (OLE) in a continuous product line manufacturing system. In: Journal of Manufacturing Technology Management, Nr. 7, 17. Jg.2006, S. 987 - 1008.

Nakajima, S. (1988)
Introduction to TPM - Total Productive Maintenance, , Productivity Press, Portland, Oregon, 1988.

Nandy, A.; Biswas, M. (2018)
Reinforcement learning - With Open AI, TensorFlow and Keras Using Python, , Apress, Berkeley, CA, 2018.

Niebler, P.; Lindner, D. (2019)
Datenbasiert entscheiden , Springer Fachmedien Wiesbaden, Wiesbaden, 2019.

Noche, B.; Wenzel, S. (1991)
Marktspiegel Simulationstechnik in Produktion und Logistik , Verl. TÜV Rheinland, Köln, 1991.

Norvig, P.; Russell, S. (2021)
Artificial Intelligence - A Modern Approach, , (4th edition) Pearson, Harlow, 2021.

OpenAI (2022)
Gym Documentation: Core. URL: https://www.gymlibrary.dev/api/core/. Zuletzt geprüft am 25.01.2024.

Overbeck, L.; Hugues, A.; May, M.; Kuhnle, A.; Lanza, G. (2021)
Reinforcement Learning Based Production Control of Semi-automated Manufacturing Systems. In: Procedia CIRP, 103. Jg.2021, S. 170 - 175.

Padhi, S.; Wagner, S.; Niranjan, T.; Aggarwal, V. (2013)
A simulation-based methodology to analyse production line disruptions. In: International Journal of Production Research, Nr. 6, 51. Jg.2013, S. 1885 - 1897.

Panzer, M.; Bender, B. (2022)
Deep reinforcement learning in production systems: a systematic literature review. In: International Journal of Production Research, Nr. 13, 60. Jg.2022, S. 4316 - 4341.

Papageōrgiu, M.; Leibold, M.; Buss, M. (2015)
Optimierung - Statische, dynamische, stochastische Verfahren für die Anwendung, , (4., korrigierte Auflage) Springer Vieweg, Berlin, Heidelberg, 2015.

Paszke, A.; Gross, S.; Massa, F.; Lerer, A.; Bradbury, J.; Chanan, G.; Killeen, T.; Lin, Z.; Gimelshein, N.; Antiga, L.; Desmaison, A.; Köpf, A.; Yang, E.; DeVito, Z.; Raison, M.; Tejani, A.; Chilamkurthy, S.; Steiner, B.; Fang, L.; Bai, J.; Chintala, S. (2019)
PyTorch: An Imperative Style, High-Performance Deep Learning Library , arXiv, 2019.

Pateria, S.; Subagdja, B.; Tan, A.; Quek, C. (2022)
Hierarchical Reinforcement Learning: A Comprehensive Survey. In: ACM Computing Surveys, Nr. 5, 54. Jg.2022, S. 1 - 35.

Patzak, G. (1982)
Systemtechnik - Planung komplexer innovativer Systeme - Grundlagen, Methoden, Techniken, , Springer, Berlin, 1982.

Pawellek, G. (2007)
Produktionslogistik - Planung, Steuerung, Controlling, , Hanser, München, 2007.

Pehrsson, L.; Ng, A.; Bernedixen, J. (2016)
Automatic identification of constraints and improvement actions in production systems using multi-objective optimization and post-optimality analysis. In: Journal of Manufacturing Systems, 39. Jg.2016, S. 24 - 37.

Pinciroli, L.; Baraldi, P.; Zio, E. (2023)
Maintenance optimization in industry 4.0. In: Reliability Engineering & System Safety, 234. Jg.2023, S. 109204.

Pinedo, M. (2012)
Scheduling - Theory, algorithms, and systems, , (4. ed.) Springer, New York, Heidelberg, 2012.

Puterman, M. L. (1994)
Markov Decision Processes, Wiley, 1994.

Rabe, M.; Deininger, M.; Juan, A. (2020)
Speeding up computational times in simheuristics combining genetic algorithms with discrete-Event simulation. In: Simulation Modelling Practice and Theory, 103. Jg.2020, S. 102089.

Rabe, M.; Spieckermann, S.; Wenzel, S. (2008)
Verifikation und Validierung für die Simulation in Produktion und Logistik , Springer Berlin Heidelberg, Berlin, Heidelberg, 2008.

Ragani, A. F.; Stein, P.; Keene, R.; Symington, I. (2023)
Unveiling the next frontier of engineering simulation - How can digital simulation derive new insights, identify and fix issues earlier in the cycle, and accelerate product testing and validation?, , 2023.

Ramli, A.; Ab Rashid, M. (2022)
A review of assembly line balancing optimisation with energy consideration using meta-heuristic algorithms. In: Proceedings of the Institution of Mechanical Engineers, Part B: Journal of Engineering Manufacture, Nr. 5, 236. Jg.2022, S. 475 - 485.

Rescher, N. (1998)
Complexity, Routledge. New York. 1998

Rich, E. (1983)
Artificial intelligence , McGraw-Hill, Inc., 1983.

Römisch, P.; Weiß, M. (2014)
Projektierungspraxis Verarbeitungsanlagen , Springer Fachmedien Wiesbaden, Wiesbaden, 2014.

Rösch, M. (2021)
System zur energieorientierten und kostenbasierten Produktionssteuerung mittels Reinforcement Learning , Dissertation, Technische Universität München, 2021.

Röttger, M. C. (2009)
Reinforcement Learning für kontinuierliche Zustands- und Aktionsräume unter Berücksichtigung der wissenschaftlichen Informationsverarbeitung , 2009.

Rueden, L. von; Mayer, S.; Beckh, K.; Georgiev, B.; Giesselbach, S.; Heese, R.; Kirsch, B.; Walczak, M.; Pfrommer, J.; Pick, A.; Ramamurthy, R.; Garcke, J.; Bauckhage, C.; Schuecker, J. (2021)
Informed Machine Learning - A Taxonomy and Survey of Integrating Prior Knowledge into Learning Systems. In: IEEE Transactions on Knowledge and Data Engineering2021, S. 1.

Rueden, L. von; Mayer, S.; Sifa, R.; Bauckhage, C.; Garcke, J. (2020)
Combining Machine Learning and Simulation to a Hybrid Modelling Approach: Current and Future Directions. In: Berthold, M. R./Feelders, A./ et al. (Hrsg.): Advances in Intelligent Data Analysis XVIII, Springer International Publishing, Cham2020, S. 548 - 560.

Saaty, T. L. (1996)
Multicriteria decision making - The analytic hierarchy process ; planning, priority setting, resource allocation, , (2. ed., 2. pr) RWS Publ, Pittsburgh, Pa., 1996.

Sammut, C.; Webb, G. (2017)
Encyclopedia of Machine Learning and Data Mining , Springer US, Boston, MA, 2017.

Sargent, R. (2010)
Verification and validation of simulation models. In: Johansson, B. (Hrsg.): Proceedings of the 2010 Winter Simulation Conference (WSC) - 5 - 8 Dec. 2010, Baltimore, MD, USA ; [incorporating the] MASM (Modeling and Analysis for Semiconductor Manufacturing) Conference, IEEE, Piscataway, NJ2010, S. 166 - 183.

Sarkar, B.; Dey, B.; Sarkar, M.; Kim, S. (2022)
A smart production system with an autonomation technology and dual channel retailing. In: Computers & Industrial Engineering, 173. Jg.2022, S. 108607.

Schmitt, R.; Pfeifer, T. (2015)
Qualitätsmanagement - Strategien, Methoden, Techniken, , (5., überarbeitete Auflage) Hanser, München, Wien, 2015.

Scholz, D. (2018)
Optimierung interaktiv - Grundlagen verstehen, Modelle erforschen und Verfahren anwenden, , (1. Aufl. 2018) Springer Berlin Heidelberg, Berlin, Heidelberg, 2018.

Schuh, G.; Gottschalk, S.; Hensgen, L.; Gützlaff, A.; Schmidhuber, M.; Rolfes, D. (2021)
Erhöhung der Akzeptanz von Produktionssimulationen. In: Zeitschrift für wirtschaftlichen Fabrikbetrieb, Nr. 4, 116. Jg.2021, S. 222 - 226.

Schuh, G.; Gützlaff, A.; Fulterer, J.; Maetschke, J. (2022)
Towards A Methodology For Economic Performance Increase Of Production Lines Using Reinforcement Learning. In: Conference On Production Systems And Logistics CPSL 2022, Nr. 3, 2022. Jg.2022

Schuh, G.; Gützlaff, A.; Schmidhuber, M.; Maetschke, J.; Barkhausen, M.; Sivanesan, N. (2021)
Identification of superior improvement trajectories for production lines via simulation-based optimization with reinforcement learning, 2021. Jg.2021

Schuh, G.; Reinhart, G.; Prote, J.-P.; Sauermann, F.; Horsthofer, J.; Oppolzer, F.; Knoll, D. (2019)
Data Mining Definitions and Applications for the Management of Production Complexity. In: Procedia CIRP, 81. Jg.2019, S. 874 - 879.

Schuh, G.; Schmitz, S.; Maetschke, J.; Janssen, B.; Offermanns, H. (2023)
Heuristic Guided Hierarchical Reinforcement Learning Approach For The Economic Improvement Of Production Lines, CIRP CMS, Kapstadt, 2023

Schulman, J.; Wolski, F.; Dhariwal, P.; Radford, A.; Klimov, O. (2017)
Proximal Policy Optimization Algorithms , 2017.

Shi, D.; Fan, W.; Xiao, Y.; Lin, T.; Xing, C. (2020)
Intelligent scheduling of discrete automated production line via deep reinforcement learning. In: International Journal of Production Research, Nr. 11, 58. Jg.2020, S. 3362 - 3380.

Siemens/Tecnomatix (2024)
Plant Simulation. https://plm.sw.siemens.com/de-DE/tecnomatix/products/plant-simulation-software/. Zuletzt geprüft am 28.02.2024.

Skoogh, A.; Johansson, B.; Hanson, L. (2011)
Data Requirements and Representation for Simulation of Energy Consumption in Production Systems. In: Proceedings of the 44th CIRP Conference on Manufacturing Systems, Nr. 442011

Soares do Amaral, J.; Montevechi, J.; Miranda, R.; Junior, W. (2022)
Metamodel-based simulation optimization: A systematic literature review. In: Simulation Modelling Practice and Theory, 114. Jg.2022, S. 102403.

Sotskov, Y. (2023)
Assembly and Production Line Designing, Balancing and Scheduling with Inaccurate Data: A Survey and Perspectives. In: Algorithms, Nr. 2, 16. Jg.2023, S. 100.

Spinellis, D.; Papadopoulos, C. (2000)
A simulated annealing approach for buffer allocation in reliable production lines. In: Annals of Operations Research, Nr. 1/4, 93. Jg.2000, S. 373 - 384.

Stachowiak, H. (1973)
Allgemeine Modelltheorie, Springer, Wien, 1973.

Sutton, R. S.; Barto, A. (2018)
Reinforcement learning - An introduction, , (Second edition) The MIT Press, Cambridge, MA, London, 2018.

Tang, C.-Y.; Liu, C.-H.; Chen, W.-K.; You, S. (2020)
Implementing action mask in proximal policy optimization (PPO) algorithm. In: ICT Express, Nr. 3, 6. Jg.2020, S. 200 - 203.

Tempelmeier, H. (2018)
Modellierung logistischer Systeme , Springer Berlin Heidelberg, Berlin, Heidelberg, 2018.

Tomczak, T. (1992)
Forschungsmethoden in der Marketingwissenschaft - Ein Plädoyer für den qualitativen Forschungsansatz. In: Marketing ZFP1992, S. 77 - 87.

Toro, C.; Wang, W.; Akhtar, H. (2021)
Implementing Industry 4.0 - The Model Factory as the Key Enabler for the Future of Manufacturing, , Springer Natur Switzerland AG, 2021.

Trigueiro de Sousa Junior, W.; Barra Montevechi, J.; Carvalho Miranda, R. de; **Teberga Campos, A. (2019)**
Discrete simulation-based optimization methods for industrial engineering problems: A systematic literature review. In: Computers & Industrial Engineering, 128. Jg.2019, S. 526 - 540.

Tu, J.; Bai, Y.; Yang, M.; Zhang, L.; Denno, P. (2021)
Real-Time Bottleneck in Serial Production Lines With Bernoulli Machines: Theory and Case Study. In: IEEE Transactions on Automation Science and Engineering, Nr. 4, 18. Jg.2021, S. 1822 - 1834.

Tu, J.; Zhang, L. (2022)
Performance analysis and optimisation of Bernoulli serial production lines with dynamic real-time bottleneck identification and mitigation. In: International Journal of Production Research, Nr. 13, 60. Jg.2022, S. 3989 - 4005.

Ulrich, H. (1984)
Management , Haupt, Bern, Stuttgart, 1984.

Ulrich, P.; Hill, W. (1976)
Wissenschaftstheoretische Grundlagen der Betriebswirtschaftslehre (Teil 1). In: Wirtschaftswissenschaftliches Studium : Zeitschrift für Ausbildung und Hochschulkontakt, Nr. 71976

van Otterlo, M.; Wiering, M. (2012)
Reinforcement Learning and Markov Decision Processes. In: Wiering, M./van Otterlo, M. (Hrsg.): Reinforcement Learning, Springer Berlin Heidelberg, Berlin, Heidelberg2012, S. 3 - 42.

Verein Deutscher Ingenieure (2001)
VDI 3633 Blatt 7 -Simulation von Logistik-, Materialflussund Produktionssystemen - Kostensimulation, Beuth Verlag GmbH, 2001.

Verein Deutscher Ingenieure (2014)
VDI 3633 Blatt 1 -Simulation von Logistik-, Materialflussund Produktionssystemen - Grundlagen, Beuth Verlag GmbH, 2014.

Verein Deutscher Ingenieure (2018)
VDI 3633 Begriffe -Simulation von Logistik-, Materialfluss- und Produktionssystemen - Begriffe, 2018.

Verein Deutscher Ingenieure (2020)
VDI 3633 Blatt 12 -Simulation von Logistik-, Materialfluss- und Produktionssystemen - Simulation und Optimierung, 2020.

Vermeulen, A. F. (2020)
Industrial machine learning - Using artificial intelligence as a transformational disruptor, , Apress, Berkeley, CA, 2020.

von Nitzsch, R. (2021)
Entscheidungslehre - Wie Menschen entscheiden und wie sie entscheiden sollten, , (11., überarbeitete Auflage) Springer Gabler, Wiesbaden, Heidelberg, 2021.

Voß, T.; Bode, C.; Heger, J. (2021)
Dynamische Losgrößenoptimierung mit bestärkendem Lernen. In: Zeitschrift für wirtschaftlichen Fabrikbetrieb, Nr. 11, 116. Jg.2021, S. 815 - 819.

Walz, G. (2017)
Lexikon der Mathematik: Band 2 - Eig bis Inn, , (2. Aufl. 2017) Springer Spektrum, Berlin, Heidelberg, 2017.

Waschneck, B. (2020)
Autonome Entscheidungsfindung in der Produktionssteuerung komplexer Werkstattfertigungenabs , Universität Stuttgart, 2020.

Weber, F. (2020)
Künstliche Intelligenz für Business Analytics , Springer Fachmedien Wiesbaden, Wiesbaden, 2020.

Weber, J. (2018)
Gabler Wirtschaftslexikon: Wirtschaftlichkeit. URL: https://wirtschaftslexikon.gabler.de/definition/wirtschaftlichkeit-47252/version-270518. Zuletzt geprüft am 04.03.2023.

Wei, C.-Y.; Jafarnia-Jahromi, M.; Luo, H.; Sharma, H.; Jain, R. (2019)
Model-free Reinforcement Learning in Infinite-horizon Average-reward Markov Decision Processes , arXiv, 2019.

Weichert, D.; Link, P.; Stoll, A.; Rüping, S.; Ihlenfeldt, S.; Wrobel, S. (2019)
A review of machine learning for the optimization of production processes. In: The International Journal of Advanced Manufacturing Technology, Nr. 5-8, 104. Jg.2019, S. 1889 - 1902.

Wennker, P. (2020)
Künstliche Intelligenz in der Praxis , Springer Fachmedien Wiesbaden, Wiesbaden, 2020.

Wenzel, S. (2018)
Simulation logistischer Systeme. In: Tempelmeier, H. (Hrsg.): Modellierung logistischer Systeme, Springer Berlin Heidelberg, Berlin, Heidelberg2018, S. 1 - 34.

Wenzel, S.; Weiß, M.; Collisi-Böhmer, S.; Pitsch, H.; Rose, O. (2008)
Qualitätskriterien für die Simulation in Produktion und Logistik , Springer Berlin Heidelberg, Berlin, Heidelberg, 2008.

Westkämper, E. (2016)
Strategien der Produktion - Technologien, Konzepte und Wege in die Praxis, , Springer Berlin Heidelberg; Imprint: Springer Vieweg, Berlin, Heidelberg, 2016.

Wiendahl, H.-P.; Hegenscheidt, M. (2012)
Verfügbarkeit von Montagesystemen. In: Lotter, B./Wiendahl, H.-P. (Hrsg.): Montage in der industriellen Produktion, Springer Berlin Heidelberg, Berlin, Heidelberg2012, S. 331 - 364.

Wiering, M.; van Otterlo, M. (2012)
Reinforcement Learning , Springer Berlin Heidelberg, Berlin, Heidelberg, 2012.

Witt, K.-U.; Müller, M. E. (2020)
Algorithmische Informationstheorie , Springer Berlin Heidelberg, Berlin, Heidelberg, 2020.

Wittpahl, V. (2019)
Künstliche Intelligenz , Springer Berlin Heidelberg, Berlin, Heidelberg, 2019.

Wu, K.; Zheng, M.; Shen, Y. (2020)
A generalization of the Theory of Constraints: Choosing the optimal improvement option with consideration of variability and costs. In: IISE Transactions, Nr. 3, 52. Jg.2020, S. 276 - 287.

Wunderlich, J. (2019)
Einführung in die Kostensimulation. In: Claus, T./Herrmann, F./ et al. (Hrsg.): Kostensimulation, Springer Fachmedien Wiesbaden, Wiesbaden2019, S. 3 - 16.

Xi, S.; Chen, Q.; MacGregor Smith, J.; Mao, N.; Yu, A.; Zhang, H. (2020)
A new method for solving buffer allocation problem in large unbalanced production lines. In: International Journal of Production Research, Nr. 22, 58. Jg.2020, S. 6846 - 6867.

Yang, Z.; Li, J.; Chen, C.; He, J.; Tian, H.; Yu, L. (2023)
A study on overall line efficiency (OLE) centered production line maintenance prioritization considering equipment operational reliability. In: The International Journal of Advanced Manufacturing Technology, Nr. 11-12, 124. Jg.2023, S. 3783 - 3794.

Yegul, M.; Erenay, F.; Striepe, S.; Yavuz, M. (2017)
Improving configuration of complex production lines via simulation-based optimization. In: Computers & Industrial Engineering, 109. Jg.2017, S. 295 - 312.

Ylipää, T.; Skoogh, A.; Bokrantz, J.; Gopalakrishnan, M. (2017)
Identification of maintenance improvement potential using OEE assessment. In: International Journal of Productivity and Performance Management, Nr. 1, 66. Jg.2017, S. 126 - 143.

You, E. (2023)
Vue.js - The Progressive JavaScript Framework. URL: https://vuejs.org/. Zuletzt geprüft am [**Zuletzt geprüft am fehlt!**].

Yu, F. R.; He, Y. (2019)
Deep Reinforcement Learning for Wireless Networks , Springer International Publishing, Cham, 2019.

Zahavy, T.; Haroush, M.; Merlis, N.; Mankowitz, D.; Mannor, S. (2019)
Learn What Not to Learn: Action Elimination with Deep Reinforcement Learning. In: Advances in Neural Information Processing Systems (pp2019

Zennaro, I.; Battini, D.; Sgarbossa, F.; Persona, A.; Marchi, R. de **(2018)**
Micro Downtime: Data Collection, Analysis and Impact on OEE in Bottling Lines - The San Benedetto Case Study. In: International Journal of Quality & Reliability Management, Nr. 4, 35. Jg.2018, S. 965 - 995.

Zhang, H.; Ji, Y.; Liu, T.; Sun, X.; Ball, A. (2023)
Proceedings of TEPEN 2022 - Efficiency and Performance Engineering Network, , (1st ed. 2023) Springer Nature Switzerland; Imprint Springer, Cham, 2023.

Zhang, H.; Yu, T. (2020)
Taxonomy of Reinforcement Learning Algorithms. In: Dong, H./Ding, Z./ et al. (Hrsg.): Deep Reinforcement Learning - Fundamentals, Research and Applications, Springer Singapore, Singapore2020

Zhang, M.; Matta, A. (2020)
Models and algorithms for throughput improvement problem of serial production lines via downtime reduction. In: IISE Transactions, Nr. 11, 52. Jg.2020, S. 1189 - 1203.

Zhou, W.; Li, S.; Huang, Y.; Wang, J. (2019)
Simulation Based Capacity Optimization of a General Assembly Line with Extremely Unbalanced Station Process Time 2019 IEEE International Conference on Industrial Engineering and Engineering Management - IEEM2019 : 15-18 Dec, Macau, IEEE, Piscataway, NJ2019, S. 1245 - 1249.

Zhu, X.; Goldberg, A. (2009)
Introduction to Semi-Supervised Learning. In: Synthesis Lectures on Artificial Intelligence and Machine Learning, Nr. 1, 3. Jg.2009, S. 1 - 130.

9 Anhang

9.1 Simulationsstudie Einfluss MTTR/MTBF

Folgende Abbildung 9-1 zeigt die Ergebnisse eines Simulationsexperiments mit der in Anhang 9.4 beschriebenen Produktionslinie. Für die zwei unabhängigen Experimente wurde jeweils der Parameter MTTR und MTBF (in Minuten) an allen Elementen gleichzeitig verändert und auf den Wert der x-Achse der Abbildung 9-1 gesetzt. Auf der y-Achse ist die Ausbringung im jeweils nicht veränderten Zeitraum angegeben.

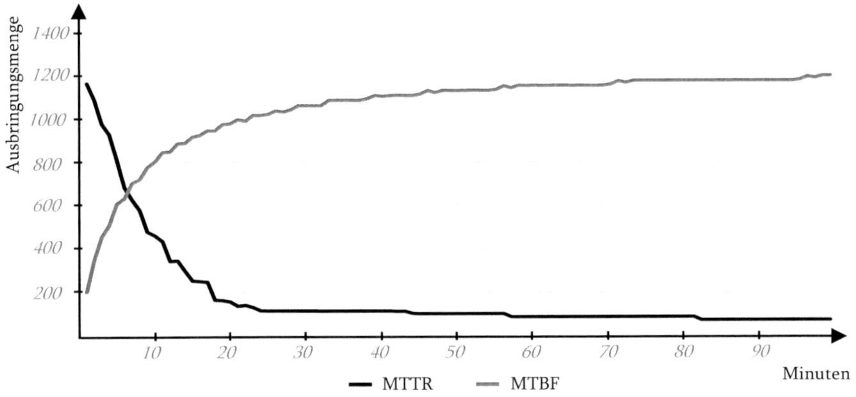

Abbildung 9-1: Einfluss von MTTR und MTBF auf die Gesamtausbringung

Auch wenn dies ein einfaches Experiment ist, zeigt sich, dass sowohl der Verlauf der MTBF als auch der MTTR global keine Wendepunkte aufweisen. Es existieren vergleichbare andere Betrachtungen in der Literatur. In Einzelfällen und unter stochastischem Einfluss können sich Abweichungen ergeben, welche allerdings bei hoher Repetitionszahl kleiner werden. In diesem Beispiel wurde jeweils der Mittelwert von zehn Repetitionen aufgetragen.

9.2 Genutzte Bibliotheken zur Implementierung

Für die Implementierung wurden die Tabelle 9-1 aufgelisteten Bibliotheken in der genannten Version genutzt.

Zusätzlich zu den in der Tabelle genannten Bibliotheken wurde auch *ManPy* verwendet. Diese Bibliothek ist nicht – wie die anderen genutzten Bibliotheken – über *pip install* zu installieren, sondern kann unter *https://github.com/datarevenue-berlin/manpy* heruntergeladen werden. Es handelt sich bei der genutzten Version um eine Portierung der Originalversion aus dem Forschungsprojekt DREAM[506] auf *Python 3*.

Backend (Python)	**Frontend** (JavaScript)
gym: 0.23.1	pinia: 2.0.23
numpy: 1.21.6	vue: 3.2.13
pandas: 1.3.5	vue-papa-parse: 3.1.0
ray: 2.2.0	
scipy: 1.7.3	
simpy: 4.0.2	
torch: 1.13.1	

Tabelle 9-1: Genutzte Bibliotheken

9.3 Linienvarianten für das Training des Parameteragenten in Phase 1

Die Auswahl eines Werts innerhalb der folgenden angegebenen Prozentbereiche erfolgt je Element zufällig.

Linienvarianten für Training des Parameteragenten *Geschwindigkeit*

Anwendung je Element der Produktionslinie:

- vorgelagertes und nachfolgendes Element sind schneller *(105 % - 120 %)* als das betrachtete Element
- vorgelagertes und nachfolgendes Element sind langsamer *(60 % - 90 %)* als das betrachtete Element

---

506 Vgl. Dagkakis, G. et al. (2013) ManPy: An Open-Source.

- vorgelagertes, betrachtetes sowie das nachfolgende Anlagenelement sind alle gleich schnell, aber haben nicht die Geschwindigkeit des schnellsten Elementes *(130 % - 200 %)*
- vorgelagertes, betrachtetes sowie das nachfolgende Anlagenelement sind alle gleich schnell und haben die Geschwindigkeit des schnellsten Elementes
- betrachtetes Element ist das langsamste Element *(60 % - 90 % des schnellsten Elements)* und das nachfolgende Element hat ebenfalls eine geringe Geschwindigkeit *(70 % - 90 % des schnellsten Elements)*
- betrachtetes Element ist das schnellste Anlagenelement, aber das nachfolgende Element hat eine viel geringere Geschwindigkeit *(20 % - 40 % des schnellsten Elements)*
- betrachtetes Element ist das schnellste Anlagenelement und das nachfolgende Element hat ebenfalls eine hohe Geschwindigkeit *(80 % - 95 %)*
- nachfolgendes Element ist das langsamste Element der Produktionslinie *(20% - 40 % des schnellsten Elements)*

Linienvarianten für Training des Parameteragenten *Kapazität*

Anwendung je Element der Produktionslinie:

- Geschwindigkeit der vorgelagerten Maschine ist höher *(105 % - 130 %)* als die Geschwindigkeit des nachfolgenden Förderers des betrachteten Speichers
- Geschwindigkeit der vorgelagerten Maschine ist höher *(105 % - 130 %)* als die Geschwindigkeit des nachfolgenden Förderers, aber die vorgelagerte Maschine hat eine niedrige MTBF *(50 % - 80 % der besten MTBF der Produktionslinie)* und/oder eine hohe MTTR *(120 % - 160 % der schlechtesten MTTR der Produktionslinie)*
- Geschwindigkeit der vorgelagerten Maschine ist niedriger *(60 % - 95 %)* als die Geschwindigkeit des nachfolgenden Förderers
- Geschwindigkeit der vorgelagerten Maschine und des nachfolgenden Förderers sind gleich
- Geschwindigkeiten der vorgelagerten Maschine und des nachfolgenden Förderers sind gleich, aber die vorgelagerte Maschine eine niedrige MTBF *(50 % - 80 % der besten MTBF der Produktionslinie)* und/oder eine hohe MTTR *(120 % - 160 % der schlechtesten MTTR der Produktionslinie)*

Linienvarianten für das Training des Parameteragenten *Länge*

Anwendung je Element der Produktionslinie:

- Geschwindigkeit des betrachteten Förderers und der nachfolgenden Maschine sind gleich, aber die Geschwindigkeit der vorherigen Maschine ist höher *(105 % - 130 %)* und die Kapazität des Speichers zwischen dieser Maschine und dem betrachteten Förderer ist gering *(10 % - 30 % der minütlichen Ausbringung der Maschine)*
- Geschwindigkeit des betrachteten Förderers ist höher *(105 % - 130 %)* als die der nachfolgenden Maschine und die Maschine hat eine niedrige MTBF *(50 % - 80 % der besten MTBF der Produktionslinie)* und/oder eine hohe MTTR *(120 % - 160 % der schlechtesten MTTR der Produktionslinie)*
- Geschwindigkeit des betrachteten Förderers und der nachfolgenden Maschine sind gleich und die Geschwindigkeit der vorherigen Maschine ist höher*(105 % - 130 %)*, aber der Speicher hat große Kapazitäten *(400 % - 1000 % der minütlichen Ausbringung der Maschine)*
- Geschwindigkeit der vorgelagerten Maschine, des betrachteten Förderers und die der nachfolgenden sind gleich, aber die Länge des Förderers ist hoch *(50 m -100 m)*
- Geschwindigkeit der vorgelagerten Maschine, des betrachteten Förderers und die der nachfolgenden sind gleich und die Länge des Förderers ist hoch *(50 m -100 m)*, aber die nachfolgende Maschine hat eine niedrige MTBF *(50 % - 80 % der besten MTBF der Produktionslinie)* und/oder eine hohe MTTR *(120 % - 160 % der schlechtesten MTTR der Produktionslinie)*

9.4 Beschreibung der Produktionslinie

Für die Validierung in Kapitel 6.2 wurden folgende Werte genutzt:

- Zufallsbeaufschlagung mit Erlang-Verteilung k = 2
- Interner Zinsfuß: 8 %
- Stückerlös: 1,45 GE
- Schichten pro Tag: 3
- Arbeitstage im Jahr: 220
- Variable Kosten eines Stücks auf der Referenzlinie: 1,05 GE
- Fixe Kosten der Referenzlinie im Jahr: 200.000 GE
- Betrachtungszeitraum/Geforderte Amortisationszeit: 5 Jahre

- Abmaße der Produkte: 0,04 m x 0,04 m x 0,2 m (Länge x Breite x Höhe)
- Abmaße der Kartons: 0,05 m x 0,15 m x 0, 22 m (Länge x Breite x Höhe)

Abbildung 9-2 fasst die Parameter der Produktionslinie im Referenzzustand zusammen.

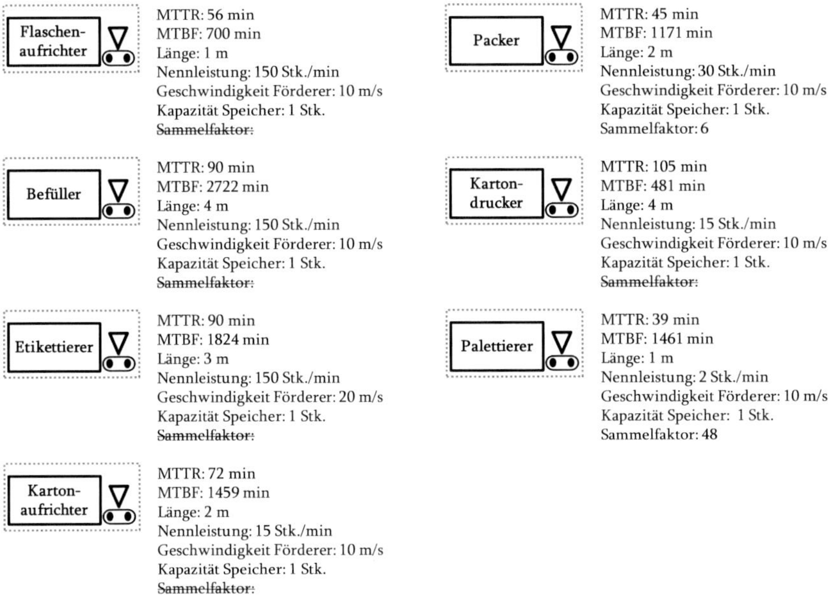

Abbildung 9-2: Simulationsparameter der Produktionslinie im Referenzzustand

9.5 Vollständige Maßnahmenliste

Im Folgenden sind die jedem Kofferelement zugeordneten Maßnahmen in jeweils getrennten Tabellen angegeben. Da im Validierungsfall nicht davon ausgegangen wurde, dass Anlagen veräußert werden, wurde jeweils kein Erlös in der ersten Periode angegeben. Alle Maßnahmen nehmen einen lineare Kostenverlauf an. Auf das Abdrucken der zugeordneten Verbesserungsmaßnahmenkategorien wurde aus Platzgründen verzichtet.

Tabelle 9-2: Maßnahmenliste für Kofferelement Kartonaufrichter

Name	Parameter	Stellbereich unten	Stellbereich oben	Kostentreiber	Festkosten unten	Festkosten oben	Fixkosten unten	Fixkosten oben	Variable Kosten unten	Variabe Kosten oben
Optimierung des bestehenden Aggregates (MTBF - Typ1)	MTBF	[1000]	[1000]	MTBF	2000.0	2000.0	0.0	0.0	0.0	0.0
Optimierung des bestehenden Aggregates (MTBF - Typ2)	MTBF	[1800]	[1800]	MTBF	8000.0	8000.0	0.0	0.0	0.0	0.0
Vorbeugende Instandhaltung	MTBF	[900]	[2000]	MTBF	500.0	1000.0	500.0	4000.0	0.0	0.0
Autonome Instandhaltung	MTBF	[800]	[1200]	MTBF	400.0	500.0	200.0	2000.0	0.0	0.0
Vorbeugende Instandhaltung	MTBF	[2900]	[4200]	MTBF	500.0	1000.0	500.0	4000.0	0.0	0.0
Autonome Instandhaltung	MTBF	[2800]	[3500]	MTBF	400.0	500.0	200.0	2000.0	0.0	0.0
Neuer Speicher (Typ 1 - Stufe 1)	Kapazität	[300.0]	[300.0]	Kapazität	15000.0	15000.0	500.0	500.0	0.0	0.0
Neuer Speicher (Typ 1 - Stufe 2)	Kapazität	[600.0]	[600.0]	Kapazität	25000.0	25000.0	900.0	900.0	0.0	0.0
Neuer Speicher (Typ 2 - Stufe 1)	Kapazität	[1000.0]	[1000.0]	Kapazität	22000.0	22000.0	2000.0	2000.0	0.0	0.0
Neuer Förderer (Typ 2)	Länge, Geschwindigkeit Förderer	[10.0, 10.0]	[10.0, 25.0]	Geschwindigkeit Förderer	16000.0	16000.0	200.0	200.0	0.0	0.0
Neuer Förderer (Typ 3)	Länge, Geschwindigkeit Förde-	[15.0, 10.0]	[15.0, 25.0]	Geschwindigkeit Förderer	20000.0	20000.0	800.0	800.0	0.0	0.0

Name	Parameter	Stellbereich unten	Stellbereich oben	Kostentreiber	Festkosten unten	Festkosten oben	Fixkosten unten	Fixkosten oben	Variable Kosten unten	Variabe Kosten oben
	rer									
Neues Aggregat (Typ 1)	MTTR, MTBF, Nenn-leis-tung	[80.0, 4000, 150.0]	[80.0, 4000, 250.0]	Nenn-leis-tung	30000.0	30000.0	-2000.0	-2000.0	0.0	0.0
Neues Aggregat (Typ 2)	MTTR, MTBF, Nenn-leis-tung	[60.0, 3400, 150.0]	[70.0, 3400, 270.0]	Nenn-leis-tung	50000.0	50000.0	0.0	0.0	0.0	0.0
Optimierung des bestehenden Aggregates (MTTR - Typ1)	MTTR	[45.0]	[45.0]	MTTR	7000.0	7000.0	0.0	0.0	0.0	0.0
Ablauf Instandsetzung optimieren	MTTR	[30.0]	[48.0]	MTTR	1500.0	5000.0	0.0	0.0	0.0	0.0
Anlagenpersonal fortbilden	MTTR	[35.0]	[49.5]	MTTR	1000.0	2000.0	100.0	200.0	0.0	0.0
Personaleinsatz erhöhen	MTTR	[32.0]	[47.5]	MTTR	0.0	0.0	800.0	2000.0	0.0	0.0
Personaleinsatz erhöhen	MTTR	[64.0]	[86.5]	MTTR	0.0	0.0	800.0	2000.0	0.0	0.0
Erweiterung bestehender Förderer (Stufe 1)	Länge, Ge-schwin digkeit Förde-rer	[3.0, 10.0]	[3.0, 20.0]	Ge-schwin digkeit Förde-rer	9000.0	9000.0	400.0	400.0	0.001	0.0
Erweiterung bestehender Förderer (Stufe 2)	Länge, Ge-schwin digkeit Förde-rer	[5.0, 10.0]	[5.0, 20.0]	Ge-schwin digkeit Förde-rer	13000.0	13000.0	400.0	400.0	0.001	0.0
Optimierung des bestehenden Aggregates (Speed - Typ1)	Nenn-leis-tung	[150]	[250]	Nenn-leis-tung	2000.0	2000.0	0.0	0.0	0.0	0.0
Optimierung des bestehenden Aggregates (Speed - Typ2)	Nenn-leis-tung	[150]	[260]	Nenn-leis-tung	10000.0	10000.0	0.0	0.0	0.0	0.0
Neuer Förderer (Typ 1)	Länge, Ge-schwin digkeit Förde-rer	[5.0, 10.0]	[5.0, 30.0]	Ge-schwin digkeit Förde-rer	12000.0	12000.0	600.0	600.0	0.0	0.0

Tabelle 9-3: Maßnahmenliste für Kofferelement Befüller

Name	Parameter	Stellbereich unten	Stellbereich oben	Kostentreiber	Investition unten	Investition oben	Fixkosten unten	Fixkosten oben	Variable Kosten unten	Variabe Kosten oben
Optimierung des bestehenden Aggregates (MTBF - Typ1)	MTBF	[3800]	[3800]	MTBF	2000.0	2000.0	0.0	0.0	0.0	0.0
Optimierung des bestehenden Aggregates (MTBF - Typ2)	MTBF	[5000]	[5000]	MTBF	8000.0	8000.0	0.0	0.0	0.0	0.0
Neuer Speicher (Typ 1 - Stufe 1)	Kapazität	[300.0]	[300.0]	Kapazität	15000.0	15000.0	500.0	500.0	0.0	0.0
Neuer Speicher (Typ 1 - Stufe 2)	Kapazität	[600.0]	[600.0]	Kapazität	25000.0	25000.0	900.0	900.0	0.0	0.0
Neuer Speicher (Typ 2 - Stufe 1)	Kapazität	[1000.0]	[1000.0]	Kapazität	22000.0	22000.0	2000.0	2000.0	0.0	0.0
Neuer Förderer (Typ 2)	Länge, Geschwindigkeit Förderer	[10.0, 10.0]	[10.0, 25.0]	Geschwindigkeit Förderer	16000.0	16000.0	200.0	200.0	0.0	0.0
Neuer Förderer (Typ 3)	Länge, Geschwindigkeit Förderer	[15.0, 10.0]	[15.0, 25.0]	Geschwindigkeit Förderer	20000.0	20000.0	800.0	800.0	0.0	0.0
Neues Aggregat (Typ 1)	MTTR, MTBF, Nennleistung	[80.0, 3200, 150.0]	[80.0, 3200, 240.0]	Nennleistung	60000.0	60000.0	0.0	0.0	0.0	0.0
Neues Aggregat (Typ 2)	MTTR, MTBF, Nennleistung	[60.0, 4400, 150.0]	[60.0, 4400, 260.0]	Nennleistung	80000.0	80000.0	0.0	0.0	0.0002	0.0002
Neuer Speicher (Typ 1 - Stufe 1)	Kapazität	[300.0]	[300.0]	Kapazität	15000.0	15000.0	500.0	500.0	0.0	0.0
Neuer Speicher (Typ 1 - Stufe 2)	Kapazität	[600.0]	[600.0]	Kapazität	25000.0	25000.0	900.0	900.0	0.0	0.0
Neuer Speicher (Typ 2 - Stufe 1)	Kapazität	[1000.0]	[1000.0]	Kapazität	22000.0	22000.0	2000.0	2000.0	0.0	0.0
Erweiterung bestehender Förderer (Stufe 1)	Länge, Geschwindigkeit Förderer	[12.0, 10.0]	[20.0, 20.0]	Geschwindigkeit Förderer	15000.0	15000.0	800.0	800.0	0.0	0.0
Erweiterung bestehender Förderer (Stufe 2)	Länge, Geschwindigkeit Förderer	[20.0, 10.0]	[20.0, 20.0]	Geschwindigkeit Förderer	20000.0	20000.0	900.0	900.0	0.0	0.0
Optimierung des bestehenden Aggregates	Nennleistung	[150]	[215]	Nennleistung	2000.0	2000.0	0.0	0.0	0.0	0.0

Name	Parameter	Stellbereich unten	Stellbereich oben	Kostentreiber	Investition unten	Investition oben	Fixkosten unten	Fixkosten oben	Variable Kosten unten	Variabe Kosten oben
(Speed - Typ1)										
Optimierung des bestehenden Aggregates (Speed - Typ2)	Nennleistung	[150]	[225]	Nennleistung	10000.0	10000.0	0.0	0.0	0.0	0.0

Tabelle 9-4: Maßnahmenliste für Kofferelement Etikettierer

Name	Parameter	Stellbereich unten	Stellbereich oben	Kostentreiber	Investition unten	Investition oben	Fixkosten unten	Fixkosten oben	Variable Kosten unten	Variabe Kosten oben
Optimierung des bestehenden Aggregates (MTBF - Typ1)	MTBF	[2900]	[2900]	MTBF	2000.0	2000.0	0.0	0.0	0.0	0.0
Optimierung des bestehenden Aggregates (MTBF - Typ2)	MTBF	[4000]	[4000]	MTBF	8000.0	8000.0	0.0	0.0	0.0	0.0
Vorbeugende Instandhaltung	MTBF	[1900]	[5000]	MTBF	500.0	1000.0	500.0	4000.0	0.0	0.0
Autonome Instandhaltung	MTBF	[1850]	[4000]	MTBF	400.0	500.0	200.0	2000.0	0.0	0.0
Neues Aggregat (Typ 1)	MTTR, MTBF, Nennleistung	[70.0, 4000, 150.0]	[100.0, 4000, 235.0]	Nennleistung	30000.0	30000.0	-2000.0	-2000.0	0.0	0.0
Neues Aggregat (Typ 2)	MTTR, MTBF, Nennleistung	[80.0, 3400, 150.0]	[80.0, 4400, 255.0]	Nennleistung	30000.0	30000.0	0.0	0.0	0.0002	0.0002
Optimierung des bestehenden Aggregates (MTTR - Typ1)	MTTR	[85.0]	[85.0]	MTTR	2000.0	2000.0	0.0	0.0	0.0	0.0
Ablauf Instandsetzung optimieren	MTTR	[70.0]	[88.0]	MTTR	1500.0	5000.0	0.0	0.0	0.0	0.0
Anlagenpersonal fortbilden	MTTR	[75.0]	[89.5]	MTTR	1000.0	2000.0	100.0	200.0	0.0	0.0
Personaleinsatz erhöhen	MTTR	[62.0]	[87.5]	MTTR	0.0	0.0	800.0	2000.0	0.0	0.0
Neuer Förderer (Typ 2)	Länge, Geschwindigkeit Förderer	[5.0, 10.0]	[5.0, 25.0]	Geschwindigkeit Förderer	10000.0	10000.0	200.0	200.0	0.0	0.0

Name	Parameter	Stellbereich unten	Stellbereich oben	Kostentreiber	Investition unten	Investition oben	Fixkosten unten	Fixkosten oben	Variable Kosten unten	Variabe Kosten oben
Optimierung des bestehenden Aggregates (Speed - Typ1)	Nennleistung	[150]	[255]	Nennleistung	2000.0	2000.0	0.0	0.0	0.0	0.0
Neuer Förderer (Typ 1)	Länge, Geschwindig-keit Förderer	[5.0, 10.0]	[5.0, 30.0]	Geschwindig-keit Förderer	12000.0	12000.0	600.0	600.0	0.0	0.0

Tabelle 9-5: Maßnahmenliste für Kofferelement Packer

Name	Parameter	Stellbereich unten	Stellbereich oben	Kostentreiber	Investition unten	Investition oben	Fixkosten unten	Fixkosten oben	Variable Kosten unten	Variabe Kosten oben
Vorbeugende Instandhaltung	MTBF	[1400]	[3000]	MTBF	500.0	1000.0	500.0	4000.0	0.0	0.0
Autonome Instandhaltung	MTBF	[1200]	[2000]	MTBF	400.0	500.0	200.0	2000.0	0.0	0.0
Neues Aggregat (Typ 1)	MTTR, MTBF, Nennleis-tung	[50.0,2000, 15.0]	[50.0, 2000, 23.0]	Nennleis-tung	40000.0	40000.0	-2000.0	-2000.0	0.0	0.0
Anlagenpersonal fortbilden	MTTR	[35.0]	[39.5]	MTTR	1000.0	2000.0	100.0	200.0	0.0	0.0
Optimierung des bestehenden Aggregates (Speed - Typ1)	Nennleis-tung	[15]	[20]	Nennleis-tung	2000.0	2000.0	0.0	0.0	0.0	0.0
Optimierung des bestehenden Aggregates (Speed - Typ2)	Nennleis-tung	[15]	[25]	Nennleis-tung	10000.0	10000.0	0.0	0.0	0.0	0.0

Tabelle 9-6: Maßnahmenliste für Kofferelement Kartondrucker

Name	Parameter	Stellbereich unten	Stellbereich oben	Kostentreiber	Investition unten	Investition oben	Fixkosten unten	Fixkosten oben	Variable Kosten unten	Variabe Kosten oben
Optimierung des bestehenden Aggregates (MTBF	MTBF	[700]	[700]	MTBF	2000.0	2000.0	0.0	0.0	0.0	0.0

Name	Parameter	Stellbereich unten	Stellbereich oben	Kostentreiber	Investition unten	Investition oben	Fixkosten unten	Fixkosten oben	Variable Kosten unten	Variabe Kosten oben
- Typ1)										
Vorbeugende Instandhaltung	MTBF	[2900]	[5000]	MTBF	500.0	1000.0	500.0	4000. 0	0.0	0.0
Autonome Instandhaltung	MTBF	[2800]	[4000]	MTBF	400.0	500.0	200.0	2000. 0	0.0	0.0
Neuer Förderer (Typ 3)	Länge, Geschwindig-keit Förderer	[15.0, 10.0]	[15.0, 20.0]	Geschwindig-keit Förderer	20000. 0	20000. 0	800.0	800.0	0.0	0.0
Erweiterung bestehender Förderer (Stufe 1)	Länge, Geschwindig-keit Förderer	[12.0, 10.0]	[20.0, 16.0]	Geschwindig-keit Förderer	15000. 0	15000. 0	800.0	800.0	0.000 1	0.000 2
Erweiterung bestehenderFörde-rer (Stufe 2)	Länge, Geschwindig-keit Förderer	[20.0, 10.0]	[20.0, 16.0]	Geschwindig-keit Förderer	20000. 0	20000. 0	900.0	900.0	0.000 1	0.000 2
Neues Aggregat (Typ 1)	MTTR, MTBF, Nennleistung	[90.0, 1000, 15.0]	[90.0, 1000, 23.0]	Nennleistung	10000. 0	10000. 0	0.0	0.0	0.0	0.0
Neues Aggregat (Typ 2)	MTTR, MTBF, Nennleistung	[80.0, 2400, 15.0]	[80.0, 2400, 25.0]	Nennleistung	20000. 0	20000. 0	0.0	0.0	0.000 2	0.000 2
Optimierung des bestehenden Aggregates (MTTR - Typ1)	MTTR	[80]	[80.0]	MTTR	7000.0	7000.0	0.0	0.0	0.0	0.0
Ablauf Instandsetzung optimieren	MTTR	[80.0]	[88.0]	MTTR	1500.0	5000.0	0.0	0.0	0.0	0.0
Anlagenpersonal fortbilden	MTTR	[85.0]	[89.5]	MTTR	1000.0	2000.0	100.0	200.0	0.0	0.0
Personaleinsatz erhöhen	MTTR	[82.0]	[87.5]	MTTR	0.0	0.0	800.0	2000. 0	0.0	0.0
Optimierung des bestehenden Aggregates (Speed - Typ1)	Nennleistung	[15]	[25]	Nennleistung	2000.0	2000.0	0.0	0.0	0.0	0.0
Neuer Förderer (Typ 1)	Länge, Geschwindig-keit Förderer	[5.0, 10.0]	[5.0, 25.0]	Geschwindig-keit Förderer	12000. 0	12000. 0	600.0	600.0	0.0	0.0

Tabelle 9-7: Maßnahmenliste für Kofferelement Palettierer

Name	Parameter	Stellbereich unten	Stellbereich oben	Kostentreiber	Investition unten	Investition oben	Fixkosten unten	Fixkosten oben	Variable Kosten unten	Variabe Kosten oben
Optimierung des bestehenden Aggregates (MTBF - Typ2)	MTBF	[2500]	[2500]	MTBF	8000.0	8000.0	0.0	0.0	0.0	0.0
Vorbeugende Instandhaltung	MTBF	[2900]	[5000]	MTBF	500.0	1000.0	500.0	4000.0	0.0	0.0
Autonome Instandhaltung	MTBF	[1600]	[3000]	MTBF	400.0	500.0	200.0	2000.0	0.0	0.0
Neues Aggregat (Typ 1)	MTTR, MTBF, Nennleis-tung	[50.0, 4000, 3.0]	[100.0, 4000, 8.0]	Nennleis-tung	50000. 0	50000. 0	0	0.0	0.0	0.0
Optimierung des bestehenden Aggregates (MTTR - Typ1)	MTTR	[35.0]	[35.0]	MTTR	7000.0	7000.0	0.0	0.0	0.0	0.0
Anlagenpersonal fortbilden	MTTR	[25.0]	[35.0]	MTTR	1000.0	2000.0	100.0	200.0	0.0	0.0
Personaleinsatz erhöhen	MTTR	[22.0]	[30.0]	MTTR	0.0	0.0	800.0	2000.0	0.0	0.0
[U] kein Speicher nach Palettierer	Kapazität	[1.0]	[1.0]	Kapazität	0.0	0.0	0.0	0.0	0.0	0.0

Tabelle 9-8: Maßnahmenliste für Kofferelement Kartonaufrichter

Name	Parameter	Stellbereich unten	Stellbereich oben	Kostentreiber	Investition unten	Investition oben	Fixkosten unten	Fixkosten oben	Variable Kosten unten	Variabe Kosten oben
Optimierung des bestehenden Aggregates (MTBF - Typ1)	MTBF	[1900]	[1900]	MTBF	2000.0	2000.0	0.0	0.0	0.0	0.0
Optimierung des bestehenden Aggregates (MTBF - Typ2)	MTBF	[3000]	[3000]	MTBF	8000.0	8000.0	0.0	0.0	0.0	0.0
Neuer Förderer (Typ 2)	Länge, Geschwindig-keit Förderer	[10.0, 10.0]	[10.0, 25.0]	Geschwindig-keit Förderer	16000. 0	16000. 0	200.0	200.0	0.0	0.0

Name	Parameter	Stellbereich unten	Stellbereich oben	Kostentreiber	Investition unten	Investition oben	Fixkosten unten	Fixkosten oben	Variable Kosten unten	Variabe Kosten oben
Neuer Förderer (Typ 3)	Länge, Geschwindigkeit Förderer	[15.0, 10.0]	[15.0, 25.0]	Geschwindigkeit Förderer	20000.0	20000.0	800.0	800.0	0.0	0.0
Vorbeugende Instandhaltung	MTBF	[1900]	[4000]	MTBF	500.0	1000.0	500.0	4000.0	0.0	0.0
Autonome Instandhaltung	MTBF	[1500]	[3000]	MTBF	400.0	500.0	200.0	2000.0	0.0	0.0
Neues Aggregat (Typ 1)	MTTR, MTBF, Nennleistung	[50.0, 2000, 15.0]	[50.0, 2000, 23.0]	Nennleistung	30000.0	30000.0	0.0	0.0	0.0	0.0
Optimierung des bestehenden Aggregates (MTTR - Typ1)	MTTR	[55.0]	[55.0]	MTTR	7000.0	7000.0	0.0	0.0	0.0	0.0
Ablauf Instandsetzung optimieren	MTTR	[40.0]	[58.0]	MTTR	1500.0	5000.0	0.0	0.0	0.0	0.0
Optimierung des bestehenden Aggregates (Speed - Typ1)	Nennleistung	[15]	[22]	Nennleistung	2000.0	2000.0	0.0	0.0	0.0	0.0
Optimierung des bestehenden Aggregates (Speed - Typ2)	Nennleistung	[15]	[25]	Nennleistung	10000.0	10000.0	0.0	0.0	0.0	0.0
Neuer Förderer(Typ 1)	Länge, Geschwindigkeit Förderer	[5.0, 10.0]	[5.0, 30.0]	Geschwindigkeit Förderer	12000.0	12000.0	600.0	600.0	0.0	0.0
Erweiterung bestehender Förderer (Stufe 1)	Länge, Geschwindigkeit Förderer	[6.0, 10.0]	[6.0, 20.0]	Geschwindigkeit Förderer	5000.0	5000.0	800.0	800.0	0.0	0.0

9.6 Vollständige Liste erzeugter Verbesserungstrajektorien

Im Folgenden wird, um Platz zu sparen, auf Kofferelemente mittels Identifikationsnummer Bezug genommen: **0:** Flaschenaufrichter, **1:** Befüller, **2:** Etikettierer, **3:** Kartonaufrichter; **4:** Packer, **5:** Kartondrucker, **6:** Palettierer, **7:** Alle Elemente

Tabelle 9-9: Vollständige Liste erzeugter Verbesserungstrajektorien

Rang	Durchschnittliche Belohnung in GE	Aktion je Schritt	Investitionskosten in GE
1	436172,255	[{'Kofferelement:': 7, 'Parameter': ['MTBF'], 'Wert': [10.0]}, {'Kofferelement:': 3, 'Parameter': ['Länge', 'Geschwindigkeit'], 'Wert': [10.0, 20.0]}, {'Kofferelement:': 1, 'Parameter': ['Nennleistung'], 'Wert': [225]}, {'Kofferelement:': 0, 'Parameter': ['Länge', 'Geschwindigkeit'], 'Wert': [10.0, 18.126431107521057]}, {'Kofferelement:': 1, 'Parameter': ['Nennleistung'], 'Wert': [150]}]	45997,2
2	435176,547	[{'Kofferelement:': 2, 'Parameter': ['MTTR'], 'Wert': [70.0]}, {'Kofferelement:': 3, 'Parameter': ['MTTR'], 'Wert': [40.0]}, {'Kofferelement:': 5, 'Parameter': ['Nennleistung'], 'Wert': [25]}, {'Kofferelement:': 4, 'Parameter': ['MTTR'], 'Wert': [35.0]}, {'Kofferelement:': 3, 'Parameter': ['MTTR', 'MTBF', 'Nennleistung'], 'Wert': [50.0, 2000, 23.0]}]	35998,6
3	433219,973	[{'Kofferelement:': 3, 'Parameter': ['MTTR'], 'Wert': [40.0]}, {'Kofferelement:': 7, 'Parameter': ['MTBF'], 'Wert': [10.0]}, {'Kofferelement:': 5, 'Parameter': ['MTTR'], 'Wert': [85.0]}, {'Kofferelement:': 6, 'Parameter': ['MTTR'], 'Wert': [35.0]}, {'Kofferelement:': 0, 'Parameter': ['MTBF'], 'Wert': [4200]}]	8999,3
4	432934,65	[{'Kofferelement:': 2, 'Parameter': ['Länge', 'Geschwindigkeit'], 'Wert': [5.0, 20.47147035598755]}, {'Kofferelement:': 3, 'Parameter': ['MTBF'], 'Wert': [3000]}, {'Kofferelement:': 2, 'Parameter': ['MTTR'], 'Wert': [62.0]}, {'Kofferelement:': 3, 'Parameter': ['MTBF'], 'Wert': [4000]}, {'Kofferelement:': 0, 'Parameter': ['MTTR'], 'Wert': [35.0]}]	12499,5
5	429605,49	[{'Kofferelement:': 2, 'Parameter': ['Nennleistung'], 'Wert': [150]}, {'Kofferelement:': 5, 'Parameter': ['Nennleistung'], 'Wert': [15]}, {'Kofferelement:': 5, 'Parameter': ['MTBF'], 'Wert': [5000]}, {'Kofferelement:': 7, 'Parameter': ['MTBF'], 'Wert': [5000]}, {'Kofferelement:': 5, 'Parameter': ['Nennleistung'], 'Wert': [25]}]	6999,4
6	412940,444	[{'Kofferelement:': 5, 'Parameter': ['MTTR'], 'Wert': [80]}, {'Kofferelement:': 6, 'Parameter': ['MTTR', 'MTBF', 'Nennleistung'], 'Wert': [50.0, 4000, 3.0]}, {'Kofferelement:': 5, 'Parameter': ['Nennleistung'], 'Wert': [15]}, {'Kofferelement:': 3, 'Parameter': ['MTTR', 'MTBF', 'Nennleistung'], 'Wert': [50.0, 2000, 23.0]}, {'Kofferelement:': 0, 'Parameter': ['MTTR', 'MTBF', 'Nennleistung'], 'Wert': [80.0, 4000, 173.5456019639969]}]	118998,8
7	402251,159	[{'Kofferelement:': 3, 'Parameter': ['Länge', 'Geschwindigkeit'], 'Wert': [10.0, 16.892433166503906]}, {'Kofferelement:': 5, 'Parameter': ['MTBF'], 'Wert': [5000]}, {'Kofferelement:': 7, 'Parameter': ['MTBF'], 'Wert': [10.0]}, {'Kofferelement:': 0, 'Parameter': ['Länge', 'Geschwindigkeit'], 'Wert': [5.0, 20.0]}, {'Kofferelement:': 5, 'Parameter': ['MTBF'], 'Wert': [700]}]	25999
8	389551,026	[{'Kofferelement:': 5, 'Parameter': ['Nennleistung'], 'Wert': [25]}, {'Kofferelement:': 3, 'Parameter': ['Nennleistung'], 'Wert': [25]}, {'Kofferelement:': 2, 'Parameter': ['MTTR'], 'Wert': [62.0]}, {'Kofferelement:': 0, 'Parameter': ['Nennleistung'], 'Wert': [242.99633020162582]}, {'Kofferelement:': 2, 'Parameter': ['MTBF'], 'Wert': [5000]}]	14999,4
9	387279,865	[{'Kofferelement:': 0, 'Parameter': ['Nennleistung'], 'Wert': [150]}, {'Kofferelement:': 4, 'Parameter': ['MTTR', 'MTBF', 'Nennleistung'], 'Wert': [50.0, 2000, 15.0]}, {'Kofferelement:': 3, 'Parameter': ['MTTR', 'MTBF', 'Nennleistung'], 'Wert': [50.0, 2000, 23.0]}, {'Kofferelement:': 5, 'Parameter': ['MTBF'], 'Wert': [3000]}, {'Kofferelement:': 2, 'Parameter': ['MTTR'], 'Wert': [62.0]}]	82999,4
10	377913,391	[{'Kofferelement:': 4, 'Parameter': ['Nennleistung'], 'Wert': [25]}, {'Kofferelement:': 0, 'Parameter': ['Länge', 'Geschwindigkeit'], 'Wert': [10.0, 18.813288807868958]}, {'Kofferelement:': 4, 'Parameter': ['MTTR', 'MTBF', 'Nennleistung'], 'Wert': [50.0, 2000, 23.0]}, {'Kofferelement:': 5, 'Parameter': ['Länge', 'Geschwindigkeit'], 'Wert': [5.0, 20.017406940460205]}, {'Kofferelement:': 4, 'Parameter': ['Nennleistung'], 'Wert': [25]}]	87996,5

Rang	Durchschnittliche Belohnung in GE	Aktion je Schritt	Investitions-kosten in GE
11	372095,737	[{'Kofferelement:': 1, 'Parameter': ['MTTR'], 'Wert': [50.0]}, {'Kofferelement:': 6, 'Parameter': ['MTTR', 'MTBF', 'Nennleistung'], 'Wert': [50.0, 4000, 8.0]}, {'Kofferelement:': 4, 'Parameter': ['MTBF'], 'Wert': [3000]}, {'Kofferelement:': 0, 'Parameter': ['Länge', 'Geschwindigkeit'], 'Wert': [15.0, 25.0]}, {'Kofferelement:': 0, 'Parameter': ['MTTR', 'MTBF', 'Nennleistung'], 'Wert': [80.0, 4000, 150.0]}]	100998
12	368020,187	[{'Kofferelement:': 0, 'Parameter': ['MTBF'], 'Wert': [2000.0]}, {'Kofferelement:': 5, 'Parameter': ['Länge', 'Geschwindigkeit'], 'Wert': [5.0, 15.71420669555664]}, {'Kofferelement:': 0, 'Parameter': ['Nennleistung'], 'Wert': [250]}, {'Kofferelement:': 3, 'Parameter': ['MTBF'], 'Wert': [3000]}, {'Kofferelement:': 5, 'Parameter': ['MTBF'], 'Wert': [4000]}]	14999,4
13	357582,674	[{'Kofferelement:': 4, 'Parameter': ['Nennleistung'], 'Wert': [25]}, {'Kofferelement:': 4, 'Parameter': ['MTTR'], 'Wert': [35.0]}, {'Kofferelement:': 5, 'Parameter': ['MTBF'], 'Wert': [5000]}, {'Kofferelement:': 4, 'Parameter': ['MTBF'], 'Wert': [2000]}, {'Kofferelement:': 0, 'Parameter': ['Länge', 'Geschwindigkeit'], 'Wert': [15.0, 22.38959789276123]}]	32499
14	357230,998	[{'Kofferelement:': 1, 'Parameter': ['MTBF'], 'Wert': [3800]}, {'Kofferelement:': 5, 'Parameter': ['MTTR', 'MTBF', 'Nennleistung'], 'Wert': [80.0, 2400, 15.0]}, {'Kofferelement:': 1, 'Parameter': ['MTBF'], 'Wert': [3800]}, {'Kofferelement:': 2, 'Parameter': ['Länge', 'Geschwindigkeit'], 'Wert': [5.0, 14.976105093955994]}, {'Kofferelement:': 2, 'Parameter': ['Länge', 'Geschwindigkeit'], 'Wert': [5.0, 20.60166597366333]}]	45999,1
15	348429,671	[{'Kofferelement:': 7, 'Parameter': ['MTBF'], 'Wert': [10.0]}, {'Kofferelement:': 0, 'Parameter': ['Nennleistung'], 'Wert': [150]}, {'Kofferelement:': 3, 'Parameter': ['MTBF'], 'Wert': [3000]}, {'Kofferelement:': 2, 'Parameter': ['MTBF'], 'Wert': [5000]}, {'Kofferelement:': 1, 'Parameter': ['MTBF'], 'Wert': [3800]}]	5499,5
16	344398,943	[{'Kofferelement:': 5, 'Parameter': ['Nennleistung'], 'Wert': [150.0]}, {'Kofferelement:': 4, 'Parameter': ['MTTR'], 'Wert': [35.0]}, {'Kofferelement:': 4, 'Parameter': ['MTTR'], 'Wert': [35.0]}, {'Kofferelement:': 3, 'Parameter': ['MTTR'], 'Wert': [40.0]}, {'Kofferelement:': 5, 'Parameter': ['MTTR'], 'Wert': [80]}]	10499,5
17	335225,453	[{'Kofferelement:': 3, 'Parameter': ['Länge', 'Geschwindigkeit'], 'Wert': [15.0, 24.349833726882935]}, {'Kofferelement:': 2, 'Parameter': ['MTTR', 'MTBF', 'Nennleistung'], 'Wert': [80.0, 4400, 152.18431735038757]}, {'Kofferelement:': 2, 'Parameter': ['MTBF'], 'Wert': [5000]}, {'Kofferelement:': 2, 'Parameter': ['MTTR'], 'Wert': [62.0]}, {'Kofferelement:': 0, 'Parameter': ['Länge', 'Geschwindigkeit'], 'Wert': [15.0, 18.520575165748596]}]	70999,1
18	330018,672	[{'Kofferelement:': 4, 'Parameter': ['MTTR'], 'Wert': [35.0]}, {'Kofferelement:': 2, 'Parameter': ['MTBF'], 'Wert': [4000]}, {'Kofferelement:': 3, 'Parameter': ['MTTR', 'MTBF', 'Nennleistung'], 'Wert': [50.0, 2000, 23.0]}, {'Kofferelement:': 6, 'Parameter': ['MTTR'], 'Wert': [35.0]}, {'Kofferelement:': 6, 'Parameter': ['MTTR', 'MTBF', 'Nennleistung'], 'Wert': [50.0, 4000, 8.0]}]	88499
19	326845,543	[{'Kofferelement:': 2, 'Parameter': ['MTBF'], 'Wert': [4000]}, {'Kofferelement:': 0, 'Parameter': ['MTBF'], 'Wert': [1200]}, {'Kofferelement:': 6, 'Parameter': ['MTTR'], 'Wert': [62.0]}, {'Kofferelement:': 0, 'Parameter': ['MTTR', 'MTBF', 'Nennleistung'], 'Wert': [80.0, 4000, 150.0]}, {'Kofferelement:': 1, 'Parameter': ['MTBF'], 'Wert': [5000]}]	38999
20	321011,41	[{'Kofferelement:': 4, 'Parameter': ['MTTR', 'MTBF', 'Nennleistung'], 'Wert': [50.0, 2000, 23.0]}, {'Kofferelement:': 7, 'Parameter': ['MTBF'], 'Wert': [10.0]}, {'Kofferelement:': 1, 'Parameter': ['Länge', 'Geschindigkeit'], 'Wert': [15.0, 17.34234893423534]}, {'Kofferelement:': 5, 'Parameter': ['MTBF'], 'Wert': [5000]}, {'Kofferelement:': 1, 'Parameter': ['Länge', 'Geschwindigkeit'], 'Wert': [15.0, 18.07438373565674]}]	60999,1
21	319845,543	[{'Kofferelement:': 5, 'Parameter': ['MTBF'], 'Wert': [4000]}, {'Kofferelement:': 1, 'Parameter': ['MTBF'], 'Wert': [2500.0]}, {'Kofferelement:': 5, 'Parameter': ['Nennleistung'], 'Wert': [15]}, {'Kofferelement:': 0, 'Parameter': ['MTBF'], 'Wert': [2000]}, {'Kofferelement:': 3, 'Parameter': ['MTTR'], 'Wert': [49.0]}]	3498,5
22	319424,038	[{'Kofferelement:': 4, 'Parameter': ['Nennleistung'], 'Wert': [162.0]}, {'Kofferelement:': 5, 'Parameter': ['Länge', 'Geschwindigkeit'], 'Wert': [5.0, 13.857753276824951]}, {'Kofferelement:': 0, 'Parameter': ['MTBF'], 'Wert': [4200]}, {'Kofferelement:': 5, 'Parameter': ['MTTR', 'MTBF', 'Nennleistung'], 'Wert': [80.0, 2400, 25.0]}, {'Kofferelement:': 3, 'Parameter': ['MTTR'], 'Wert': [40.0]}]	34499,4
23	317496,562	[{'Kofferelement:': 2, 'Parameter': ['Länge', 'Geschwindigkeit'], 'Wert': [5.0, 19.77707326412201]}, {'Kofferelement:': 3, 'Parameter': ['MTBF'], 'Wert': [4200.0]}, {'Kofferelement:': 3, 'Parameter':	46999,4

Rang	Durchschnittliche Belohnung in GE	Aktion je Schritt	Investitions-kosten in GE
		['MTTR', 'MTBF', 'Nennleistung'], 'Wert': [50.0, 2000, 23.0]}, {'Kofferelement:': 6, 'Parameter': ['MTTR'], 'Wert': [35.0]}, {'Kofferelement:': 7, 'Parameter': ['MTTR'], 'Wert': [-1.0]}]	
24	314997,697	[{'Kofferelement:': 5, 'Parameter': ['Länge', 'Geschwindigkeit'], 'Wert': [5.0, 15.611310601234436]}, {'Kofferelement:': 4, 'Parameter': ['MTTR'], 'Wert': [45.0]}, {'Kofferelement:': 2, 'Parameter': ['MTBF'], 'Wert': [5000]}, {'Kofferelement:': 5, 'Parameter': ['Nennleistung'], 'Wert': [25]}, {'Kofferelement:': 1, 'Parameter': ['MTTR', 'MTBF', 'Nennleistung'], 'Wert': [80.0, 3200, 150.0]}]	74999,2
25	295607,22	[{'Kofferelement:': 4, 'Parameter': ['MTTR'], 'Wert': [35.0]}, {'Kofferelement:': 2, 'Parameter': ['MTBF'], 'Wert': [4000]}, {'Kofferelement:': 3, 'Parameter': ['MTTR', 'MTBF', 'Nennleistung'], 'Wert': [50.0, 2000, 23.0]}, {'Kofferelement:': 6, 'Parameter': ['MTTR'], 'Wert': [35.0]}, {'Kofferelement:': 6, 'Parameter': ['MTTR', 'MTBF', 'Nennleistung'], 'Wert': [50.0, 4000, 8.0]}]	40998
26	255598,221	[{'Kofferelement:': 6, 'Parameter': ['Nennleistung'], 'Wert': [9.0]}, {'Kofferelement:': 5, 'Parameter': ['MTTR'], 'Wert': [80]}, {'Kofferelement:': 0, 'Parameter': ['MTTR', 'MTBF', 'Nennleistung'], 'Wert': [60.0, 3400, 150.0]}, {'Kofferelement:': 6, 'Parameter': ['MTTR', 'MTBF', 'Nennleistung'], 'Wert': [50.0, 4000, 3.0]}, {'Kofferelement:': 4, 'Parameter': ['MTTR'], 'Wert': [35.0]}]	107999,4
27	249667,454	[{'Kofferelement:': 2, 'Parameter': ['MTTR'], 'Wert': [56.0]}, {'Kofferelement:': 5, 'Parameter': ['MTTR'], 'Wert': [85.0]}, {'Kofferelement:': 3, 'Parameter': ['MTBF'], 'Wert': [2800.0]}, {'Kofferelement:': 5, 'Parameter': ['Nennleistung'], 'Wert': [25]}, {'Kofferelement:': 1, 'Parameter': ['Kapazität'], 'Wert': [300.0]}]	17999,2
28	243265,341	[{'Kofferelement:': 5, 'Parameter': ['MTTR'], 'Wert': [60.0]}, {'Kofferelement:': 6, 'Parameter': ['MTBF'], 'Wert': [5000]}, {'Kofferelement:': 6, 'Parameter': ['MTTR', 'MTBF', 'Nennleistung'], 'Wert': [50.0, 4000, 8.0]}, {'Kofferelement:': 2, 'Parameter': ['Nennleistung'], 'Wert': [160.0]}, {'Kofferelement:': 0, 'Parameter': ['Länge', 'Geschwindigkeit'], 'Wert': [15.0, 20.36033272743225]}]	70998
29	240420,382	[{'Kofferelement:': 0, 'Parameter': ['MTBF'], 'Wert': [2000]}, {'Kofferelement:': 5, 'Parameter': ['MTTR'], 'Wert': [85.0]}, {'Kofferelement:': 5, 'Parameter': ['Nennleistung'], 'Wert': [80.0]}, {'Kofferelement:': 3, 'Parameter': ['MTTR'], 'Wert': [40.0]}, {'Kofferelement:': 2, 'Parameter': ['Länge', 'Geschwindigkeit'], 'Wert': [5.0, 19.548784494400024]}]	13499
30	237366,11	[{'Kofferelement:': 3, 'Parameter': ['MTTR'], 'Wert': [40.0]}, {'Kofferelement:': 3, 'Parameter': ['MTBF'], 'Wert': [4000]}, {'Kofferelement:': 5, 'Parameter': ['MTTR', 'MTBF', 'Nennleistung'], 'Wert': [80.0, 2400, 25.0]}, {'Kofferelement:': 0, 'Parameter': ['Nennleistung'], 'Wert': [150]}, {'Kofferelement:': 6, 'Parameter': ['Nennleistung'], 'Wert': [10.0]}]	24498,5
31	230487,973	[{'Kofferelement:': 3, 'Parameter': ['MTTR'], 'Wert': [40.0]}, {'Kofferelement:': 5, 'Parameter': ['Nennleistung'], 'Wert': [25]}, {'Kofferelement:': 5, 'Parameter': ['MTTR', 'MTBF', 'Nennleistung'], 'Wert': [80.0, 2400, 25.0]}, {'Kofferelement:': 0, 'Parameter': ['MTTR'], 'Wert': [45.0]}, {'Kofferelement:': 3, 'Parameter': ['MTBF'], 'Wert': [3500.0]}]	23498
32	229893,964	[{'Kofferelement:': 6, 'Parameter': ['MTTR'], 'Wert': [35.0]}, {'Kofferelement:': 0, 'Parameter': ['MTTR'], 'Wert': [41.0]}, {'Kofferelement:': 3, 'Parameter': ['MTTR'], 'Wert': [40.0]}, {'Kofferelement:': 2, 'Parameter': ['MTTR'], 'Wert': [45.0]}, {'Kofferelement:': 5, 'Parameter': ['MTBF'], 'Wert': [4000]}]	8999
33	222593,059	[{'Kofferelement:': 4, 'Parameter': ['MTTR'], 'Wert': [35.0]}, {'Kofferelement:': 2, 'Parameter': ['MTBF'], 'Wert': [4000]}, {'Kofferelement:': 3, 'Parameter': ['MTTR', 'MTBF', 'Nennleistung'], 'Wert': [50.0, 2000, 23.0]}, {'Kofferelement:': 6, 'Parameter': ['MTTR'], 'Wert': [35.0]}, {'Kofferelement:': 6, 'Parameter': ['MTTR', 'MTBF', 'Nennleistung'], 'Wert': [50.0, 4000, 8.0]}]	32999
34	221537,028	[{'Kofferelement:': 2, 'Parameter': ['MTBF'], 'Wert': [2500.0]}, {'Kofferelement:': 2, 'Parameter': ['MTTR'], 'Wert': [62.0]}, {'Kofferelement:': 2, 'Parameter': ['Länge', 'Geschwindigkeit'], 'Wert': [5.0, 18.984991312026978]}, {'Kofferelement:': 5, 'Parameter': ['MTBF'], 'Wert': [5000]}, {'Kofferelement:': 7, 'Parameter': ['MTBF'], 'Wert': [10.0]}]	10999,6
35	203721,507	[{'Kofferelement:': 2, 'Parameter': ['MTTR'], 'Wert': [62.0]}, {'Kofferelement:': 2, 'Parameter': ['MTTR'], 'Wert': [75.0]}, {'Kofferelement:': 5, 'Parameter': ['MTTR', 'MTBF', 'Nennleistung'], 'Wert': [80.0, 2400, 25.0]}, {'Kofferelement:': 2, 'Parameter': ['Nennleistung'], 'Wert': [150]}, {'Kofferelement:': 0, 'Parameter': ['Nennleistung'], 'Wert': [150]}]	24999,4

Rang	Durchschnittliche Belohnung in GE	Aktion je Schritt	Investitionskosten in GE
36	191748,909	[{'Kofferelement:': 3, 'Parameter': ['Länge', 'Geschwindigkeit'], 'Wert': [10.0, 16.28801703453064]}, {'Kofferelement:': 2, 'Parameter': ['MTTR'], 'Wert': [75.0]}, {'Kofferelement:': 0, 'Parameter': ['MTBF'], 'Wert': [1200]}, {'Kofferelement:': 5, 'Parameter': ['MTTR'], 'Wert': [80]}, {'Kofferelement:': 5, 'Parameter': ['MTTR', 'MTBF', 'Nennleistung'], 'Wert': [80.0, 2400, 25.0]}]	44499,6
37	182033,925	[{'Kofferelement:': 7, 'Parameter': ['MTTR'], 'Wert': [-1.0]}, {'Kofferelement:': 3, 'Parameter': ['Länge', 'Geschwindigkeit'], 'Wert': [6.0, 20.0]}, {'Kofferelement:': 7, 'Parameter': ['MTBF'], 'Wert': [10.0]}, {'Kofferelement:': 1, 'Parameter': ['Kapazität'], 'Wert': [600.0]}, {'Kofferelement:': 4, 'Parameter': ['MTBF'], 'Wert': [2500.0]}]	29999,1
38	172903,804	[{'Kofferelement:': 3, 'Parameter': ['MTTR'], 'Wert': [40.0]}, {'Kofferelement:': 1, 'Parameter': ['MTTR', 'MTBF', 'Nennleistung'], 'Wert': [60.0, 4400, 150.0]}, {'Kofferelement:': 0, 'Parameter': ['MTBF'], 'Wert': [4200]}, {'Kofferelement:': 5, 'Parameter': ['MTTR', 'MTBF', 'Nennleistung'], 'Wert': [80.0, 2400, 25.0]}, {'Kofferelement:': 4, 'Parameter': ['Nennleistung'], 'Wert': [25]}]	112499,4
39	171949,003	[{'Kofferelement:': 6, 'Parameter': ['MTTR'], 'Wert': [35.0]}, {'Kofferelement:': 0, 'Parameter': ['MTTR'], 'Wert': [35.0]}, {'Kofferelement:': 7, 'Parameter': ['MTBF'], 'Wert': [10.0]}, {'Kofferelement:': 0, 'Parameter': ['MTTR', 'MTBF', 'Nennleistung'], 'Wert': [80.0, 4000, 201.36205404996872]}, {'Kofferelement:': 6, 'Parameter': ['MTTR', 'MTBF', 'Nennleistung'], 'Wert': [50.0, 4000, 8.0]}]	86999,4
40	167631,381	[{'Kofferelement:': 6, 'Parameter': ['MTBF'], 'Wert': [5000]}, {'Kofferelement:': 0, 'Parameter': ['MTTR', 'MTBF', 'Nennleistung'], 'Wert': [80.0, 4000, 250.0]}, {'Kofferelement:': 0, 'Parameter': ['Nennleistung'], 'Wert': [237.21154260635376]}, {'Kofferelement:': 1, 'Parameter': ['Länge', 'Geschwindigkeit'], 'Wert': [14.055444598197937, 19.798476099967957]}, {'Kofferelement:': 0, 'Parameter': ['MTTR'], 'Wert': [35.0]}]	47999,2
41	164763,326	[{'Kofferelement:': 7, 'Parameter': ['MTBF'], 'Wert': [10.0]}, {'Kofferelement:': 4, 'Parameter': ['MTTR', 'MTBF', 'Nennleistung'], 'Wert': [50.0, 2000, 23.0]}, {'Kofferelement:': 2, 'Parameter': ['Länge', 'Geschwindigkeit'], 'Wert': [5.0, 14.353001117706299]}, {'Kofferelement:': 2, 'Parameter': ['MTTR'], 'Wert': [35.0]}, {'Kofferelement:': 6, 'Parameter': ['MTTR'], 'Wert': [35.0]}]	56999,4
42	159394,809	[{'Kofferelement:': 4, 'Parameter': ['MTTR', 'MTBF', 'Nennleistung'], 'Wert': [50.0, 2000, 23.0]}, {'Kofferelement:': 4, 'Parameter': ['MTBF'], 'Wert': [3000]}, {'Kofferelement:': 1, 'Parameter': ['MTBF'], 'Wert': [4500.0]}, {'Kofferelement:': 2, 'Parameter': ['MTBF'], 'Wert': [4000]}, {'Kofferelement:': 3, 'Parameter': ['MTBF'], 'Wert': [4000]}]	42499,6
43	145609,486	[{'Kofferelement:': 5, 'Parameter': ['MTTR', 'MTBF', 'Nennleistung'], 'Wert': [80.0, 2400, 25.0]}, {'Kofferelement:': 2, 'Parameter': ['MTBF'], 'Wert': [5000]}, {'Kofferelement:': 2, 'Parameter': ['MTTR'], 'Wert': [62.0]}, {'Kofferelement:': 7, 'Parameter': ['MTBF'], 'Wert': [10.0]}, {'Kofferelement:': 3, 'Parameter': ['MTBF'], 'Wert': [3000]}]	21499,8
44	137903,158	[{'Kofferelement:': 4, 'Parameter': ['MTBF'], 'Wert': [3000]}, {'Kofferelement:': 4, 'Parameter': ['MTTR', 'MTBF', 'Nennleistung'], 'Wert': [50.0, 2000, 23.0]}, {'Kofferelement:': 1, 'Parameter': ['MTBF'], 'Wert': [3800]}, {'Kofferelement:': 6, 'Parameter': ['MTBF'], 'Wert': [3000]}, {'Kofferelement:': 2, 'Parameter': ['Nennleistung'], 'Wert': [255]}]	45499,6
45	137405,197	[{'Kofferelement:': 6, 'Parameter': ['MTTR'], 'Wert': [35.0]}, {'Kofferelement:': 2, 'Parameter': ['MTTR'], 'Wert': [35.0]}, {'Kofferelement:': 0, 'Parameter': ['MTTR'], 'Wert': [64.0]}, {'Kofferelement:': 6, 'Parameter': ['MTTR'], 'Wert': [35.0]}, {'Kofferelement:': 1, 'Parameter': ['Nennleistung'], 'Wert': [160.0]}]	13999
46	127864,816	[{'Kofferelement:': 7, 'Parameter': ['MTTR'], 'Wert': [-1.0]}, {'Kofferelement:': 1, 'Parameter': ['MTTR'], 'Wert': [35.0]}, {'Kofferelement:': 2, 'Parameter': ['MTBF'], 'Wert': [4000]}, {'Kofferelement:': 4, 'Parameter': ['MTBF'], 'Wert': [3000]}, {'Kofferelement:': 7, 'Parameter': ['MTTR'], 'Wert': [-1.0]}]	1499,7
47	117153,711	[{'Kofferelement:': 3, 'Parameter': ['MTTR'], 'Wert': [40.0]}, {'Kofferelement:': 7, 'Parameter': ['MTBF'], 'Wert': [10.0]}, {'Kofferelement:': 4, 'Parameter': ['MTBF'], 'Wert': [3000.0]}, {'Kofferelement:': 3, 'Parameter': ['MTBF'], 'Wert': [3000]}, {'Kofferelement:': 0, 'Parameter': ['Länge', 'Geschwindigkeit'], 'Wert': [5.0, 17.473995685577393]}]	14999
48	113549,868	[{'Kofferelement:': 4, 'Parameter': ['MTTR', 'MTBF', 'Nennleistung'], 'Wert': [50.0, 2000, 23.0]}, {'Kofferelement:': 4, 'Parameter': ['MTBF'], 'Wert': [3000]}, {'Kofferelement:': 1, 'Parameter': ['MTBF'], 'Wert': [4500.0]}, {'Kofferelement:': 2, 'Parameter': ['MTBF'], 'Wert': [4000]}, {'Kofferelement:': 3,	51499,2

Rang	Durchschnittliche Belohnung in GE	Aktion je Schritt	Investitions-kosten in GE
		'Parameter': ['MTBF'], 'Wert': [4000]}]	
49	103760,959	[{'Kofferelement:': 4, 'Parameter': ['MTTR'], 'Wert': [35.0]}, {'Kofferelement:': 5, 'Parameter': ['Nennleistung'], 'Wert': [150.0]}, {'Kofferelement:': 2, 'Parameter': ['MTTR'], 'Wert': [40.0]}, {'Kofferelement:': 4, 'Parameter': ['MTBF'], 'Wert': [3000.0]}, {'Kofferelement:': 7, 'Parameter': ['MTBF'], 'Wert': [1000.0]}]	999,1
50	97459,082	[{'Kofferelement:': 1, 'Parameter': ['MTBF'], 'Wert': [3800]}, {'Kofferelement:': 5, 'Parameter': ['MTBF'], 'Wert': [700]}, {'Kofferelement:': 5, 'Parameter': ['Länge', 'Geschwindigkeit'], 'Wert': [5.0, 10.102192759513855]}, {'Kofferelement:': 2, 'Parameter': ['MTTR'], 'Wert': [75.0]}, {'Kofferelement:': 1, 'Parameter': ['MTBF'], 'Wert': [3800]}]	18999,8
51	96196,559	[{'Kofferelement:': 0, 'Parameter': ['MTTR', 'MTBF', 'Nennleistung'], 'Wert': [80.0, 4000, 150.0]}, {'Kofferelement:': 0, 'Parameter': ['Nennleistung'], 'Wert': [150]}, {'Kofferelement:': 0, 'Parameter': ['Nennleistung'], 'Wert': [160.3420]}, {'Kofferelement:': 3, 'Parameter': ['MTBF'], 'Wert': [4000.0]}, {'Kofferelement:': 2, 'Parameter': ['MTTR'], 'Wert': [80.0]}]	31998,5
52	86505,269	[{'Kofferelement:': 1, 'Parameter': ['MTBF'], 'Wert': [3800.0]}, {'Kofferelement:': 0, 'Parameter': ['Nennleistung'], 'Wert': [150.0]}, {'Kofferelement:': 2, 'Parameter': ['MTTR'], 'Wert': [75.0]}, {'Kofferelement:': 6, 'Parameter': ['MTTR'], 'Wert': [25.0]}, {'Kofferelement:': 5, 'Parameter': ['MTTR'], 'Wert': [75.0]}]	1999,4
53	72644,824	[{'Kofferelement:': 0, 'Parameter': ['Länge', 'Geschwindigkeit'], 'Wert': [15.0, 25.0]}, {'Kofferelement:': 1, 'Parameter': ['MTBF'], 'Wert': [2000.0]}, {'Kofferelement:': 4, 'Parameter': ['MTBF'], 'Wert': [2000]}, {'Kofferelement:': 1, 'Parameter': ['Nennleistung'], 'Wert': [150]}, {'Kofferelement:': 0, 'Parameter': ['Nennleistung'], 'Wert': [230.92868077754974]}]	24498
54	71435,727	[{'Kofferelement:': 5, 'Parameter': ['MTTR'], 'Wert': [80]}, {'Kofferelement:': 6, 'Parameter': ['MTBF'], 'Wert': [3000]}, {'Kofferelement:': 3, 'Parameter': ['MTBF'], 'Wert': [3000.0]}, {'Kofferelement:': 7, 'Parameter': ['MTTR'], 'Wert': [-1.0]}, {'Kofferelement:': 3, 'Parameter': ['MTTR', 'MTBF', 'Nennleistung'], 'Wert': [50.0, 2000, 23.0]}]	37499,6
55	65466,815	[{'Kofferelement:': 1, 'Parameter': ['MTBF'], 'Wert': [3800]}, {'Kofferelement:': 5, 'Parameter': ['MTBF'], 'Wert': [700]}, {'Kofferelement:': 5, 'Parameter': ['Länge', 'Geschwindigkeit'], 'Wert': [5.0, 10.102192759513855]}, {'Kofferelement:': 2, 'Parameter': ['MTTR'], 'Wert': [75.0]}, {'Kofferelement:': 1, 'Parameter': ['MTBF'], 'Wert': [3800]}]	16999,6
56	63873,183	[{'Kofferelement:': 2, 'Parameter': ['Nennleistung'], 'Wert': [150]}, {'Kofferelement:': 5, 'Parameter': ['Länge', 'Geschwindigkeit'], 'Wert': [15.0, 20.0]}, {'Kofferelement:': 0, 'Parameter': ['Nennleistung'], 'Wert': [150]}, {'Kofferelement:': 1, 'Parameter': ['MTTR'], 'Wert': [80.0]}, {'Kofferelement:': 4, 'Parameter': ['Nennleistung'], 'Wert': [25]}]	34000
57	58337,027	[{'Kofferelement:': 3, 'Parameter': ['MTTR'], 'Wert': [40.0]}, {'Kofferelement:': 4, 'Parameter': ['MTBF'], 'Wert': [3800.0]}, {'Kofferelement:': 4, 'Parameter': ['MTTR'], 'Wert': [35.0]}, {'Kofferelement:': 0, 'Parameter': ['Länge', 'Geschwindigkeit'], 'Wert': [15.0, 15.407729148864746]}, {'Kofferelement:': 3, 'Parameter': ['MTTR'], 'Wert': [45.0]}]	22498,5
58	54613,618	[{'Kofferelement:': 4, 'Parameter': ['MTTR'], 'Wert': [35.0]}, {'Kofferelement:': 3, 'Parameter': ['MTTR', 'MTBF', 'Nennleistung'], 'Wert': [50.0, 2000, 23.0]}, {'Kofferelement:': 2, 'Parameter': ['Nennleistung'], 'Wert': [150.0]}, {'Kofferelement:': 3, 'Parameter': ['MTBF'], 'Wert': [4000]}, {'Kofferelement:': 0, 'Parameter': ['MTBF'], 'Wert': [3800.0]}]	31999,4
59	44539,413	[{'Kofferelement:': 0, 'Parameter': ['Länge', 'Geschwindigkeit'], 'Wert': [5.0, 18.513455390930176]}, {'Kofferelement:': 5, 'Parameter': ['MTBF'], 'Wert': [5000]}, {'Kofferelement:': 3, 'Parameter': ['MTTR', 'MTBF', 'Nennleistung'], 'Wert': [50.0, 2000, 23.0]}, {'Kofferelement:': 4, 'Parameter': ['MTBF'], 'Wert': [3000]}, {'Kofferelement:': 1, 'Parameter': ['MTBF'], 'Wert': [4000.0]}]	43999,1
60	42502,805	[{'Kofferelement:': 0, 'Parameter': ['Nennleistung'], 'Wert': [150]}, {'Kofferelement:': 4, 'Parameter': ['MTTR', 'MTBF', 'Nennleistung'], 'Wert': [50.0, 2000, 15.0]}, {'Kofferelement:': 3, 'Parameter': ['MTTR', 'MTBF', 'Nennleistung'], 'Wert': [50.0, 2000, 23.0]}, {'Kofferelement:': 5, 'Parameter': ['MTBF'], 'Wert': [3000]}, {'Kofferelement:': 2, 'Parameter': ['MTTR'], 'Wert': [62.0]}]	31996,5
61	40313,237	[{'Kofferelement:': 7, 'Parameter': ['MTTR'], 'Wert': [-1.0]}, {'Kofferelement:': 5, 'Parameter': ['MTBF'], 'Wert': [700]}, {'Kofferelement:': 2, 'Parameter': ['Nennleistung'], 'Wert': [150.0]},	4499,8

Rang	Durchschnittliche Belohnung in GE	Aktion je Schritt	Investitions-kosten in GE
		{'Kofferelement:': 4, 'Parameter': ['MTBF'], 'Wert': [3000]}, {'Kofferelement:': 3, 'Parameter': ['MTTR'], 'Wert': [40.0]}]	
62	36922,822	[{'Kofferelement:': 3, 'Parameter': ['Nennleistung'], 'Wert': [25]}, {'Kofferelement:': 0, 'Parameter': ['Nennleistung'], 'Wert': [150.0]}, {'Kofferelement:': 5, 'Parameter': ['MTBF'], 'Wert': [4000.0]}, {'Kofferelement:': 0, 'Parameter': ['MTTR'], 'Wert': [30.0]}, {'Kofferelement:': 0, 'Parameter': ['Kapazität'], 'Wert': [300.0]}]	26500
63	33157,604	[{'Kofferelement:': 2, 'Parameter': ['MTTR'], 'Wert': [38.0]}, {'Kofferelement:': 4, 'Parameter': ['MTTR', 'MTBF', 'Nennleistung'], 'Wert': [50.0, 2000, 23.0]}, {'Kofferelement:': 0, 'Parameter': ['Länge', 'Geschwindigkeit'], 'Wert': [15.0, 18.767536878585815]}, {'Kofferelement:': 2, 'Parameter': ['Nennleistung'], 'Wert': [255]}, {'Kofferelement:': 7, 'Parameter': ['MTTR'], 'Wert': [-1.0]}]	61999,2
64	31062,08	[{'Kofferelement:': 0, 'Parameter': ['Länge', 'Geschwindigkeit'], 'Wert': [15.0, 20.54356575012207]}, {'Kofferelement:': 1, 'Parameter': ['MTBF'], 'Wert': [3800.0]}, {'Kofferelement:': 0, 'Parameter': ['MTTR'], 'Wert': [35.0]}, {'Kofferelement:': 1, 'Parameter': ['Nennleistung'], 'Wert': [150]}, {'Kofferelement:': 5, 'Parameter': ['MTTR'], 'Wert': [80]}]	28998
65	30254,282	[{'Kofferelement:': 6, 'Parameter': ['Nennleistung'], 'Wert': [9.0]}, {'Kofferelement:': 5, 'Parameter': ['MTTR'], 'Wert': [80]}, {'Kofferelement:': 0, 'Parameter': ['MTTR', 'MTBF', 'Nennleistung'], 'Wert': [60.0, 3400, 150.0]}, {'Kofferelement:': 6, 'Parameter': ['MTTR', 'MTBF', 'Nennleistung'], 'Wert': [50.0, 4000, 3.0]}, {'Kofferelement:': 4, 'Parameter': ['MTTR'], 'Wert': [35.0]}]	2999,8
66	16792,115	[{'Kofferelement:': 4, 'Parameter': ['MTTR'], 'Wert': [35.0]}, {'Kofferelement:': 2, 'Parameter': ['MTBF'], 'Wert': [4000]}, {'Kofferelement:': 3, 'Parameter': ['MTTR', 'MTBF', 'Nennleistung'], 'Wert': [50.0, 2000, 23.0]}, {'Kofferelement:': 6, 'Parameter': ['MTTR'], 'Wert': [35.0]}, {'Kofferelement:': 6, 'Parameter': ['MTTR', 'MTBF', 'Nennleistung'], 'Wert': [50.0, 4000, 8.0]}]	20499,2
67	15759,333	[{'Kofferelement:': 7, 'Parameter': ['MTBF'], 'Wert': [10.0]}, {'Kofferelement:': 1, 'Parameter': ['MTBF'], 'Wert': [3800]}, {'Kofferelement:': 7, 'Parameter': ['MTTR'], 'Wert': [-1.0]}, {'Kofferelement:': 0, 'Parameter': ['Länge', 'Geschwindigkeit'], 'Wert': [10.0, 19.815844893455505]}, {'Kofferelement:': 3, 'Parameter': ['Nennleistung'], 'Wert': [25]}]	27999
68	14358,773	[{'Kofferelement:': 5, 'Parameter': ['MTTR'], 'Wert': [80]}, {'Kofferelement:': 6, 'Parameter': ['MTBF'], 'Wert': [3000]}, {'Kofferelement:': 2, 'Parameter': ['MTTR'], 'Wert': [62.0]}, {'Kofferelement:': 4, 'Parameter': ['MTBF'], 'Wert': [2000]}, {'Kofferelement:': 2, 'Parameter': ['MTTR', 'MTBF', 'Nennleistung'], 'Wert': [70.0, 4000, 150.0]}]	37999,8
69	12588,405	[{'Kofferelement:': 0, 'Parameter': ['Länge', 'Geschwindigkeit'], 'Wert': [15.0, 20.54356575012207]}, {'Kofferelement:': 1, 'Parameter': ['MTBF'], 'Wert': [3800.0]}, {'Kofferelement:': 0, 'Parameter': ['MTTR'], 'Wert': [35.0]}, {'Kofferelement:': 1, 'Parameter': ['Nennleistung'], 'Wert': [150]}, {'Kofferelement:': 5, 'Parameter': ['MTTR'], 'Wert': [80]}]	2999,2
70	-15711,904	[{'Kofferelement:': 7, 'Parameter': ['MTBF'], 'Wert': [10.0]}, {'Kofferelement:': 1, 'Parameter': ['Nennleistung'], 'Wert': [215]}, {'Kofferelement:': 6, 'Parameter': ['MTTR'], 'Wert': [25.0]}, {'Kofferelement:': 4, 'Parameter': ['Nennleistung'], 'Wert': [25]}, {'Kofferelement:': 2, 'Parameter': ['Länge', 'Geschwindigkeit'], 'Wert': [5.0, 25.0]}]	23000
71	-18630,497	[{'Kofferelement:': 7, 'Parameter': ['MTTR'], 'Wert': [-1.0]}, {'Kofferelement:': 1, 'Parameter': ['MTBF'], 'Wert': [5000]}, {'Kofferelement:': 4, 'Parameter': ['MTTR'], 'Wert': [35.0]}, {'Kofferelement:': 7, 'Parameter': ['MTBF'], 'Wert': [10.0]}, {'Kofferelement:': 6, 'Parameter': ['MTTR'], 'Wert': [35.0]}]	16000
72	-19846,71	[{'Kofferelement:': 2, 'Parameter': ['Nennleistung'], 'Wert': [255]}, {'Kofferelement:': 2, 'Parameter': ['Nennleistung'], 'Wert': [255]}, {'Kofferelement:': 6, 'Parameter': ['MTBF'], 'Wert': [5000]}, {'Kofferelement:': 3, 'Parameter': ['Nennleistung'], 'Wert': [25]}, {'Kofferelement:': 3, 'Parameter': ['MTBF'], 'Wert': [4000]}]	16000
73	-22156,296	[{'Kofferelement:': 0, 'Parameter': ['Länge', 'Geschwindigkeit'], 'Wert': [15.0, 22.187589406967163]}, {'Kofferelement:': 2, 'Parameter': ['Nennleistung'], 'Wert': [150]}, {'Kofferelement:': 0, 'Parameter': ['Länge', 'Geschwindigkeit'], 'Wert': [15.0, 18.460148572921753]}, {'Kofferelement:': 2, 'Parameter': ['Nennleistung'], 'Wert': [159.82331228256226]}, {'Kofferelement:': 0, 'Parameter': ['MTTR', 'MTBF', 'Nennleistung'], 'Wert': [60.0, 3400, 150.0]}]	93999
74	-25264,963	[{'Kofferelement:': 0, 'Parameter': ['MTBF'], 'Wert': [4200]}, {'Kofferelement:': 7, 'Parameter':	4000

Rang	Durchschnittliche Belohnung in GE	Aktion je Schritt	Investitions-kosten in GE
		['MTBF'], 'Wert': [10.0]}, {'Kofferelement:': 3, 'Parameter': ['MTTR'], 'Wert': [40.0]}, {'Kofferelement:': 5, 'Parameter': ['MTBF'], 'Wert': [4000]}, {'Kofferelement:': 4, 'Parameter': ['MTTR'], 'Wert': [35.0]}]	
75	-25290,929	[{'Kofferelement:': 0, 'Parameter': ['Nennleistung'], 'Wert': [150]}, {'Kofferelement:': 3, 'Parameter': ['MTTR'], 'Wert': [80.0]}, {'Kofferelement:': 6, 'Parameter': ['MTTR'], 'Wert': [22.0]}, {'Kofferelement:': 2, 'Parameter': ['MTTR'], 'Wert': [75.0]}, {'Kofferelement:': 7, 'Parameter': ['MTTR'], 'Wert': [-1.0]}]	3000
76	-27679,68	[{'Kofferelement:': 0, 'Parameter': ['MTTR'], 'Wert': [80.0]}, {'Kofferelement:': 3, 'Parameter': ['MTTR'], 'Wert': [40.0]}, {'Kofferelement:': 2, 'Parameter': ['Nennleistung'], 'Wert': [255]}, {'Kofferelement:': 5, 'Parameter': ['MTTR'], 'Wert': [85.0]}, {'Kofferelement:': 5, 'Parameter': ['MTTR', 'MTBF', 'Nennleistung'], 'Wert': [80.0, 2400, 25.0]}]	24500
77	-27861,678	[{'Kofferelement:': 5, 'Parameter': ['MTTR', 'MTBF', 'Nennleistung'], 'Wert': [80.0, 2400, 25.0]}, {'Kofferelement:': 2, 'Parameter': ['MTBF'], 'Wert': [5000]}, {'Kofferelement:': 2, 'Parameter': ['MTTR'], 'Wert': [62.0]}, {'Kofferelement:': 7, 'Parameter': ['MTBF'], 'Wert': [10.0]}, {'Kofferelement:': 3, 'Parameter': ['MTBF'], 'Wert': [3000]}]	14500
78	-28118,594	[{'Kofferelement:': 2, 'Parameter': ['Länge', 'Geschwindigkeit'], 'Wert': [5.0, 17.777891159057617]}, {'Kofferelement:': 4, 'Parameter': ['MTTR'], 'Wert': [35.0]}, {'Kofferelement:': 3, 'Parameter': ['Länge', 'Geschwindigkeit'], 'Wert': [15.0, 17.295122146606445]}, {'Kofferelement:': 3, 'Parameter': ['MTTR'], 'Wert': [40.0]}, {'Kofferelement:': 0, 'Parameter': ['Nennleistung'], 'Wert': [150]}]	42500
79	-28600	[{'Kofferelement:': 2, 'Parameter': ['Nennleistung'], 'Wert': [150]}, {'Kofferelement:': 3, 'Parameter': ['Nennleistung'], 'Wert': [25]}, {'Kofferelement:': 3, 'Parameter': ['MTTR'], 'Wert': [40.0]}, {'Kofferelement:': 1, 'Parameter': ['MTBF'], 'Wert': [3800]}, {'Kofferelement:': 0, 'Parameter': ['MTTR'], 'Wert': [80.0]}]	15500
80	-29256,575	[{'Kofferelement:': 5, 'Parameter': ['Nennleistung'], 'Wert': [25]}, {'Kofferelement:': 0, 'Parameter': ['MTBF'], 'Wert': [3500]}, {'Kofferelement:': 3, 'Parameter': ['MTTR', 'MTBF', 'Nennleistung'], 'Wert': [50.0, 2000, 23.0]}, {'Kofferelement:': 7, 'Parameter': ['MTBF'], 'Wert': [10.0]}, {'Kofferelement:': 4, 'Parameter': ['MTTR'], 'Wert': [35.0]}]	33500
81	-29825,199	[{'Kofferelement:': 0, 'Parameter': ['Länge', 'Geschwindigkeit'], 'Wert': [15.0, 18.723060488700867]}, {'Kofferelement:': 1, 'Parameter': ['Nennleistung'], 'Wert': [173.98460179567337]}, {'Kofferelement:': 0, 'Parameter': ['MTTR'], 'Wert': [64.0]}, {'Kofferelement:': 2, 'Parameter': ['MTBF'], 'Wert': [4000]}, {'Kofferelement:': 5, 'Parameter': ['MTBF'], 'Wert': [4000]}]	22999,6
82	-30009,523	[{'Kofferelement:': 5, 'Parameter': ['MTTR'], 'Wert': [85.0]}, {'Kofferelement:': 4, 'Parameter': ['MTBF'], 'Wert': [2000]}, {'Kofferelement:': 2, 'Parameter': ['Nennleistung'], 'Wert': [172.893]}, {'Kofferelement:': 6, 'Parameter': ['MTTR'], 'Wert': [35.0]}, {'Kofferelement:': 5, 'Parameter': ['MTBF'], 'Wert': [4000]}]	9000
83	-43952,948	[{'Kofferelement:': 0, 'Parameter': ['Nennleistung'], 'Wert': [162.4342]}, {'Kofferelement:': 4, 'Parameter': ['Nennleistung'], 'Wert': [25]}, {'Kofferelement:': 4, 'Parameter': ['MTTR'], 'Wert': [35.0]}, {'Kofferelement:': 0, 'Parameter': ['MTTR', 'MTBF', 'Nennleistung'], 'Wert': [80.0, 4000, 250.0]}, {'Kofferelement:': 3, 'Parameter': ['MTTR', 'MTBF', 'Nennleistung'], 'Wert': [50.0, 2000, 152.0]}]	71000
84	-44062,582	[{'Kofferelement:': 4, 'Parameter': ['MTBF'], 'Wert': [3000]}, {'Kofferelement:': 3, 'Parameter': ['MTBF'], 'Wert': [3000]}, {'Kofferelement:': 0, 'Parameter': ['Nennleistung'], 'Wert': [150]}, {'Kofferelement:': 6, 'Parameter': ['MTTR', 'MTBF', 'Nennleistung'], 'Wert': [50.0, 4000, 8.0]}, {'Kofferelement:': 7, 'Parameter': ['MTBF'], 'Wert': [10.0]}]	53500
85	-46058,138	[{'Kofferelement:': 3, 'Parameter': ['MTTR'], 'Wert': [40.0]}, {'Kofferelement:': 5, 'Parameter': ['Nennleistung'], 'Wert': [25]}, {'Kofferelement:': 5, 'Parameter': ['MTTR', 'MTBF', 'Nennleistung'], 'Wert': [80.0, 2400, 25.0]}, {'Kofferelement:': 0, 'Parameter': ['MTTR'], 'Wert': [45.0]}, {'Kofferelement:': 3, 'Parameter': ['MTBF'], 'Wert': [3500.0]}]	28000
86	-46109,523	[{'Kofferelement:': 4, 'Parameter': ['Nennleistung'], 'Wert': [15]}, {'Kofferelement:': 3, 'Parameter': ['Länge', 'Geschwindigkeit'], 'Wert': [15.0, 14.051032662391663]}, {'Kofferelement:': 7, 'Parameter': ['MTTR'], 'Wert': [-1.0]}, {'Kofferelement:': 2, 'Parameter': ['MTBF'], 'Wert': [4000]}, {'Kofferelement:': 1, 'Parameter': ['MTTR'], 'Wert': [70.0]}]	30500

Rang	Durchschnittliche Belohnung in GE	Aktion je Schritt	Investitions-kosten in GE
87	-46271,542	[{'Kofferelement:': 3, 'Parameter': ['Länge', 'Geschwindigkeit'], 'Wert': [15.0, 24.349833726882935]}, {'Kofferelement:': 2, 'Parameter': ['MTTR', 'MTBF', 'Nennleistung'], 'Wert': [80.0, 4400, 152.18431735038757]}, {'Kofferelement:': 2, 'Parameter': ['MTBF'], 'Wert': [5000]}, {'Kofferelement:': 2, 'Parameter': ['MTTR'], 'Wert': [62.0]}, {'Kofferelement:': 0, 'Parameter': ['Länge', 'Geschwindigkeit'], 'Wert': [15.0, 18.520575165748596]}]	35000
88	-48287,817	[{'Kofferelement:': 4, 'Parameter': ['MTTR'], 'Wert': [35.0]}, {'Kofferelement:': 2, 'Parameter': ['MTBF'], 'Wert': [4000]}, {'Kofferelement:': 3, 'Parameter': ['MTTR', 'MTBF', 'Nennleistung'], 'Wert': [50.0, 2000, 23.0]}, {'Kofferelement:': 6, 'Parameter': ['MTTR'], 'Wert': [35.0]}, {'Kofferelement:': 6, 'Parameter': ['MTTR', 'MTBF', 'Nennleistung'], 'Wert': [50.0, 4000, 8.0]}]	81000
89	-49999,659	[{'Kofferelement:': 5, 'Parameter': ['MTTR', 'MTBF', 'Nennleistung'], 'Wert': [80.0, 2400, 25.0]}, {'Kofferelement:': 2, 'Parameter': ['MTBF'], 'Wert': [5000]}, {'Kofferelement:': 2, 'Parameter': ['MTTR'], 'Wert': [62.0]}, {'Kofferelement:': 7, 'Parameter': ['MTBF'], 'Wert': [10.0]}, {'Kofferelement:': 3, 'Parameter': ['MTBF'], 'Wert': [3000]}]	3000
90	-50946,383	[{'Kofferelement:': 3, 'Parameter': ['Länge', 'Geschwindigkeit'], 'Wert': [15.0, 24.349833726882935]}, {'Kofferelement:': 2, 'Parameter': ['MTTR', 'MTBF', 'Nennleistung'], 'Wert': [80.0, 4400, 152.18431735038757]}, {'Kofferelement:': 2, 'Parameter': ['MTBF'], 'Wert': [5000]}, {'Kofferelement:': 2, 'Parameter': ['MTTR'], 'Wert': [62.0]}, {'Kofferelement:': 0, 'Parameter': ['Länge', 'Geschwindigkeit'], 'Wert': [15.0, 18.520575165748596]}]	44000
91	-52516,324	[{'Kofferelement:': 2, 'Parameter': ['Länge', 'Geschwindigkeit'], 'Wert': [5.0, 23.102760314941406]}, {'Kofferelement:': 4, 'Parameter': ['MTBF'], 'Wert': [3000]}, {'Kofferelement:': 3, 'Parameter': ['MTTR', 'MTBF', 'Nennleistung'], 'Wert': [50.0, 2000, 23.0]}, {'Kofferelement:': 3, 'Parameter': ['MTBF'], 'Wert': [4000]}, {'Kofferelement:': 1, 'Parameter': ['Nennleistung'], 'Wert': [150]}]	54000
92	-53287,755	[{'Kofferelement:': 0, 'Parameter': ['Nennleistung'], 'Wert': [150]}, {'Kofferelement:': 4, 'Parameter': ['MTTR', 'MTBF', 'Nennleistung'], 'Wert': [50.0, 2000, 15.0]}, {'Kofferelement:': 3, 'Parameter': ['MTTR', 'MTBF', 'Nennleistung'], 'Wert': [50.0, 2000, 23.0]}, {'Kofferelement:': 5, 'Parameter': ['MTBF'], 'Wert': [3000]}, {'Kofferelement:': 2, 'Parameter': ['MTTR'], 'Wert': [62.0]}]	25000
93	-54687,414	[{'Kofferelement:': 0, 'Parameter': ['Länge', 'Geschwindigkeit'], 'Wert': [15.0, 18.723060488700867]}, {'Kofferelement:': 1, 'Parameter': ['Nennleistung'], 'Wert': [173.98460179567337]}, {'Kofferelement:': 0, 'Parameter': ['MTTR'], 'Wert': [64.0]}, {'Kofferelement:': 2, 'Parameter': ['MTBF'], 'Wert': [4000]}, {'Kofferelement:': 5, 'Parameter': ['MTBF'], 'Wert': [4000]}]	32000
94	-55628,91	[{'Kofferelement:': 3, 'Parameter': ['Länge', 'Geschwindigkeit'], 'Wert': [15.0, 24.349833726882935]}, {'Kofferelement:': 2, 'Parameter': ['MTTR', 'MTBF', 'Nennleistung'], 'Wert': [80.0, 4400, 152.18431735038757]}, {'Kofferelement:': 2, 'Parameter': ['MTBF'], 'Wert': [5000]}, {'Kofferelement:': 2, 'Parameter': ['MTTR'], 'Wert': [62.0]}, {'Kofferelement:': 0, 'Parameter': ['Länge', 'Geschwindigkeit'], 'Wert': [15.0, 18.520575165748596]}]	28000
95	-56526,794	[{'Kofferelement:': 6, 'Parameter': ['MTTR'], 'Wert': [35.0]}, {'Kofferelement:': 2, 'Parameter': ['MTTR', 'MTBF', 'Nennleistung'], 'Wert': [80.0, 4400, 255.0]}, {'Kofferelement:': 2, 'Parameter': ['MTBF'], 'Wert': [2000.0]}, {'Kofferelement:': 3, 'Parameter': ['Länge', 'Geschwindigkeit'], 'Wert': [15.0, 15.427486896514893]}, {'Kofferelement:': 3, 'Parameter': ['Länge', 'Geschwindigkeit'], 'Wert': [6.0, 18.581581711769104]}]	62000
96	-57366,959	[{'Kofferelement:': 1, 'Parameter': ['MTTR'], 'Wert': [35.0]}, {'Kofferelement:': 2, 'Parameter': ['Nennleistung'], 'Wert': [150]}, {'Kofferelement:': 2, 'Parameter': ['Länge', 'Geschwindigkeit'], 'Wert': [5.0, 16.674503087997437]}, {'Kofferelement:': 1, 'Parameter': ['Kapazität'], 'Wert': [600.0]}, {'Kofferelement:': 2, 'Parameter': ['MTTR', 'MTBF', 'Nennleistung'], 'Wert': [80.0, 4400, 150.0]}]	67000
97	-59503,968	[{'Kofferelement:': 1, 'Parameter': ['MTBF'], 'Wert': [2000.0]}, {'Kofferelement:': 1, 'Parameter': ['Nennleistung'], 'Wert': [225]}, {'Kofferelement:': 1, 'Parameter': ['Kapazität'], 'Wert': [300.0]}, {'Kofferelement:': 6, 'Parameter': ['MTTR', 'MTBF', 'Nennleistung'], 'Wert': [50.0, 4000, 3.0]}, {'Kofferelement:': 7, 'Parameter': ['MTTR'], 'Wert': [-1.0]}]	75000
98	-61238,727	[{'Kofferelement:': 0, 'Parameter': ['Nennleistung'], 'Wert': [150.0]}, {'Kofferelement:': 0, 'Parameter': ['MTBF'], 'Wert': [4200]}, {'Kofferelement:': 7, 'Parameter': ['MTTR'], 'Wert': [-1.0]}, {'Kofferelement:': 1, 'Parameter': ['Länge', 'Geschwindigkeit'], 'Wert': [17.82843565940857, 20.0]}, {'Kofferelement:': 6, 'Parameter': ['MTTR', 'MTBF', 'Nennleistung'], 'Wert': [50.0, 4000, 8.0]}]	66000

Rang	Durchschnittliche Belohnung in GE	Aktion je Schritt	Investitions-kosten in GE
99	-61861,995	[{'Kofferelement:': 3, 'Parameter': ['Länge', 'Geschwindigkeit'], 'Wert': [15.0, 24.349833726882935]}, {'Kofferelement:': 2, 'Parameter': ['MTTR', 'MTBF', 'Nennleistung'], 'Wert': [80.0, 4400, 152.18431735038757]}, {'Kofferelement:': 2, 'Parameter': ['MTBF'], 'Wert': [5000]}, {'Kofferelement:': 2, 'Parameter': ['MTTR'], 'Wert': [62.0]}, {'Kofferelement:': 0, 'Parameter': ['Länge', 'Geschwindigkeit'], 'Wert': [15.0, 18.520575165748596]}]	66000
100	-66989,438	[{'Kofferelement:': 0, 'Parameter': ['MTTR'], 'Wert': [64.0]}, {'Kofferelement:': 0, 'Parameter': ['Länge', 'Geschwindigkeit'], 'Wert': [15.0, 23.364020586013794]}, {'Kofferelement:': 4, 'Parameter': ['MTTR', 'MTBF', 'Nennleistung'], 'Wert': [50.0, 2000, 23.0]}, {'Kofferelement:': 2, 'Parameter': ['Nennleistung'], 'Wert': [191.60944640636444]}, {'Kofferelement:': 1, 'Parameter': ['Nennleistung'], 'Wert': [150]}]	64000
101	-68612,697	[{'Kofferelement:': 0, 'Parameter': ['MTTR', 'MTBF', 'Nennleistung'], 'Wert': [60.0, 3400, 188.37639605998993]}, {'Kofferelement:': 5, 'Parameter': ['MTTR'], 'Wert': [80]}, {'Kofferelement:': 7, 'Parameter': ['MTBF'], 'Wert': [10.0]}, {'Kofferelement:': 2, 'Parameter': ['Länge', 'Geschwindigkeit'], 'Wert': [5.0, 20.451027154922485]}, {'Kofferelement:': 4, 'Parameter': ['MTBF'], 'Wert': [3000]}]	70000
102	-68800	[{'Kofferelement:': 5, 'Parameter': ['MTTR'], 'Wert': [80]}, {'Kofferelement:': 4, 'Parameter': ['MTBF'], 'Wert': [2000.0]}, {'Kofferelement:': 3, 'Parameter': ['MTTR', 'MTBF', 'Nennleistung'], 'Wert': [50.0, 2000, 23.0]}, {'Kofferelement:': 3, 'Parameter': ['MTBF'], 'Wert': [2500.0]}, {'Kofferelement:': 1, 'Parameter': ['MTTR'], 'Wert': [40.0]}]	37000
103	-68892,516	[{'Kofferelement:': 5, 'Parameter': ['MTTR', 'MTBF', 'Nennleistung'], 'Wert': [80.0, 2400, 25.0]}, {'Kofferelement:': 2, 'Parameter': ['MTBF'], 'Wert': [5000]}, {'Kofferelement:': 2, 'Parameter': ['MTTR'], 'Wert': [62.0]}, {'Kofferelement:': 7, 'Parameter': ['MTBF'], 'Wert': [10.0]}, {'Kofferelement:': 3, 'Parameter': ['MTBF'], 'Wert': [3000]}]	42000
104	-73893,858	[{'Kofferelement:': 5, 'Parameter': ['Länge', 'Geschwindigkeit'], 'Wert': [12.0, 12.095975279808044]}, {'Kofferelement:': 3, 'Parameter': ['Länge', 'Geschwindigkeit'], 'Wert': [10.0, 10.0]}, {'Kofferelement:': 3, 'Parameter': ['Nennleistung'], 'Wert': [160.352]}, {'Kofferelement:': 1, 'Parameter': ['Kapazität'], 'Wert': [1000.0]}, {'Kofferelement:': 6, 'Parameter': ['MTTR'], 'Wert': [22.0]}]	47000
105	-80300	[{'Kofferelement:': 6, 'Parameter': ['Nennleistung'], 'Wert': [9.0]}, {'Kofferelement:': 5, 'Parameter': ['MTTR'], 'Wert': [80]}, {'Kofferelement:': 0, 'Parameter': ['MTTR', 'MTBF', 'Nennleistung'], 'Wert': [60.0, 3400, 150.0]}, {'Kofferelement:': 6, 'Parameter': ['MTTR', 'MTBF', 'Nennleistung'], 'Wert': [50.0, 4000, 3.0]}, {'Kofferelement:': 4, 'Parameter': ['MTTR'], 'Wert': [35.0]}]	1500
106	-85084,831	[{'Kofferelement:': 3, 'Parameter': ['Länge', 'Geschwindigkeit'], 'Wert': [15.0, 24.349833726882935]}, {'Kofferelement:': 2, 'Parameter': ['MTTR', 'MTBF', 'Nennleistung'], 'Wert': [80.0, 4400, 152.18431735038757]}, {'Kofferelement:': 2, 'Parameter': ['MTBF'], 'Wert': [5000]}, {'Kofferelement:': 2, 'Parameter': ['MTTR'], 'Wert': [62.0]}, {'Kofferelement:': 0, 'Parameter': ['Länge', 'Geschwindigkeit'], 'Wert': [15.0, 18.520575165748596]}]	75000
107	-273029,032	[{'Kofferelement:': 2, 'Parameter': ['Nennleistung'], 'Wert': [150.27854722738266]}, {'Kofferelement:': 0, 'Parameter': ['MTTR'], 'Wert': [64.0]}, {'Kofferelement:': 1, 'Parameter': ['MTBF'], 'Wert': [3800]}, {'Kofferelement:': 0, 'Parameter': ['Länge', 'Geschwindigkeit'], 'Wert': [15.0, 19.207332134246826]}, {'Kofferelement:': 6, 'Parameter': ['MTBF'], 'Wert': [3000]}]	24500
108	-334702,003	[{'Kofferelement:': 3, 'Parameter': ['MTTR'], 'Wert': [40.0]}, {'Kofferelement:': 5, 'Parameter': ['Nennleistung'], 'Wert': [25]}, {'Kofferelement:': 5, 'Parameter': ['MTTR', 'MTBF', 'Nennleistung'], 'Wert': [80.0, 2400, 25.0]}, {'Kofferelement:': 0, 'Parameter': ['MTTR'], 'Wert': [45.0]}, {'Kofferelement:': 3, 'Parameter': ['MTBF'], 'Wert': [3500.0]}]	60000
109	-419376,359	[{'Kofferelement:': 0, 'Parameter': ['Nennleistung'], 'Wert': [150]}, {'Kofferelement:': 0, 'Parameter': ['Nennleistung'], 'Wert': [181.0904152393341]}, {'Kofferelement:': 0, 'Parameter': ['Länge', 'Geschwindigkeit'], 'Wert': [15.0, 15.804438591003418]}, {'Kofferelement:': 3, 'Parameter': ['Nennleistung'], 'Wert': [15]}, {'Kofferelement:': 7, 'Parameter': ['MTBF'], 'Wert': [10.0]}]	34000

9.7 Relevante Abschlussarbeiten

Im Zuge der Arbeit als wissenschaftlicher Mitarbeiter leitete der Autor verschiedene Abschlussarbeiten an. Hervorzuheben sind im Kontext der im Rahmen dieser Arbeit beschriebenen Methodik die chronologisch aufgelisteten Arbeiten der folgenden Studierenden:

Tim Hommen, Masterarbeit, RWTH Aachen University, Mai 2021

Steigerung der Produktivität verketteter Produktionslinien mithilfe KI-unterstützter Simulationsexperimente

Erkenntnisse sind in den Kapiteln 5.1.1, 5.1.2, 5.2.1 und 5.3.1 eingeflossen

Hanna Offermanns, Masterarbeit, FH Aachen University, September 2022

Gestaltung des Lernverhaltens eines Reinforcement Learning Agenten zur simulationsbasierten Verbesserung von Produktionslinien durch Definition des Aktionsraumes und Hyperparameteroptimierung

Erkenntnisse sind in den Kapiteln 5.1.1, 5.1.3, 5.2.2, 5.2.3, 5.3.1 und 6.1 eingeflossen

Benedict Janssen, Masterarbeit, RWTH Aachen University, November 2022

Gestaltung einer Methode zur wirtschaftlichen Leistungssteigerung von Produktionslinien mittels Reinforcement Learning

Erkenntnisse sind in den Kapiteln 5.1.1, 5.2.2, 5.3.1, 5.3.2, 5.4.1 und 6.2 eingeflossen

Thomas von der Weiden, Bachelorarbeit, RWTH Aachen University, Dezember 2022

Entwicklung einer Benutzeroberfläche für eine Reinforcement Learning Software zur wirtschaftlichen Leistungssteigerung von Produktionslinien

Erkenntnisse sind in den Kapiteln 5.5.2 und 6.1 eingeflossen

In der Reihe **Ergebnisse aus der Produktionstechnik** zuletzt erschienen:

Jan Maetschke:
Wirtschaftliche Leistungssteigerung von Produktionslinien
ISBN: 978-3-98555-316-7
Erscheinungsdatum: 09.12.2025

Blanke, Philipp:
Temporäre Automatisierung von Werkzeugmaschinen
ISBN: 978-3-98555-314-3
Erscheinungsdatum: 24.11.2025

Slawik, Viktor:
Datenbasierte Analyse vernetzter natürlich sprachlicher Anforderungen in der Produktentwicklung
ISBN: 978-3-98555-313-6
Erscheinungsdatum: 24.11.2025

Beckschulte, Sebastian:
Gestaltungsmodell zur Systematisierung der Fehlerdatenerfassung im manuellen Montageprozess
ISBN: 978-3-98555-311-2
Erscheinungsdatum: 17.11.2025

de Oliveira Löhrer, Patrícia:
Influence of Material Removal Mechanisms on Thermo-Mechanical Loads in Continuous Generating Gear Grinding
ISBN: 978-3-98555-309-9
Erscheinungsdatum: 17.11.2025

Zalfen, Moritz:
Einfluss der Dehnrate auf die Zahnfußtragfähigkeit schnelllaufender Zahnradgetriebe
ISBN: 978-3-98555-308-2
Erscheinungsdatum: 03.11.2025

Lossie, Karl:
Decision Model for Performance-Driven Prioritization of Operational Decisions on the Manufacturing Shop Floor
ISBN: 978-3-98555-305-1
Erscheinungsdatum: 29.09.2025

Schäfer, Niklas:
Regelbasierte Planungsautomatisierung für die Digitale Fabrik
ISBN: 978-3-98555-304-4
Erscheinungsdatum: 29.09.2025

Klee, Lukas:
Auslegung des Druckprozesses beim Binder Jetting zur Herstellung von Verzahnungen mit hoher Zahnfußtragfähigkeit
ISBN: 978-3-98555-299-3
Erscheinungsdatum: 02.09.2025

Trisjono, Julian Andreas:
Methodik zur Einführung datengetriebener Geschäftsmodelle im Werkzeugbau
ISBN: 978-3-98555-298-6
Erscheinungsdatum: 02.09.2025

Edition Wissenschaft
Apprimus

Lee, Tae Hun:
Messung und Modellierung der thermo-elastischen Abweichungen von fünfachsigen Werkzeugmaschinen
ISBN: 978-3-98555-294-8
Erscheinungsdatum: 12.08.2025

Welschof, Lukas:
Ermüdungsfestigkeit drahtfunkenerodierter Nickelbasiswerkstoffe für Triebwerksanwendungen
ISBN: 978-3-98555-287-0
Erscheinungsdatum: 10.06.2025

Mendl-Heinisch, Michael:
Bewertung technischer Produktänderungen mittels prädiktiver Datenanalyse
ISBN: 978-3-98555-267-2
Erscheinungsdatum: 24.03.2025

Pullen, Thomas Wilhelm:
Überwachung des Verschleißzustandes von Bohrwerkzeugen mithilfe von Körperschallsignalen
ISBN: 978-3-98555-268-9
Erscheinungsdatum: 04.03.2025

Adlon, Katharina:
Montageplanung für Verlagerungen unter Berücksichtigung kulturbedingter Unterschiede
ISBN: 978-3-98555-256-6
Erscheinungsdatum: 03.02.2025

Kunze, Rouwen Elia:
Low Coherence Interferometry for Depth Monitoring in Water Jet Guided Laser Micro Machining
ISBN: 978-3-98555-247-4
Erscheinungsdatum: 27.01.2025

Schollemann, Alexander:
Strategische Ausrichtung nachhaltiger Produktionsnetzwerke
ISBN: 978-3-98555-293-1
Erscheinungsdatum: 15.07.2025

Spindler, Sarah:
Multi-Source Energy Harvesting for Wireless IIoT Sensors
ISBN: 978-3-98555-285-6
Erscheinungsdatum: 02.06.2025

Chhor, Jimmy:
Cyclic Procedure Model for the Continuous Optimization of Digital Business Processes
ISBN: 978-3-98555-271-9
Erscheinungsdatum: 24.03.2025

Lauf, Hendrik:
Identifizierung von Innovationspotenzialen durch die semantische Modellierung des Produktumfelds
ISBN: 978-3-98555-251-1
Erscheinungsdatum: 24.02.2025

Sohnius, Felix:
Integriertes Qualitäts- und Nachhaltigkeitsmanagement im Aachener Qualitätsmanagement Modell
ISBN: 978-3-98555-257-3
Erscheinungsdatum: 03.02.2025

Küpper, Ugur:
Data-driven Model for Process Evaluation in Wire EDM
ISBN: 978-3-98555-260-3
Erscheinungsdatum: 27.01.2025

Edition Wissenschaft
Apprimus